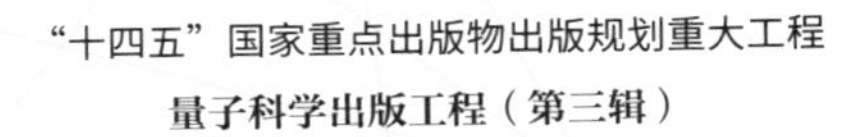

Primer for
the Quantum Field Theory

阮图南　著

量子场论导引

中国科学技术大学出版社

内 容 简 介

本书是已故的中国科学技术大学阮图南教授的量子场论遗稿之一，在他50余年研究和讲授量子场论过程中成稿．本书内容包括场论观念的发展，场论中所用的各种分析力学理论形式、守恒定律，以及场的量子化．作为量子场论的一本导引性著作，全书推演透彻，叙述深入浅出，不乏作者精辟而独到的见解．本书适合于相关专业研究生、高年级本科生以及有关科研教学人员研读，也可作为理论物理以外（凝聚态物理、统计物理、原子核理论、微腔QED、介质QED、极强光物理等）的研究人员学习量子场论的导引材料．

图书在版编目（CIP）数据

量子场论导引/阮图南著．—合肥：中国科学技术大学出版社，2022.3
（量子科学出版工程．第三辑）
国家出版基金项目
“十四五”国家重点出版物出版规划重大工程
ISBN 978-7-312-05428-0

Ⅰ．量…　Ⅱ．阮…　Ⅲ．量子场论　Ⅳ．O413.3

中国版本图书馆CIP数据核字（2022）第045219号

量子场论导引
LIANGZI CHANGLUN DAOYIN

出版　中国科学技术大学出版社
安徽省合肥市金寨路96号，230026
http://press.ustc.edu.cn
https://zgkxjsdxcbs.tmall.com
印刷　合肥华苑印刷包装有限公司
发行　中国科学技术大学出版社
开本　787 mm×1092 mm　1/16
印张　11
字数　229千
版次　2022年3月第1版
印次　2022年3月第1次印刷
定价　60.00元

前　言

本书是已故的中国科学技术大学阮图南教授的遗稿之一，在他 50 余年研究和讲授量子场论过程中成稿. 书的出版是为了让更多青年学生受益，也为相关研究人员提供重要的参考. 阮图南教授大学学习期间师从彭桓武院士，他于 1958 年北京大学物理系毕业以后在中国科学院原子能研究所在于敏院士、朱洪元院士指导下开展研究工作，也曾为朱洪元院士在中国科学院原子能研究所、中国科学技术大学等单位所授课程 (量子场论、群论) 担任助教. 他毕生从事原子核和基本粒子理论研究，成就卓著.1965 年，他参加朱洪元院士主持的"强子结构的层子模型"研究，引入 V-A 强相互作用.1977 年，他与周光召院士、杜东生教授合作，提出陪集空间纯规范场理论，丰富和发展了杨–米尔斯场论和费曼–李杨理论. 1980 年，他与何祚庥院士合作，提出相对论等时方程，建立了复合粒子量子场论. 在培养研究生过程中，给出了路径积分量子化等效拉格朗日函数的一般形式以及超弦 B-S 方程，并在费米子的玻色化结构、约束动力学、Bargmann-Wigner 方程的严格解、螺旋振幅分析方法等领域均有重要的建树. 共发表科学论文近 200 篇，曾获中国科学院重大科技成果奖等科技成果奖多项.

阮图南教授物理理论的功底是在大学学习和中国科学院原子能研究所工作期间打下的. 他在学生期间就非常认真，一丝不苟，理论物理学每一公式都仔细计算，这在班上是出了名的. 他随于敏院士、朱洪元院士做科研，为朱洪元院士授课担任助教，把朱洪元院士的场论教材从头到尾全部仔细做了演算和推导，形成了他自己厚厚的量子场论笔记. 他在中国科学院原子能研究所工作期间，新来场论组的和后来又离开场论组的年青人，几乎没有人不把他的笔记本、算稿奉为学习的经典、范本.

1974 年，阮图南教授调入中国科学技术大学近代物理系工作，他始终如一致力于我国物理学教育与人才培养事业. 他是我国首批物理学博士的导师，一生共培养博士、硕士 70 余名. 他坚守讲台 30 余年，直至生病住院，直接受惠学生数以千计. 阮老师在中国科大讲授过的课程有“粒子和场”“场论和粒子物理”“量子力学”“量子力学专题”“高等量子力学”“量子场论”“高等量子场论”“规范场理论”“粒子物理中的对称性”“力学”“电动力学”“高等电动力学”等 (其中多数课程都讲过好几轮),留下的讲稿数以千页.

我们一众同门师兄弟们当年都上过他的量子场论,对他博大精深的量子场论体系时至今日仍怀着深深的景仰之心. 精深的量子场论,再怎么繁难,经阮老师深入浅出的推演也就变得简单而生动. 阮老师以他一贯的严谨明晰的授课风格和勤勤恳恳的敬业精神赢得青年学子的尊敬和爱戴. 他还通过言传身教,把自己教学方面的经验和心得毫无保留地传给青年教师,不遗余力为青年教师引路. 诺贝尔物理学奖获得者李政道先生曾说“阮图南教授是极优秀的物理学家、教育家”.

在阮图南老师 2007 年 4 月去世以后,我们对他的丰富遗稿的整理就开始了,其出版也得到中国科学技术大学、中国科学院理论物理研究所、中国科学院高能物理研究所、中国科学院兰州近代物理研究所、北京大学、南京大学、复旦大学等许多单位老师们特别是阮老师生前众多好友同行的关心. 虽然如此,书的整理出版其实并不顺利,一再拖延. 因为阮老师的要求,我曾经参与了他的科研导师朱洪元先生的群论遗著的整理. 阮老师曾一个字一个字地校改,还不放心,要求我对着朱先生家属提供的原稿一个字一个字地再校一遍. 关于朱先生这部遗著的出版,他一再寻求机会;当年他与井思聪老师和我,或者与张肇西老师和我,或者与出版社的领导几次见面商议的情形至今历历在目. 先前我联系出版社出版阮老师遗著一再没能落实一再碰到困难,而阮老师当年为朱先生群论遗著一再操心的情形成了我始终坚持的动力之一.

阮图南老师家属、范洪义教授、孙腊珍教授等提供书稿讲义、手写稿等;阮老师生前把这些亲笔手稿的一部分放在他办公室或家里,也把一部分给了我们这些学生. 这一个一个本子或者一摞一摞手写稿里面,每页纸上每个字、每个符号、每个公式都写得工工整整、稳稳当当、一丝不苟,总是显得那么自信与正确. 书的整理出版凝聚着我们同门师兄弟、师姐师妹们共同的心力;大家感怀恩师生前的教诲,有力出力,有点子出点子. 本书的整理由我完成,大师兄范洪义教授、师姐孙腊珍教授、师弟于森博士,以及远在国外的阮老师女儿阮洁博士参加了书稿的校核,对书稿包括书名、书的封面设计等都提出意见.

本书由我们从所见的阮老师各种笔记中整理而成,以忠实于原作为原则,部分内容稍有补充、调整,术语、文字叙述和结构安排也有微调.

本书的出版得到了方方面面的关心,得到中国科学技术大学出版社的大力支持,在此一并致以诚挚的谢意.

张鹏飞
中国科学技术大学物理学院
2022 年 2 月

目　录

第1章

场论观念的发展

经典力学的宇宙图像有两个基本组成部分:没有物质的空虚的空间以及在这个空虚的空间中运动的物体和像一条均匀流逝的长河的时间.

1.1　相对性原理

首先让我们来看一看 17 世纪伽利略所进行的争辩吧,争论的中心是“绝对”参考系的存在问题.

当时有些大学者、反对哥白尼世界体系的中世纪经院哲学的代表们认为,假如地球是运动着的,那么这种运动势必立即影响到鸟的飞行、云的飘动,影响到一切和地面有关系的物体的行为,但这种影响不存在,所以就可以驳倒哥白尼的学说.伽利略回答说,蝴蝶在一艘匀速直线运动的轮船货舱里飞行和它在陆地上飞行完全一样；在轮船甲板上玩球的旅客不会觉得球在甲板上的行为和它在岸上的行为有什么两样. 在地球运动的情况下，事情也完全是这样的；确实，它的路线是围绕着太阳以曲线前进的，然而假若我们拿一小段时间来看，那么地球在实际上可视作平动，而与匀速直线运动没有显著差别. 结果是，虽然我们脚下的土地以几十倍于炮弹出膛的速度飞驰前进，但是我们并没有感觉到这个移动.

这是一个重大的发展，即人们认识到各种自然规律、各种物理规律、力学规律是不随物体在其上运动的这个参考系的运动状态为转移的.

用物理的语言来说，为了研究力学现象或自然界中所发生的过程必须选择这个或那个参考系. 参考系应该理解为一个与参照物固连的空间 (称为参考空间) 和固定在这个参考空间里的若干把尺子 (所选的坐标系) 以及一个钟，尺子用来确定物体在空间的位置，钟用来指示时间.

一般来说，在不同的参考系中物理规律有着不同的形式. 假如任意选取参考系，则可能使得甚至很简单的现象的规律在这个参考系里看起来是很复杂的，这样，就自然产生了寻找这样一种参考系的问题——力学规律在这种参考系里要显得尽可能简单.

对于任意一个参考系而言，时间和空间并不是均匀的和各向同性的. 这就是说，即使某一物体并不与其他物体相互作用，但它在空间的不同位置和不同指向在力学意义上可能并不等效；它在不同的时刻在物理上也可能不等效. 由于时间、空间的这些性质，所以在描述物理现象时就会引起不必要的麻烦. 例如，自由的 (不受外界作用的) 物体可能不静止，即使某一时刻物体的速度等于零，但在下一时刻也可能会在某一方向开始运动.

然而，总可以找到这样的参考系，相对于它来说，空间是均匀的、各向同性的，而时间也是均匀的. 这种参考系叫作惯性系. 显然，根据惯性系的这个定义，在惯性系里，在某一时刻静止的自由物体将永远静止，一切自由运动的物体 (即一个无外力作用于其上的运动物体) 都以大小和方向皆不改变的速度运动着. 这一结论构成了所谓惯性定律的内容.

如果除了这个已有的惯性参考系以外，我们还引入另一个参考系，它相对于前一参考系做匀速直线运动，那么相对于这个新参考系的自由运动的规律与相对于前一参考系的自由运动的规律是完全一样的，即自由运动仍将匀速地进行着.

但是，实验证明，不仅自由运动的规律在这些参考系中是一样的，并且在力学的所有其他方面也是完全等效的. 因此，如果存在一个惯性系，那么存在着的惯性系不是一个，而是无穷多个相对做匀速直线运动的惯性参考系. 在所有这些参考系内，时间、空间的性质是一样的，全部力学规律也是一样的. 这一论断构成了力学最重要的原理之一，即所谓伽利略相对性原理的内容.

上面所讲的一切都十分明显地表明了惯性参考系的特殊性质. 由于这些性质的缘故,所以在研究力学现象时一般采用这些参考系,最为方便.

所有无限多个这种参考系的力学上的完全等效性表明,并不存在任何一个比其他参考系更优越的“绝对”参考系.

实验证明,“相对性原理”是有效的. 根据这个原理,所有的自然规律 (其中包括物理规律) 在所有的惯性系中都是一样的. 换言之,表示自然规律的各种方程对于由一个惯性系到另一个惯性系的时空变换来说都是不变的. 这就是说,描述自然规律的方程如用不同的惯性参考系的坐标 (时、空) 写出来,将有同样的形式. 因此,“相对性原理”可以概括为:所有的惯性参考系在物理上是完全等效的,物理规律在不同的惯性参考系中形式相同.

原始的相对性原理是伽利略创立的. 他说:“在一个系统内部所做的任何力学实验都不能判定这一惯性系是静止还是在做匀速直线运动.”即从力学的观点来看,一切惯性系都是等效的. 爱因斯坦将这个结果推广并断言:“在一个系统内部所做的任何物理实验都不能判定这个系统是静止还是做匀速直线运动.”

1.2 因果律和相互作用传播速度的有限性

由空虚的空间以及夹杂于其中的物体所构成的宇宙图像,引出了一个不可避免的观念,即:相隔一段距离的两个物体可以通过真空 (即空虚的空间) 相互发生作用,称为“超距作用”.

比如说,太阳和地球这两个天体之间虽然相隔着 $1.5 \times 10^8\,\mathrm{km}$ 的空虚的空间,但是却在互相吸引着. 然而,物体怎能在没有它的地方对其他物体产生作用呢?

如何回答这个问题? 牛顿力学引入了“力”的概念. 实际上,在一个物体周围的另一个物体受到作用,这一事实本身就说明有一个力场在物体周围的空间中存在. 但是,由于空间是空虚的,所以这个力场不是物质,因此这种力只与物体在空间中的相对位置有关. 换言之,在经典力学中粒子间的相互作用是由相互作用的位能来表示的,而这个相互作用位能只是相互作用粒子的坐标的函数,亦即与每一个粒子在某一瞬时的位置有关. 在这些相互作用的粒子中,如果有一个粒子改变了位置,立刻就会影响到其他粒子. 显然,这种描述相互作用的方式包含着一个假设,即相互作用是瞬时传播的,相互作用的传播速度是无限大的. 这种相互作用观念被称为"瞬时相互作用"或"超距作用".

因为相互作用是瞬时传播的, 即能量、动量等具有物质属性的量就可以瞬时从一个粒子传递到另一个粒子, 所以这个力场没有物质的属性. 因此, 空间中除了这些粒子是物质之外, 力场不是物质, 从而空间是空虚的.

然而, 实验证明, 瞬时相互作用在自然界中是不存在的. 因此, 基于相互作用的瞬时传播观念的力学, 本身就会有某些不准确性. 实际上, "超距作用" 的因果关系是模糊的, 它的因和果同时发生, 没有明确的先后次序. 根据因果律, 原则上是"先因后果", 因和果有明确的先后次序, 先有因后有果这个先后次序是不能颠倒的. 亦即如果相互作用的粒子中的一个发生了任何变动, 那么只有在经过一段时间以后才能影响到其他的粒子, 换言之, 只有在经过这段时间以后, 由最初变动所引起的过程, 才开始在第二个粒子上发生. 用这段时间除两个粒子间的距离, 就得到"相互作用的传播速度". 而这种速度仅仅决定某一粒子的变动开始表现在第二个粒子上所需要的时间间隔. 为了满足因果律的要求, 保证因和果有明确的先后次序, 这个相互作用的传播时间必须大于零, 即不是瞬时的, 因此相互作用的传播速度必须是有限的而不是无限大. 这是相互作用过程必须满足因果律的结果.

既然各种相互作用的传播速度都是有限的, 那么这些速度中必是有一个最大的, 称为相互作用的最大传播速度. 有限的相互作用的最大传播速度的存在是因果律的结果.

粒子间的相互作用过程就是粒子的能量、动量等物理量的交换过程, 但是相互作用传播速度的有限性, 意味着这种能量、动量等物理量的传递, 必须经过一段非零的时间间隔才能完成, 而不是瞬时就能完成. 因此在这段时间间隔之中力场就具有能量、动量等具有物质属性的量, 明显地显示出力场具有物质的属性. 非物质的力场在相互作用传播速度有限性的条件下变成了物质的力场. 力场的物质性是因果律的结果.

这就向"空虚的空间"提出了有力的挑战, 毁灭性地冲击着"空虚的空间"这一经典观念, 它宣判"空虚的空间"的观念是错误的, 根本不存在什么"空虚的空间"; 在物体之间的整个空间中充溢着一种完全新型的物质运动形态, 引力场和电磁场……这时, 我们不能说, 彼此间有一段距离的粒子超距地相互作用, 而在每一瞬间的相互作用只能在空间中紧密相邻的各点间发生 (定域相互作用). 因此我们只能说一个粒子与场相互作用, 场与另一个粒子相互作用. 至于场与物体到底以什么方式进行相互作用, 以后再讨论.

由于场的物质性, 所以场必须被认为是一个有本征"自由度"的独立体系; 因此, 如果有一个相互作用的粒子体系, 那么描述它时就必须认为这个体系是由粒子和场组成的, 而不能用仅仅与粒子的位置、速度有关而与场的本征"自由度"无关的拉格朗日函数[①]来

① 阮先生笔记中为"拉氏函数", 现统一为"拉格朗日函数".

描写.

这种新的物质运动形态——场的概念的建立,冲破了经典力学的物质观,成为现代场论中最基本的概念之一.

根据场的基本观念,相互作用的传播速度就是能量、动量等的传播速度. 因此,相互作用最大传播速度的存在,就暗示着在自然界中物体运动的速度在一般情况下不可能大于这个速度. 事实上,假若真的有这种 (大于相互作用最大传播速度的) 运动存在,那么我们就可以利用这个物体的运动实现一种相互作用,这种相互作用的传播速度就比上面所说的最大传播速度还要大. 这就直接与最大传播速度的定义冲突.

从一个粒子向另一个粒子传播的相互作用往往称为"信号",它由第一个粒子出发,将第一个粒子所经历的变化通知第二个粒子. 我们以后称相互作用的传播速度为"信号速度". 信号速度就是能量的传播速度.

特别地,由相对性原理可以推断相互作用最大传播速度在所有的惯性参考系中都相等. 实际上,如果这一速度不相等,那么就可以按照最大传播速度的大小给参考系编号,这样绝对惯性参考系就出现了,各个惯性参考系也因此在物理上不等效,于是直接与相对性原理冲突. 因此,相互作用的最大传播速度只能是一个普适常数. 在现代物理学中,这个恒定速度就是光在真空中的速度 c:

$$c = 2.99792458 \times 10^8 \ \mathrm{m/s} \tag{1.2.1}$$

可见光速不变原理的实质在于相互作用过程必须满足因果律的要求,也必须满足相对性原理的要求.

这个速度很大,我们通常遇到的速度都比光速小很多,因此我们假设光速为无限大并不影响结果的准确性,这就说明经典力学在大多数情况下是十分准确的.

以相对性原理与相互作用传播速度有限为前提导致爱因斯坦的相对性原理 (爱因斯坦在 1905 年提出这个理论). 它不同于伽利略的相对性原理,伽利略的相对性原理是以相互作用的传播速度是无限大为出发点的.

以爱因斯坦的相对性原理为基础的力学,称为相对论力学. 在极限情况下,当运动物体的速度比光速小很多时,我们就可以略去传播速度的有限性对运动的影响,在形式上使 $c \to \infty$,取相互作用是瞬时传播的情况,就可以由相对论性力学过渡到经典力学.

在经典力学中,不同事件的空间关系与选用的参考系有关. 换言之,距离的概念是相对的. 因此,当我们说"两件不同时的事件发生在空间同一点上",或广泛些,说"两件不同时的事件发生在空间不同点上",这种说法只有当指明了选用的是哪一个参考系时才有意义.

但是,在经典力学中,时间的概念是绝对的. 换言之,经典力学假定了时间的特性与参考系无关,对所有的参考系来说,时间只有一个. 这就是说,如果在某一个参考系中,有两个事件是同时发生的,那么在所有其他的参考系中,这两个事件也是同时发生的. 因此,任何两个事件发生的时间间隔在所有的参考系中都相等.

然而,极易证明,绝对时间的观念是与爱因斯坦的相对性原理完全冲突的. 例如,在以绝对时间观念为基础的经典力学中,伽利略速度相加法则是有效的. 根据这个法则,复杂运动的合速度简单地等于组成这个运动的各个速度的矢量和. 将这个法则应用于相互作用的传播,就可以导出相互作用的最大传播速度在各个参考系中必是不同的. 这就与爱因斯坦的相对性原理冲突.

但是,实验完全证实了爱因斯坦的相对性原理,因此时间是相对的而不是绝对的. 这就是说,在某一个参考系中同时发生的两个事件,对另一个参考系来说就不同时. 所以,"任何两个事件的时间间隔"这句话,只有在肯定地指明了所采用的是哪一个参考系的条件下才有意义.

为了弄清这个观念,我们考察下面的例子. 有两个惯性参考系 K 和 K',其坐标轴分别为 xyz 和 $x'y'z'$,而 K' 相对于 K 沿 x 和 x' 轴向右运动,如图 1.1 所示.

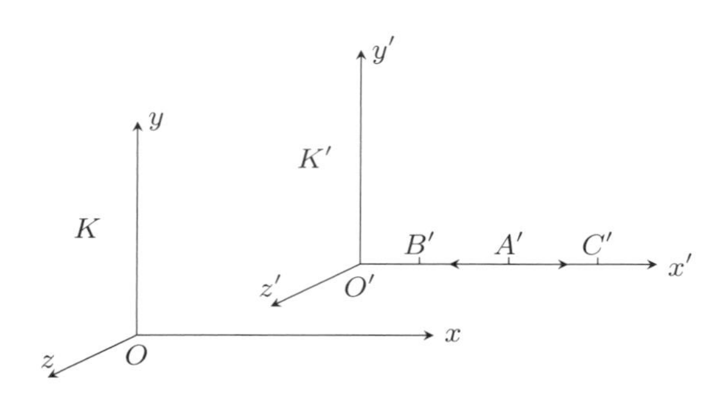

图 1.1　惯性系 K 与 K'

设光信号从 x' 轴上的 A' 点向两个相反的方向发出. 由于光信号在 K' 参考系中的传播速度在两个方向上都等于 c,所以它就会同时到达与 A' 点等距离的两点 B' 和 C'(在 K' 参考系中). 但是,这两个事件 (光信号到达 B' 和 C' 两点),对于在 K 参考系中的观察者来说,绝不是同时的. 实际上,根据相对性原理光信号相对于 K 参考系的速度也等于 c,而且由于在 K 参考系中的观察者来看 B' 点是对着向它发出的光信号移动,而 C' 点则是背离向着它发出的光信号移动,所以在 K 参考系中,光信号先到达 B' 点,后到达 C 点.

因此,爱因斯坦的相对性原理使基本物理观念发生了极其深刻的且根本的改变.

1.3 狭义相对论(爱因斯坦)

1.3.1 经典力学中的时间与空间

在经典力学中,假定理想刚体取向定律是与欧几里得几何学一致的. 它的意义可以表达如下:标志在刚体上的两点构成一个间隔. 这样的间隔可以取各种方向和我们的参考空间处于相对静止. 如果现在这个空间中的点能用坐标 x_1, x_2, x_3 来表示,使得间隔两端的坐标差 $\Delta x_1, \Delta x_2, \Delta x_3$ 对于间隔所取的每种方向,都有相同的平方和:

$$s^2 = \Delta x_1^2 + \Delta x_2^2 + \Delta x_3^2 \tag{1.3.1}$$

那么这样的参考空间称为欧几里得空间,而这样的坐标便称为笛卡儿坐标. 其实在无穷小间隔的极限情形中,做这样的假定就足够了,即

$$\mathrm{d}s^2 = \mathrm{d}x_1^2 + \mathrm{d}x_2^2 + \mathrm{d}x_3^2 \tag{1.3.1$'$}$$

必须注意,在这个假设之中还包含了两个具有根本意义的假定. 首先,假定了人们可以随意移动理想刚体,即关系式 (1.3.1) 或 (1.3.1′) 对于任意选择的坐标原点都能成立. 其次,假定了理想刚体取向的行为独立于物体的材料及其位置的改变,这意味着只要能使两个间隔重合一次,那么随时随地都能使它们重合,即关系式 (1.3.1) 或 (1.3.1′) 对于任意选择的坐标取向都能成立. 对于几何学特别是对于物理测量有根本重要性的这两个假设,自然是从经验中产生的,它反映了空间的均匀性和各向同性.

我们称式 (1.3.1) 中的量 s 为间隔的长度. 为了能唯一地确定它,需要随意规定一个指定间隔的长度;例如,我们可以令它等于 I(长度单位). 于是就可以确定所有其他间隔的长度. 如果使 x_i 线性地依赖于系数 λ,则

$$x_i = a_i + \lambda b_i \quad (i = 1, 2, 3) \tag{1.3.2}$$

我们就得到一条线,它具有欧几里得几何学中直线的一切性质. 特别地,极易推知:将间

隔 s 沿直线相继地平放 n 次，就获得长度为 $n \cdot s$ 的间隔. 因此，长度指的是使用单位量杆沿直线测量的结果. 下面会看出，它就象直线一样，具有独立于坐标系的意义.

现在我们考虑这样一种思路，它在狭义相对论和广义相对论中处于类似的地位. 我们提出问题：除了我们曾经使用过的那个笛卡儿坐标之外，是否还有其他等效的坐标？因为间隔具有独立于坐标系选择的物理意义，所以从我们的参考空间中任意一点做出相等的间隔，则全部相等间隔端点的轨迹形成一个球面，这个球面也同样具有独立于坐标选择的物理意义. 如果 x_i 和 $x'_i(i=1,2,3)$ 都是我们的参考空间的笛卡儿坐标，那么球面在我们这两个坐标系中可以由方程

$$\sum \Delta x_i^2 = \text{常数} \tag{1.3.3a}$$

$$\sum \Delta {x'_i}^2 = \text{常数} \tag{1.3.3b}$$

来表达. 必须怎样用 x_i 和 x'_i 才能使方程 (1.3.3a) 与方程 (1.3.3b) 等效呢？考虑将 x'_i 表达为 x_i 的函数，即

$$x'_i = f_i(x_1, x_2, x_3) \quad (i = 1, 2, 3)$$

根据泰勒定理，对于 Δx_i 的微小值，我们可以写出

$$\Delta x'_i = \frac{\partial x'_i}{\partial x_j}\Delta x_j + \frac{\partial^2 x'_i}{\partial x_j \partial x_k}\Delta x_j \Delta x_k + \cdots$$

将它代入式 (1.3.3b) 得

$$\begin{aligned}
\text{常数} &= \sum \Delta {x'_i}^2 \\
&= \frac{\partial x'_i}{\partial x_j}\frac{\partial x'_i}{\partial x_k}\Delta x_j \Delta x_k + \frac{\partial x'_i}{\partial x_j}\frac{\partial^2 x'_i}{\partial x_k \partial x_j}\Delta x_j \Delta x_k \Delta x_l \\
&\quad + \frac{1}{4}\frac{\partial^2 x'_i}{\partial x_j \partial x_k}\cdot\frac{\partial^2 x'_i}{\partial x_l \partial x_m}\Delta x_j \Delta x_k \Delta x_l \Delta x_m + \cdots
\end{aligned}$$

由于它代表球面方程，所以它应该与方程 (1.3.3a) 成比例，即

$$\sum \Delta x_i^2 \propto \frac{\partial x'_i}{\partial x_j}\frac{\partial x'_i}{\partial x_k}\Delta x_j \Delta x_k + \frac{\partial x'_i}{\partial x_j}\frac{\partial^2 x'_i}{\partial x_k \partial x_l}\Delta x_j \Delta x_k \Delta x_l + \cdots$$

比较之得到

$$\begin{aligned}
&\frac{\partial x'_i}{\partial x_j}\frac{\partial x'_i}{\partial x_k} \propto \delta_{jk} &&\rightarrow \quad \frac{\partial x'_i}{\partial x_j}\frac{\partial x'_k}{\partial x_j} \propto \delta_{ik} \\
&\frac{\partial x'_i}{\partial x_j}\frac{\partial x'_i}{\partial x_k} x_l = 0 &&\rightarrow \quad \frac{\partial^2 x'_i}{\partial x_i \partial x_k} = 0 \\
&\frac{\partial x'_i}{\partial x_j}\frac{\partial^n x'_i}{\partial x_k \cdots \partial x_l} = 0 &&\rightarrow \quad \frac{\partial^n x'_i}{\partial x_j \cdots \partial x_k} = 0
\end{aligned}$$

或者

$$\begin{cases}\dfrac{\partial x_i'}{\partial x_j}\dfrac{\partial x_i'}{\partial x_k}\propto\delta_{jk}\propto\dfrac{\partial x_j'}{\partial x_i}\dfrac{\partial x_k'}{\partial x_i}\\ \dfrac{\partial^n x_i'}{\partial x_j\cdots\partial x_n}=0\quad(n=2,3,4\cdots)\end{cases}$$

因此,x_i' 必须是 x_i 的线性函数. 于是,如果令

$$x_i'=\Delta_i+a_{ik}x_k \tag{1.3.4}$$

或者

$$\Delta x_i'=a_{ik}\Delta x_k \tag{1.3.4$'$}$$

那么方程 (1.3.3a) 和方程 (1.3.3b) 的等效性,可以表示成下列形式:

$$\sum\Delta {x_i'}^2=\lambda\sum\Delta x_i^2 \tag{1.3.5}$$

或者

$${s'}^2=\lambda s^2 \tag{1.3.5$'$}$$

其中

$${s'}^2=\sum\Delta {x_i'}^2=\Delta {x_1'}^2+\Delta {x_2'}^2+\Delta {x_3'}^2 \tag{1.3.1$''$}$$

系数 λ 仅仅与两个笛卡儿坐标系的相互关系有关,而独立于 Δx_i. 但是,系数 λ 不可能与这两个坐标系的原点有关,否则空间的不同点就不等效了,这是与空间的均匀性相矛盾的. 系数 λ 也不可能与这两个坐标系的相对取向有关,否则空间的不同方向就不等效了,这与空间的各向同性矛盾. 因此系数 λ 必定是常数. 如果要求 $s^2=\sum\Delta x_i^2$ 在每个坐标系里都等于长度的平方,而且总用同一单位标度的尺来测量,那么 λ 必须等于 1,即

$$\sum\Delta {x_i'}^2=\sum\Delta x_i^2 \tag{1.3.6}$$

或者

$${s'}^2=s^2 \tag{1.3.6$'$}$$

将式 (1.3.4$'$) 代入式 (1.3.6)得

$$a_{ij}a_{ik}\Delta x_j\Delta x_k=\Delta x_i\Delta x_i$$

从而导出条件

$$a_{ij}a_{ik}=\delta_{jk}=a_{ji}a_{ki} \tag{1.3.7}$$

条件 (1.3.7) 称为正交条件,而变换式 (1.3.4)、式 (1.3.7) 称为线性正交变换. 因此,线性正交变换是我们能够用来从参考空间里一个笛卡儿坐标系变换到另一个笛卡儿坐标系的唯一变换. 我们看到,在应用这样的变换时,直线方程仍化为直线方程. 将方程 (1.3.4′) 两边乘以 a_{ij} 并对所有的 i 求和,便逆演而得

$$\Delta x_i = a_{ki}\Delta x'_k \tag{1.3.8}$$

可见同样的参数 a 决定着 Δx_i 的逆变换. 由于

$$\Delta x_i \boldsymbol{e}_i = \Delta x'_i \boldsymbol{e}_i$$

所以

$$\boldsymbol{e}'_i = a_{ik}\boldsymbol{e}_k \tag{1.3.9}$$

因此有

$$\boldsymbol{e}'_i \boldsymbol{e}_k = a_{ik}$$

即在几何意义上,a_{ik} 是 x'_i 轴与 x_k 轴间夹角的余弦.

总之,可以断言在欧几里得几何学中 (在给定的参考空间中) 存在着优越坐标系,即笛卡儿坐标系,它们彼此用线性正交变换联系起来. 在我们的参考空间中两点之间用量杆测量的距离 s,用这种坐标来表示就特别简单,如式 (13.1). 全部几何学可以建立在这个距离概念的基础上. 在目前的处理中,几何学是和实物 (刚体) 联系起来的,几何学的定理是关于这些实物 (刚体) 行为的论述.

显然,前面导出的变换方程

$$\begin{cases} x'_i = \varDelta_i + a_{ij}x_j \\ a_{ij}a_{ik} = \delta_{jk} = a_{ji}a_{ki} \end{cases}$$

在欧几里得几何学中具有根本的意义,这是由于这些方程决定着由一个笛卡儿坐标系到另一个笛卡儿坐标系的变换. 笛卡儿坐标系的特征由如下性质表示:在笛卡儿坐标系中,两点间可测量的距离 s 由方程

$$s^2 = \sum \Delta x_i^2 = \Delta x_1^2 + \Delta x_2^2 + \Delta x_3^2$$

表达. 如果 K 与 K' 是两个笛卡儿坐标系,那么则有 $s^2 = s'^2$,或

$$\sum \Delta x_i^2 = \sum \Delta x_i'^2$$

由于线性正交变换方程,所以方程右边恒等于左边,右边和左边的区别只在于将 x_i 换成 x'_i. 这一点可以陈述为:$\sum \Delta x_i^2$ 对于线性正交变换是不变量. 显然,在欧几里得几何学

里，只有这样以及所有这样的量才具有客观意义，因为当能够用线性正交变换的不变量表达它时，它就是独立于笛卡儿坐标系的特殊选择. 然而，不变量并不是表示独立于笛卡儿坐标系的特殊选择的唯一形式，矢量和张量是其他的表示形式.

我们看到：在经典力学中，为了确定空间关系，需要一个参考物体或参考空间，此外还需要笛卡儿坐标. 我们可以设想笛卡儿坐标系是单位长的杆子所构成的立方构架，就能将这两个概念融为一体，这个构架的格子交点的坐标是整数. 由基本关系式 (1.3.1) 可知这种空间格子的构杆都是单位长度的. 为了确定时间关系，我们还需要一只标准钟，放在笛卡儿坐标系或参考构架的原点上. 如果在任何地点发生一个事件，我们就能立即给它肯定的三个坐标 x_i 和一个时间 t，这只要我们确定在原点的钟的时间与该事件是同时的即可. 因此，我们对于两个事件的同时性就给出了 (假设的) 客观意义，而先前只涉及个人对于两个经验的同时性. 这样确定的时间，在所有的事件中都独立于坐标系在我们的参考空间中的位置，所以它是变换式 (1.3.4) 的不变量.

我们假设表示经典力学定律的方程组与欧几里得几何的关系式一样，对于变换式 (1.3.4) 是协变的. 空间的均匀性和各向同性就是这样表示的.

1.3.2 狭义相对论中的时间与空间

前面关于刚体位形的讨论的基础是不管欧几里得几何描述自然现象的有效性而假设空间中的一切方向，即笛卡儿坐标系的所有位移在物理上是等效的. 这可以说是“关于方向的相对性原理”，并曾经指出：可以根据这个原理，借助于张量分析求出或建立方程 (自然界定律). 现在提出问题：参考空间的运动状态是否有相对性？换言之，相对运动着的参考空间在物理上是否等效？根据力学的观点，等效的参考空间看来确实是存在的. 因为我们正以 30 km/s 左右的速度绕日运动，而在地球上的科学实验丝毫没有说明这个事实. 另一方面，这种物理上的等效性，看来并不是对任意运动的参考空间都成立的；因为在颠簸运动的火车里与在匀速直线运动的火车里，力学效应看来并不遵从同样的定律；在写下相对于地球的运动方程时，必须考虑地球的转动. 因此，看来存在着一些笛卡儿坐标系，即所谓惯性系，参考这类坐标系就可以将力学定律 (更普遍的是物理定律) 表示成最简单的形式. 我们可以推测下列原理的有效性：如果 K 是一个惯性系，那么相对于 K 做匀速运动而无转动的其他坐标系 K' 也是一个惯性系；自然界定律对于所有的惯性系都是一致的. 我们将这个叙述称为“相对性原理”. 就像对于方向的相对性原理所曾做过的那样,我们要从这个"平动的相对性"原理推出一些结论.

为了能够做到这一点,我们必须首先解决下列问题. 如果给定一个事件相对于惯性系 K 的笛卡儿坐标 x_i 和时间 t,而惯性系 K' 相对于 K 作匀速平动,那么我们如何计算同一事件相对于 K' 的坐标 x_i' 和时间 t'? 在经典力学中为解决这个问题不自觉地做了两个假设:

(1) 时间是绝对的

一个事件相对于 K' 的时间 t' 与相对于 K 的时间 t 相同. 如果瞬时信号能送往远处,并且知道时钟的运动状态对它的快慢没有影响,那么这个假定在物理上是成立的. 因为这样就可以在 K 与 K' 两个参考系遍布彼此相同并且校准得到一样的时钟,它们相对于 K 或 K' 保持静止,而且它们指示的时间将独立于参考系的运动状态;于是一个事件的时间就能由其邻近的时钟指出.

(2) 长度是绝对的

如果相对于 K 为静止的间隔具有长度 s,而 K' 相对于 K 是运动的,那么这个间隔相对于 K' 也有同样的长度 s.

如果 K 与 K' 的轴彼此平行,那么基于这两个假设所做的简单计算给出变换方程

$$\begin{cases} x_i' = x_i - \Delta_i - v_i t \\ t' = t - \dfrac{\Delta_0}{c} \end{cases} \tag{1.3.10}$$

这个变换称为"伽利略变换". 对时间取两次微商,得

$$\frac{\mathrm{d}^2 x_i'}{\mathrm{d}t'^2} = \frac{\mathrm{d}^2 x_i}{\mathrm{d}t^2}$$

此外,对于两个同时的事件还有

$$x_i'^{(1)} - x_i'^{(2)} = x_i^{(1)} - x_i^{(2)}$$

平方并相加,结果就获得两点距离的不变性. 由此极易获得牛顿运动方程对于伽利略变换式 (1.3.10) 的协变性. 因此,如果做了关于钟和尺的这两个假设,那么经典力学是遵从相对性原理的.

但是,当应用于电磁现象时,这种将平动的相对性建立在伽利略变换上的企图就失败了. 麦克斯韦–洛伦兹电磁方程对于伽利略变换并不是协变的. 特别地,我们注意到:根据伽利略变换式 (1.3.10),对于 K 具有速度 $\boldsymbol{c}$ 的光线,对于 K' 会有不同的速度,这依赖于它的方向. 即从式 (1.3.10) 有

$$\frac{\mathrm{d}x_i'}{\mathrm{d}t'} = \frac{\mathrm{d}x_i}{\mathrm{d}t} - v_i$$

$$c_i' = c_i - v_i$$
$$\boldsymbol{c}' = \boldsymbol{c} - \boldsymbol{v}$$

在垂直于 $\boldsymbol{v}$ 的方向上有

$$c_\perp' = c_\perp$$

在平行于 $\boldsymbol{v}$ 的方向上有

$$c_{||}' = c_{||} - \boldsymbol{v}$$

可见在 K' 中的光速依赖于光的传播方向. 因此就其物理性质而言,参考空间 K 和相对于它 (静止以太) 运动的所有参考空间便有所区别. 但是,所有的实验都证实:相对于作为参考物体的地球,电磁与光的现象并不受地球平动的影响. 这类实验中最重要的是迈克耳孙–莫雷实验. 因此,相对性原理也适用于电磁现象就难以怀疑了.

另一方面,麦克斯韦–洛伦兹方程处理运动物体里光学问题的适用性已经获得证实,没有别的理论能够合理地解释光行差的事实、光在运动物体中的传播 (斐索) 和双星中观察到的现象 (德希特). 麦克斯韦–洛伦兹方程的一个推论是:至少对于一个确定的惯性系 K 而言,光以速度 c 在真空中传播;所以必须认为这个推论是证实了的. 根据相对性原理还必须假定这个原理对于每一个其他的惯性系也是真实的.

在我们从这两个原理出发做出任何结论之前,我们必须重新评论“时间”与“速度”观念的物理意义. 由前述已经知道:关于惯性系的坐标是借助于用刚体做测量和结构来下的物理上的定义的. 为了测量时间,我们曾经假定在某处放有时钟 μ,它相对于 K 系保持静止. 但是,如果事件到时钟的距离不能忽略,我们就不能用这只时钟来确定事件的时间,因为我们能够用来比较事件时间与时钟时间的“瞬时信号”是不存在的. 为了完成时间的定义,我们可以使用真空中的光速不变原理. 让我们假定在 K 系各点放置同样的时钟,它们相对于 K 保持静止,并按下列安排校准:当某一时钟 μ_m 指着时间 t_m 时,从这只时钟发出一道光线,它通过真空距离 r_{mn} 到达时钟 μ_n,当光线遇着时钟 μ_n 的时刻,使时钟 μ_n 对准到时间

$$t_n = t_m + \frac{r_{mn}}{c}$$

严格地说,首先确定同时的定义就更正确些,这个定义大致如下:发生在 K 系的 A 与 B 两点的事件是同时的,如果当我们在间隔 AB 的中点 M 观察时,A 点与 B 点的事件在同一时刻出现. 于是,时间被定义为相同时钟的指示的集合,这些时钟相对于 K 系保持静止,并同时记录相同的时间. 光速不变原理断定这样校准时钟不会引起矛盾. 利用这样校准好的时钟,我们就能指出发生在任何时钟近旁的事件的时间. 重要的是,要注意这个时间的定义只关系到惯性系 K,因为我们曾经使用一组相对于 K 为静止的时

钟. 从这个定义丝毫得不出经典力学所做的关于时间的绝对性 (即时间独立于惯性系的选择) 的假设. 相对论常常遭到批评,说它未加论证就把光的传播放在理论中心的地位并以光的传播定律作为时间概念的基础. 然而情况大致如下:为了赋予时间概念以物理意义,需要建立不同地点之间关系的某种过程,而究竟选择哪一种过程是无关重要的. 可是对于理论只选用那种我们已有某些肯定的了解的过程是有好处的. 感谢 J. C. 麦克斯韦和 H. A. 洛伦兹的研究,与可以考虑的任何其他过程相比,我们对于真空中光的传播是了解得更为清楚的.

根据所有这些考虑,时间和空间的数据具有物理上的真实性,而不是仅仅具有想象上的意义;特别是对于所有含有坐标与时间的关系式,例如关系式 (1.3.10),这句话是适用的. 因此,询问哪些方程是正确的或不正确的以及询问从一个惯性系 K 到另一个对 K 做相对运动的惯性系 K' 的真实变换方程是什么,是有意义的. 可以指出,这都将借助光速不变原理与相对性原理唯一地确定.

为了达到这个目的,我们设想已经按照指出的途径,对两个惯性系 K 和 K' 的时间与空间已从物理上得到定义. 此外,设一束光线通过真空从 K 的一点 P_1 到达 P_2,如果 r 是两点间测得的距离,那么光的传播必须满足方程

$$r = c\Delta t$$

如果我们对这个方程两边取平方,而且用坐标 $\sum \Delta x_i^2$ 表示 r^2,那么可以如下表示

$$\sum \Delta x_i^2 - c^2\Delta t^2 = 0 \tag{1.3.11}$$

以代替原来的方程. 这个方程将光速不变原理表示成相对于 K 的公式,不论发射光线的光源怎样运动,这个公式都必须成立.

相对于 K' 也可以考虑相同的光传播问题,在这种情况下光速不变原理也必须满足. 因此,对于 K',我们有方程

$$\sum \Delta x_i'^2 - c^2\Delta t'^2 = 0 \tag{1.3.11$'$}$$

对于从 K 到 K' 的变换,方程 (1.3.11) 与方程 (1.3.11$'$) 必须彼此自洽,体现这一点的变换,我们将之称为"洛伦兹变换".

在详细考虑这些变换之前,我们还要对时间和空间略作一般的讨论. 首先是四维时空连续区的观念.

空间是一个三维连续区. 这句话的意思是我们可以用三个数 (坐标)x、y、z 来描述一个 (静止的) 点的位置,并且在该点的邻近处可以有无限多个点,这些点的位置可以用诸如 (x_1,y_1,z_1) 的坐标来描述,这些坐标的值与第一个点的坐标 (x,y,z) 的相应的值要多

么近就可以有多么近. 由于属于同一个性质,所以我们说这一整个区域是个"连续区",由于有 3 个坐标,所以我们说它是"三维的".

与此相似,闵可夫斯基简称为"世界"的物理现象的世界,就时空观而言,自然就是四维的. 因为物理现象的世界,是由各个事件组成的,而每一个事件又是由 4 个数来描述的,这 4 个数就是三个空间坐标和一个时间坐标——时间量值 t. 具有这个意义的"世界"也是一个连续区;因为对于每一个事件而言,其"邻近"的事件 (已感觉到的或至少可设想到的) 我们愿意选取多少就有多少,这些事件的坐标 (x_1,y_1,z_1,t_1) 与最近考虑的事件的坐标 (x,y,z,t) 相差一个无穷小量. 过去我们不习惯于把具有这个意义的世界看作一个四维连续区,是由于在相对论创立前的物理学中,时间充当着不同于空间坐标的更独立的角色. 由于这个理由,我们一向习惯于把时间看作一个独立的连续区.[①]

事实上,在经典力学中,时间和空间是分离的事物. 时间的确定独立于参考空间的选择. 牛顿力学对参考空间是具有相对性的,所以例如两个不同时的事件发生在同一地点的陈述就没有客观意义 (即独立于参考空间),显然,根据伽利略变换式 (1.3.10) 有

$$\begin{aligned}\Delta x_i' &= -v_i \Delta t \\ \Delta t' &= \Delta t\end{aligned}$$

于是,在不同时的条件下,$\Delta x_i = 0$ 并不是伽利略变换下的不变量,因此它没有客观意义. 但是,这种相对性在建立理论时没有作用. 人们说到空间的点,就像说到时间的时刻一样,就好像它们是绝对真实的. 过去没有注意到确定时空的真正元素是事件,而事件是用 4 个数 (x_1,x_2,x_3,t) 确定的. 某事件发生的概念总是四维连续区的概念;但是,对这一点的认识却被经典力学中时间的绝对性蒙蔽了. 放弃了时间的绝对性假设,特别是同时性的绝对性的假设,时空观念的四维性就立即被认识到了. 既不是某事件发生的空间地点,也不是它发生的时间瞬间,而是只有事件本身才具有物理上的真实性. 后面将会看到:在两个事件之间,在空间中没有绝对 (独立于参考空间) 关系,在时间上也没有绝对关系,但是在时空中有一个绝对 (独立于参考空间) 关系. 合理地将四维连续区划分为三维空间连续区和一维时间连续区,在客观上是不可行的,这种情况表示:如果将自然界定律表示成四维时空连续区的定律,那么所采取的形式将是逻辑上最合理的. 相对论在方法上的巨大进展有赖于此,这种进展应归功于闵可夫斯基 (Minkowski). 从这个观点考虑,我们必须认为 (x_1,x_2,x_3,t) 是一个事件在四维连续区中的 4 个坐标. 我们自己对于这种四维连续区中种种关系的想象,在成就上远逊于三维欧几里得连续区中诸关系的想

① 这里阮先生笔记中的两段摘录自爱因斯坦的《狭义与广义相对论浅说》(爱因斯坦. 狭义与广义相对论浅说 [M]. 杨润殷,译. 北京:北京大学出版社,2006) 狭义相对论部分最后一节. 篇幅不太长,内容虽然都是摘录的,但与其余各节有一定关系,故经考虑仍在这里保留,但用不同字体以示区分. 整理者注.

象. 但是,必须着重指出:即使在欧几里得三维几何学中,它的观念和关系在我们的思想中也只是具有抽象的性质,与我们目睹以及通过触觉所获得的印象不是完全等同的. 然而,事件的四维连续区的不可分割性丝毫没有空间坐标与时间坐标等效的含义. 相反地,我们必须记住:在物理上定义时间坐标是完全不同于定义空间坐标的.

使关系式 (1.3.11) 与式 (1.3.11′) 相等,就定义了洛伦兹变换. 这两个关系式又表示:时间坐标的地位与空间坐标的地位是不同的,因为 Δt^2 项与空间项 $\Delta x_1^2, \Delta x_2^2, \Delta x_3^2$ 的符号是相反的.

在我们进一步分析确定洛伦兹变换的条件之前,为了使以后推演的公式中不致明显地含有常数 c,我们将引用光时间

$$l = ct \tag{1.3.12}$$

来代替时间 t. 于是,洛伦兹变换是在这样的途径中被确定的:首先,它使得方程

$$\Delta x_1^2 + \Delta x_2^2 + \Delta x_3^2 - \Delta l^2 = 0 \tag{1.3.13}$$

成为一个协变方程,亦即如果对两个给定事件 (光线的发射与吸收) 所参考的惯性系这个方程得到满足,那么对于每一个惯性系,这个方程都能得到满足. 最后,按照闵可夫斯基的方法,引用虚值的时间坐标

$$x_4 = \mathrm{i}l = \mathrm{i}ct \tag{1.3.12′}$$

代替实值的时间坐标 $l = ct$. 于是,定义光的传播方程成为

$$\sum \Delta x_\mu^2 = \Delta x_1^2 + \Delta x_2^2 + \Delta x_3^2 + \Delta x_4^2 = 0 \tag{1.3.13′}$$

这个方程必须对于洛伦兹变换是协变的. 换言之,根据相对性原理,光的传播方程在参考系 K' 中应为

$$\sum \Delta {x'_\mu}^2 = \Delta {x'_1}^2 + \Delta {x'_2}^2 + \Delta {x'_3}^2 + \Delta {x'_4}^2 = 0 \tag{1.3.13″}$$

亦即根据相对性原理,体现光速不变原理的方程 $\sum \Delta x_\mu^2 = 0$,具有独立于惯性系选择的物理意义;但是由此丝毫不能推出量 $\sum \Delta x_\mu^2$ 的不变性. 然而,我们可以断言:如果两个给定事件的间隔

$$s^2 = \sum \Delta x_\mu^2 = \Delta x_1^2 + \Delta x_2^2 + \Delta x_3^2 + \Delta x_4^2 \tag{1.3.14}$$

在参考系 K 内为零,那么它在所有其他的参考系 K' 内也等于零. 因此,量 s^2 在变换过程中可能还带有一个因子变换过去,即 s^2 与 s'^2 彼此必须成比例,

$$s'^2 = \lambda s^2$$

其中，s'^2 是上述两个给定事件在 K' 中的间隔

$$s'^2 = \sum \Delta x'^2_\mu = \Delta x'^2_1 + \Delta x'^2_2 + \Delta x'^2_3 + \Delta x'^2_4 \tag{1.3.14'}$$

于是有

$$\sum \Delta x'^2_\mu = \lambda \sum \Delta x^2_\mu \quad (\lambda\text{独立于}\Delta x_\mu)$$

其中，系数 λ 不能与 K 和 K' 的坐标原点相关，否则空间的不同点和时间的不同时刻就不等效了，这是与时间和空间的均匀性相矛盾的；系数 λ 不能与 K 和 K' 的坐标取向有关，否则四维连续区中的不同方向就不等效了，这是与时间和空间的各向同性相矛盾的；系数 λ 也不能与惯性系间的相对速度的方向有关，否则就与空间的各向同性相矛盾. 所以 λ 可能依赖于两个惯性系的相对速度的大小，即 $\lambda = \lambda(v)$，代入得

$$\sum \Delta x'^2_\mu = \lambda(v) \sum \Delta x^2_\mu$$

如果在所有的参考系中都用相同单位的量杆和时钟，即假定量杆和时钟的性质与其以前的运动历史无关，那么根据相对性原理还应该有

$$\sum \Delta x^2_\mu = \lambda(v) \sum \Delta x'^2_\mu$$

于是得

$$\sum \Delta x'^2_\mu = \lambda(v)\lambda(v) \sum \Delta x'^2_\mu$$

由于 s^2 是任意选择的，所以得 $[\lambda(v)]^2 = 1$. 于是

$$\lambda(v) = \pm 1$$

为了从这两个值中选择一个，我们应该注意 λ 只可以永远等于 $+1$ 或永远等于 -1. 如果 $\lambda(v)$ 对于某些速度为 $+1$，而于对另外某些速度为 -1，那么根据速度 v 的连续性，就一定有速度存在，而与这些速度对应的 $\lambda(v)$ 是在 $+1$ 与 -1 之间，而这是不可能的. 既然如此，那么由于恒等式 $s'^2 = s^2$ 是变换或 $s'^2 = \lambda(v)s^2$ 的一个特例，其中 $\lambda(v)$ 取 $+1$，所以 $\lambda(v)$ 就应该永远等于 $+1$.

因此，我们得到一个很重要的结论：两个事件的间隔在所有的惯性系里都是一样的(独立于坐标系的选择)，即由一个惯性系变换到另一个惯性系时，间隔 s^2 是一个不变量.

$$s'^2 = s^2$$

或者

$$\sum \Delta x'^2_\mu = \sum \Delta x^2_\mu \tag{1.3.15}$$

当这个更为普遍的条件得到满足时,光速不变原理 (即条件 (1.3.11) 和条件 (1.3.11′)) 就总能得到满足. 因此,这种不变式也就是光速不变原理的数学表示.

显然,只有用线性变换才能满足这个条件,即只有用形式为

$$x'_\mu = -\Delta_\mu + a_{\mu\nu} x_\nu \tag{1.3.16}$$

的变换,其中重复指标 ν 表示求和,遍及 $\nu = 1$ 到 $\nu = 4$. 看一下方程 (1.3.14) 以及方程 (1.3.16) 可以指出,如果不论维数和实性关系,那么这样定义的洛伦兹变换恒等于欧几里得几何的平移和转动变换. 将式 (1.3.16) 代入式 (1.3.15),我们可以推断系数 $a_{\mu\nu}$ 必须满足条件

$$a_{\mu\alpha} a_{\nu\alpha} = \delta_{\mu\nu} = a_{\alpha\mu} a_{\alpha\nu} \tag{1.3.17}$$

由于 x_i 的值是实数,x_4 的值是虚数,所以除 $\Delta_4, a_{41}, a_{42}, a_{43}, a_{14}, a_{24}, a_{34}$ 是纯虚数之外,所有其余的 $\Delta_\mu, a_{\mu\nu}$ 都是实数.

1.3.3 特殊洛伦兹变换

如果只有两个坐标进行变换,而且令所有确定新原点的 Δ_μ 都等于 0,那么我们就得到类型为式 (1.3.16)、式 (1.3.17) 的变换中最简单的变换. 于是,对于指标 1 和指标 2,由关系式 (1.3.17) 提供的三个独立条件,我们获得

$$\begin{cases} x'_1 = x_1 \cos\varphi + x_2 \sin\varphi \\ x'_2 = -x_1 \sin\varphi + x_2 \cos\varphi \\ x'_3 = x_3 \\ x'_4 = x_4 \end{cases} \tag{1.3.18}$$

这是 (空间) 坐标系在空间中绕 x_3 轴的简单转动. 我们看到,前面研究过的在空间中的转动变换 (没有时间变换) 是作为特殊性情况被包含在洛伦兹变换中的, 在类似的情形中,对于指标 1 和指标 4,我们获得

$$\begin{cases} x'_1 = x_1 \cos\psi + x_4 \sin\psi \\ x'_2 = x_2 \\ x'_3 = x_3 \\ x'_4 = -x_1 \sin\psi + x_4 \cos\psi \end{cases} \tag{1.3.19}$$

由于实性关系,ψ 必须取虚值. 为了从物理上解释这些方程,我们引进实值的光时间,l 以及 K' 相对于 K 的速度 v 代替虚值的 ψ 角. 首先我们有

$$\begin{aligned} x_1' &= x_1 \cos\psi + \mathrm{i} l \sin\psi \\ l' &= \mathrm{i} x_1 \sin\psi + l \cos\psi \end{aligned} \tag{1.3.19'}$$

由于对 K' 的原点,即对 $x_1' = 0$,必须 $x_1 = vl$,所以从第一个方程得

$$v = -\mathrm{i} \tan\psi \tag{1.3.20}$$

以及

$$\begin{cases} \sin\psi = \dfrac{\mathrm{i}v}{\sqrt{1-v^2}} \\ \cos\psi = \dfrac{1}{\sqrt{1-v^2}} \end{cases} \tag{1.3.21}$$

于是我们获得

$$\begin{cases} x_1' = \dfrac{x_1 - vl}{\sqrt{1-v^2}} \\ x_2' = x_2 \\ x_3' = x_3 \\ l' = \dfrac{l - vx_1}{\sqrt{1-v^2}} \end{cases} \tag{1.3.19''}$$

这些方程形成著名的特殊洛伦兹变换, 在普遍的理论中, 它代表四维坐标系统按虚值角度所做的转动. 如果用普通的时间 t 来代替光时间 l,那么我们必须在式 (1.3.19′) 中把 l 换成 ct,把 v 换成 $\dfrac{v}{c}$,得

$$\begin{cases} x_1' = \dfrac{x_1 - vt}{1 - \dfrac{v^2}{c^2}} \\ x_2' = x_2 \\ x_3' = x_3 \\ t' = \dfrac{t - \dfrac{v}{c^2}x_1}{1 - \dfrac{v^2}{c^2}} \end{cases} \tag{1.3.22}$$

这正是通常形式下的洛伦兹变换. 极易看出,当做非相对论的极限过渡 $c \to \infty$ 时,洛伦兹变换就变为伽利略变换

$$\begin{cases} x_1' = x_1 - vt \\ x_2' = x_2 \\ x_3' = x_3 \\ t' = t \end{cases} \tag{1.3.23}$$

1.3.4 运动的量杆和时钟

在确定的参考系 K 中时间 $l=0$,各点的位置以整数 $x_1'=n$ 给定,而对于 K 则是由

$$x_1=n\sqrt{1-v^2}$$

给定的;这是从方程 (1.3.19′) 第一式导出的,而且表示洛伦兹收缩.

一个时钟位于 K 的原点 $x_1=0$ 保持静止,它的拍数由 $l=n$ 表示,我们从 K' 观察时它具有以

$$l'=\frac{n}{\sqrt{1-v^2}}$$

表示的拍数,这是由方程 (1.3.19′) 第四式导出的,而且表示运动时钟比它相对于 K' 为静止时要走得慢. 这两个结论,看情况加以必要的修改,可适用于每个参考系;它们构成了洛伦兹变换摆脱积习的物理内容.

1.3.5 速度的加法定理

如果将具有相对速度 v_1 和 v_2 的两个特殊洛伦兹变换合并起来, 那么根据式 (1.3.20),代替这两个分开的洛伦兹变换的单个洛伦兹变换的速度由

$$\begin{aligned}v_{12}&=-\mathrm{i}\tan(\psi_1+\psi_2)\\&=-\mathrm{i}\frac{\tan\psi_1+\tan\psi_2}{1-\tan\psi_1\tan\psi_2}\\&=\frac{v_1+v_2}{1+v_1v_2}\end{aligned}\tag{1.3.24}$$

给出.

1.3.6 关于洛伦兹变换及其不变量理论的一般叙述

狭义相对论中不变量的全部理论有赖于方程 (1.3.14) 里的不变量 s^2. 任意两个给定事件的间隔 s^2 是一个不变量,这是一个绝对的观念. 在形式上,s^2 在四维时空连续区

中的地位,就和不变量 $\Delta x_1^2+\Delta x_2^2+\Delta x_3^2$ 在欧几里得几何与经典力学中的地位相同. 后面这个量对于所有的洛伦兹变换并不是不变量,方程 (1.3.14) 中的量 s^2 才取得这样的不变量的地位. 对于任意的惯性系,s^2 可以由测量来决定;采用给定的测量单位,则与任意两个事件相联系的 s^2 是一个完全确定的量.

不论维数,不变量 s^2 与欧几里得几何学中对应的不变量有以下几点区别:在欧几里得几何学中,s^2 必然是正的;只有当所涉及的两点重合时,它才化为零. 在另外一方面,从间隔

$$s^2=\sum\Delta x_\mu^2=\Delta x_1^2+\Delta x_2^2+\Delta x_3^2-\Delta l^2$$

化为零并不能断定两个时空点重合;s^2 这个量化为零是在真空中两个时空点可以用光信号联系起来的不变性条件. 如果 P 表示 x_1,x_2,x_3,l 四维时空中的一点 (事件),那么借助光信号可以和点 P 联系起来的所有"各点"都位于锥面 $s^2=0$ 之上 (参看图 1.2,其中 x_3 维被略去)."上"半个锥面包括把光信号从点 P 送达的"各点";于是,"下"半个锥面包括把光信号送达点 P 的"各点". 包在锥面内的点 P' 与 P 构成负值的 s^2,于是根据闵可夫斯基的说法,PP' 以及 $P'P$ 是类时间隔. 这种间隔代表运动的可能路径的元素,它的速度小于光速. 这是因为根据特殊洛伦兹变换式 (1.3.19′) 中有根式 $\sqrt{1-v^2}$ 出现,所以推知超过光速的物质速度是不可能出现的. 在这种情形中,适当地选择惯性系的运动状态就可以使 $\sum\Delta x_\mu^2$ 化为零,于是可以沿 PP' 的方向画下 l 轴,即事件 P 和 P' 是在同一个地点发生的. 如果 P'' 在"光锥"之外,那么点 P'' 与点 P 构成正值的 s^2,于是根据闵可夫斯基的说法,PP'' 以及 $P''P$ 是类空间隔;在这种情形中,适当地选择惯性系,可以使 $\Delta\tau$ 化为零,即事件 P 和 P'' 是同时发生的. 由于间隔是一个绝对的观念 (独立于坐标系的选择),所以将间隔分为光锥、类时间隔、类空间隔也是一个绝对的观念,即一个间隔的类时性或类空性是独立于参考空间的选择的.

由于引用了虚值的时间变量 $x_4=\mathrm{i}l$ [见式 (1.3.12″)],闵可夫斯基使得物理现象中四维时空连续区的不变量理论完全类似于欧几里得空间中三维连续区的不变量理论. 因此,狭义相对论中四维张量的理论与三维空间中的张量理论的差别,仅仅在于维数和实性关系.

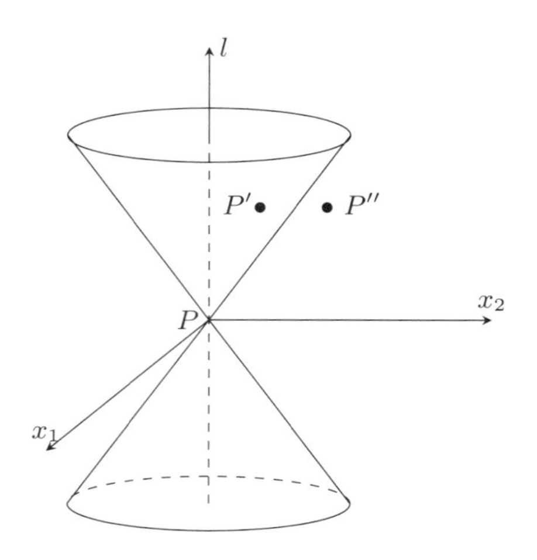

图 1.2　光锥面与类时、类空间隔

1.3.7　宏观因果律

根据狭义相对论，在参考系 K 中，一个事件可以用四维时空连续区中的一点 $x=(x_1,x_2,x_3,t)$ 来描述，其中 x_i 是事件发生的地点，t 是事件发生的时间. 现在问：在参考系 K 中，两个事件 P_1 和 P_2 发生的先后次序是否有客观意义？

显然，其中有一类事件的先后次序是客观存在的，具有绝对（独立于参考空间的选择）的意义，决不容许颠倒. 例如，粒子的发射和吸收（图 1.3），这样两个事件的先后次序是客观的，决不容许颠倒：即先有发射，然后才有吸收，发射是原因，吸收是结果，原因总是在结果的前头，它们的先后次序是客观的，在所有其他的参考系 K' 中观测粒子的发射和吸收，都应该是先发射后吸收，决不容许将这个先后次序颠倒过来. 在这个意义上，我们说发射和吸收的先后次序是客观的，具有绝对的意义. 换言之，因和果的先后次序是客观存在的，具有绝对的意义，决不容许将它的先后次序颠倒过来，这称为因果律. 具有因果联系的两个事件称为因果事件.

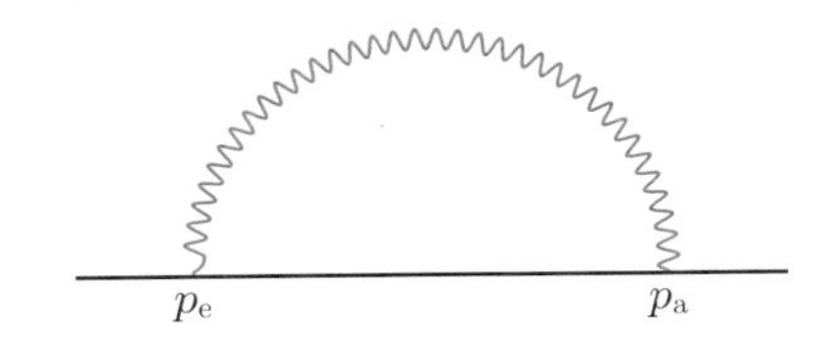

图 1.3　发射和吸收

设我们在参考系 K 中观测发射和吸收这两个事件,可得因果描述如表 1.1 所示.

表 1.1　因果描述(一)

发射	吸收	坐标差	因果条件
p_e	p_a	$\Delta x_\mu = x_\mu^a - x_\mu^e$	$\Delta t > 0$

在参考系 K' 中观测发射和吸收这两个事件,可得因果描述如表 1.2 所示.

表 1.2　因果描述(二)

发射	吸收	坐标差	因果条件
p'_e	p'_a	$\Delta x'_\mu = {x'}_\mu^a - {x'}_\mu^e$	$\Delta t' > 0$

根据洛伦兹变换得

$$\begin{cases} \Delta x'_1 = \dfrac{\Delta x_1 - \nu\Delta t}{\sqrt{1-\nu^2 c^2}} \\ \Delta x'_2 = \Delta x_2 \\ \Delta x'_3 = \Delta x_3 \\ \Delta t' = \dfrac{\Delta t - \dfrac{\nu}{c^2}\Delta x_1}{1 - \dfrac{\nu^2}{c^2}} \end{cases}$$

其中,v 是参考系 K' 相对于参考系 K 的速度,所以为

$$\boldsymbol{v} = \boldsymbol{e}_1 v$$

当然,在参考系 K 中进行观测是先发射后吸收,即 $\Delta t > 0$. 因此,根据因果律在 K' 中进行观测也是先发射后吸收,即

$$\Delta t' > 0 \tag{1.3.25}$$

将洛伦兹变换代入得

$$\Delta t - \frac{v}{c^2}\Delta x_1 > 0$$

或者

$$v\Delta x_1 < c^2\Delta t$$

由于因果条件 $\Delta t > 0$,两边同除以 Δt 得

$$v\frac{\Delta x_1}{\Delta t} < c^2$$

其中,$\dfrac{\Delta x_1}{\Delta t} = V_1$ 正好是粒子在参考系 K 中的飞行速度 $\boldsymbol{V}$ 沿 x_1 轴的分量,于是因果律可以表述为

$$vV_1 < c^2$$

由于 $V_1 = \boldsymbol{e}_i \cdot \boldsymbol{V}$,$vV_1 = v\boldsymbol{e}_i \cdot \boldsymbol{V} = \boldsymbol{v} \cdot \boldsymbol{V}$,所以因果律为

$$\boldsymbol{v} \cdot \boldsymbol{V} < c^2$$

如果我们将参考系 K' 的原点安放在粒子上,那么 K' 相对于 K 的速度 $\boldsymbol{v}$ 将等于 $\boldsymbol{V}$,即 $\boldsymbol{v} = \boldsymbol{V}$. 代入因果律之中得

$$V^2 < c^2$$

从而

$$V < c \tag{1.3.25$'$}$$

它的物理意义是:粒子的飞行速度小于真空光速,或能量信号的传播速度小于真空光速.这个论断称为宏观因果律. 宏观因果律的数学表述是

$$V^2 < c^2, \quad V_1^2 + V_2^2 + V_3^2 < c^2$$

于是

$$\Delta x_1^2 + \Delta x_2^2 + \Delta x_3^2 < c^2\Delta t^2$$

也就是

$$\Delta x_1^2 + \Delta x_2^2 + \Delta x_3^2 + \Delta x_4^2 < 0$$

或者

$$s^2 < 0 \tag{1.3.25$''$}$$

亦即当两个事件 P_1 与 P_2 是因果事件时，它们的间隔是类时性质的. 显然，当两个事件 P_1 与 P_2 的间隔是类时性质的，那么适当选择参考系可以将 $\sum \Delta x_i^2$ 化为零，即

$$s^2 = \sum \Delta x_\mu^2 = -\Delta l'^2$$

于是，在参考系 K' 进行观测，事件 P_1' 与 P_2' 是在同一地点、不同时刻发生的事件. 因此，以速度为零的物质过程就可以将这两个事件联系起来，所以这两个事件是因果事件. 这样我们论证了间隔 s^2 小于零，是事件 P_1 与 P_2 构成因果事件的充分必要条件.

显然，当能量信号传播速度等于真空光速时，也是遵从因果律的，这时事件 P_1 与 P_2 的间隔满足条件 $V^2 = c^2$，或

$$s^2 = 0 \tag{1.3.26}$$

事件 P_1 与 P_2 也构成因果事件. 但是，当能量讯号传播速度大于真空光速时，则不遵从因果律，这时事件 P_1 与 P_2 的间隔满足条件 $V^2 > c^2$，或

$$s^2 > 0 \tag{1.3.27}$$

这类事件转为非因果事件. 非因果事件的先后次序不是客观的，只具有相对的意义. 由于间隔的类空性质，可以适当选择参考系使得 Δt 化为零，于是得

$$s^2 = \Delta x_1'^2 + x_2'^2 + x_3'^2$$

这意味着在参考系 K' 中测量事件 P_1' 与 P_2' 时，发现它们是同一时刻在不同地点上发生的事件. 因此，在事件 P_1' 与 P_2' 之间只可能用速度为无限大的物质过程才能联系起来，这是不可能的，所以唯一的结论是这两个事件之间没有因果联系.

最后总结结果，宏观因果律的物理表述为：粒子的飞行速度小于或等于真空光速. 它的数学表述为

$$s^2 \leqslant 0 \tag{1.3.28}$$

即间隔在光锥上或具有类时性质. 任意两个事件的间隔，如果在光锥上或具有类时性质，那么这两个事件构成因果事件；如果它具有类空性质，那么这两个事件构成非因果事件. 即

$$\begin{aligned} &s^2 > 0, \quad \text{事件 } P_1 \text{ 与 } P_2 \text{ 没有因果联系} \\ &s^2 \leqslant 0, \quad \text{事件 } P_1 \text{ 与 } P_2 \text{ 有因果联系} \end{aligned}$$

1.4 光的本性——波动性和粒子性的对立统一

电子与电子间的相互作用是通过电磁场来传递的.

19 世纪 60 年代麦克斯韦 (1863) 总结了电磁运动过程的规律,创立了电磁场的理论. 根据这个理论,这种场的传播具有波动的性质,亦即电磁能是以波动的形态传播的;这种传播速度非常大,但是却是有限的,在真空中与光速相同,这种波被称为“电磁波”. 这是麦克斯韦方程的结论.

1888 年,赫兹最早在实验中发现了电磁波,电磁波的传播伴随着场的能量的流动. 这不但从实验上证实了麦克斯韦理论预言的正确性,而且从理论到实践上确立了电磁场的波动性. 从电磁场的建立到电磁波的发现,人类对场的本质的认识进一步深化了. 但是,这只是场的性质的一个方面,而且对场的波动性的理解,还只是停留在经典连续波的观念上.

早在两千年前古希腊的科学家就发现光的基本性质:光在均匀媒质中是沿直线传播的. 所以,古代的原子论者伊壁鸠鲁、卢克莱修、德谟克利特就提出了光的粒状性质这一观念. 虽然从 17 世纪开始,就已经发现光的干涉和衍射现象是违反光的直线传播的. 但直到 19 世纪初,光学的发展基本上还是以光是沿直线传播的观念为基础的.

光的直线传播自然引起人们认为光是“微粒流”的思想,而这种微粒是从光源发射出来的,并且在均匀物质内作匀速直线运动. 光的这种学说称为“微粒说”,是牛顿重新创立的. 但是,这种假说不仅难以解释光的干涉和衍射现象,而且也难以解释交错光线互不相干的性质. 因此,惠更斯否认光的微粒说,他认为光是以太中传播的波,而以太是一种弹性介质,充满了整个空间. 这种学说被称为“波动说”. 这两种关于光的学说,在 17 世纪末叶都已经形成. 牛顿意识到微粒说在解释光的干涉和衍射上遇到了困难,因此他也试图将这两种学说统一起来,但是没有成功.

19 世纪重大的物理发现之一是光的电磁本性的发现. 许多事实证明了光的电磁本性. 1863 年麦克斯韦发展了电磁场的理论,引导到电磁波的发现. 实验发现电磁波在对它透明的两种介质的分界面上发生反射、折射,并且表现出衍射、干涉与偏振等现象,并确认电磁波是横波. 在这些方面电磁波都十分类似于光波. 但是,为了最后核实电磁波与光波等同,还必须证明它们在真空中传播速度相同. 根据麦克斯韦方程可以导出,电磁波在真空中的传播速度等于电流的电磁单位与静电单位的比值. 因此,就可以比较电磁波在理论上的传播速度与光在真空中的传播速度.1876 年,赫兹测出了这个比值,结果这个比值与真空光速完全相等. 这样就证实了光实际上是以 3.0×10^9 m/s 的速度传播的电磁波,从而建立了光的电磁理论. 光的电磁理论成功地解释了光的直线传播、反射、折射、衍射、干涉和偏振等现象,建成了光的"波动说"的宏伟大厦,在这个大厦中已经完全没有余地留给牛顿的"微粒说"了. 自惠更斯以后两百多年,也没有一个人敢越出这个界限,没有一个人敢突破这个根深蒂固的传统学说.

但是,光与物质到底是怎样相互作用的呢? 物体对光的吸收与发射到底是以什么样的方式进行的呢? 在这个问题上,光的波动理论遭遇到严重的挫折,动摇了光的"波动说"的统治.

第一次挫折是在黑体辐射问题上碰到的. 考虑一个用不透热的墙壁包围着的空腔,腔壁不断地向空腔中发射电磁波,同时不断地吸收从空腔内部射到它上面的电磁波;当两者达到平衡态时,腔壁每秒内发射和吸收的电磁波一样多. 在平衡时,腔的内部将形成一个能量密度为常数的电磁场,实验中测量的是辐射场光谱的能量分布.

瑞利 (1900 年) 与琼斯 (1905 年) 在光的波动图象中,利用能量均分定律,即考虑电磁场与腔壁的能量交换是以连续的方式进行的,推导出了黑体辐射光谱的能量分布,称为瑞利–琼斯公式. 但是将这个公式与实验比较时,发现它只适用于长波部分,短波部分根本不适用. 这种情况被称为"紫外光的灾难".

1896 年,维恩在光的粒子图像中,即假定辐射按频率的能量分布类似于经典理想气体能量按速度的麦克斯韦分布,从而导出了另外一个公式,称为维恩公式. 这个公式只适用于实验分布的短波部分,与实验的长波部分则有明显偏离.

因此,在 19 世纪末叶存在着两个公式,它们各自仅在光谱的某一特定的和有限的部分与实验一致,但是没有哪个能描述整条实验曲线.

1900 年,普朗克用内插法得到他的公式,H. 鲁本斯用这个公式与其实验结果比较,发现与实验符合得很好. 普朗克于 1900 年 10 月在德国物理学会上报告了他的公式. 为了寻找公式的物理解释,普朗克假定,腔壁原子的能量只能取一些不连续的数值,因此它发射和吸收光的能量时就不是连续的了,而是一份一份的,或一个量子一个量子地进行的. 每一份光的能量,或每一个光量子所具有的能量与光的频率成正比,即

$$\varepsilon = \hbar\omega \tag{1.4.1}$$

其中,比例因子 $\hbar$ 称为普朗克常数,这个公式称为普朗克基本方程. 显然,对可见光来说,紫光的量子最大,红光的量子最小. 根据这个假设,可以导出普朗克公式. 但是,普朗克的基本假定"能量的不连续性"和经典力学的基本观念"能量的连续性"是对立的.

瑞利–琼斯公式在长波部分的成功，相当于光的本性的纯波动观念的胜利；维恩公式在短波部分的成功，相当于光的本性的纯粒子观念的胜利. 这样我们就得到一个惊人的结论，光好像有两个本性：粒子性和波动性，粒子性在短波部分暴露出来，波动性在长波部分暴露出来；这些本性中，任何单独一个都不能给予光的本性以完全的描写，只有它们俩的对立统一才能完全地描写光的本性.

人类关于光的本性的探索并没有停止.1888 年，赫兹、斯托列托夫发现，金属在光的照射下，受到压力并且**立即** ($\sim 10^{-9}\,\mathrm{s}$) 从金属中击出电子来. 根据光的波动说，光的能量是以波的形式传递的，因此电子的能量应与光的强度成正比，而且需要足够长的时间 (50 min) 才能被击出. 但是，实验事实表明，电子的能量与光的强度毫无关系，只有电子的数目才正比于光的强度；电子的能量只与光的频率有关，也就是说只和光的颜色有关，被紫光击出的电子跑得最快，被红光击出的电子跑得最慢. 这些规律，以光的波动观念是无法理解的.

这自然使人联想起普朗克的紫色光量子所负载的能量比红色光量子所负载的能量要大. 爱因斯坦指出，光具有波粒二象性，它除了具有波动性之外，还具有粒子性，因此应该在光的波动性上补充粒子性，例如，对单色光

$$a_\lambda(\boldsymbol{k})\mathrm{e}^{\mathrm{i}(\boldsymbol{k}\cdot\boldsymbol{x}-\omega t)}$$

其中，波矢 $\boldsymbol{k}$、频率 ω 是反映光的波动性的物理量. 为了补充反映粒子性的物理量能量 ε、动量 $\boldsymbol{p}$，除了将光的频率 ω 与能量联系起来之外，还必须将光的波矢与动量联系起来. 即将普朗克基本方程推广为

$$\begin{aligned}\varepsilon &= \hbar\omega \\ \boldsymbol{p} &= \hbar\boldsymbol{k}\end{aligned} \tag{1.4.2}$$

这就是爱因斯坦基本方程. 这个方程将一个具有频率 ω、波矢 $\boldsymbol{k}$ 的单色光波，与一个具有能量 ε、动量 $\boldsymbol{p}$ 的自由粒子联系起来了；在历史上第一次将光量子看成一个能量、动量分别为 $\hbar\omega$ 和 $\hbar\boldsymbol{k}$ 的真正的物质粒子，同时又是一个具有频率、波矢分别为 ω 和 $\boldsymbol{k}$ 的波动，完成了光的本性的波动和粒子的对立统一，建立了光子的概念. 从这个观念出发解释光电效应，波动观念所遇到的困难就迎刃而解了. 这样在几个世纪之后，爱因斯坦向牛顿伸出了援助之手，突破了“波动说”的“统治”，在一个全新的基础上，建立了光的微粒观念.

在空间中运动着的光子的观念，使爱因斯坦不仅可以极其详尽地解释光电效应，而且也阐明了光与物质相互作用时的物理现象. 从这个观念看来，光电效应的作用机理是这样的：光子与电子碰撞时被吸收而将它的全部能量给了电子，假如这个能量足够使电子克服束缚能，那么它就被击出，因此这个过程十分迅速. 由于一个电子同时吸收两个光子的概率很小，所以每个被击出的电子只从一个光子得到它所需要的能量，因此被击出

的电子数等于被吸收的光子数. 另外, 实验证明被击出的电子数正比于光的强度. 所以, 被吸收的光子数正比于光的强度. 因此, 爱因斯坦得到一个结论: 光子流的密度和这一点上的光波振幅的平方成比例, 即①

$$N_\lambda(\boldsymbol{k}) = a_\lambda^*(\boldsymbol{k})a_\lambda(\boldsymbol{k})$$

这一论断是正确理解光的波粒二象性的对立统一的关键. 这样, 爱因斯坦于 1909 年就正确地解决了光子波函数的概率性质, 即光的波动性是光子数目按空间或动量的分布, 而不是经典的连续波.

应该说, 1909 年爱因斯坦根据光的波粒二象性, 建立了光子的概念和波函数的概率性质, 这时量子场论的基本物理观念已经完成. 但是, 爱因斯坦并没有沿着这条路线走下去, 未将经典的电磁场量子化, 进而建立量子场, 犯了历史性的错误. 事实上, 进一步做到这一点并不困难, 光子的波动方程是现成的. 根据麦克斯韦的电磁理论, 在真空中电磁场可以取洛伦茨规范,

$$\frac{\partial A_\mu(x)}{\partial x_\mu} = 0 \tag{1.4.3}$$

使得真空中电磁场的 4-矢势满足如下的波动方程

$$\Box A_\mu(x) = 0 \tag{1.4.4}$$

将电磁势 $A_\mu(x)$ 展开为单色波

$$A_\mu(x) = \sum_{\boldsymbol{k}\lambda}\left(a_\lambda(\boldsymbol{k})\frac{\mathrm{e}^{\mathrm{i}kx}}{\sqrt{2\omega V}} + a_\lambda^*(\boldsymbol{k})\frac{\mathrm{e}^{-\mathrm{i}kx}}{\sqrt{2\omega V}}\right)\mathrm{e}_\mu^\lambda(\boldsymbol{k})$$

其中, $kx = \boldsymbol{k}\cdot\boldsymbol{x} - \omega t$. 挑出上式中的单色光

$$a_\lambda(\boldsymbol{k})\mathrm{e}^{\mathrm{i}kx}$$

根据爱因斯坦的观念, 其中

$$\mathrm{e}^{\mathrm{i}kx} = \mathrm{e}^{\mathrm{i}(\boldsymbol{k}\cdot\boldsymbol{x}-\omega t)} = \mathrm{e}^{\frac{\mathrm{i}}{\hbar}(\boldsymbol{p}\cdot\boldsymbol{x}-\varepsilon t)}$$

代表能量、动量分别为 $\hbar\omega$ 和 $\hbar\boldsymbol{k}$ 的光子的匀速直线运动, 而它的振幅的平方 $a_\lambda^*(\boldsymbol{k})a_\lambda(\boldsymbol{k})$ 等于偏振方向为 λ 的光子的数目, 即

$$N_\lambda(\boldsymbol{k}) = a_\lambda^*(\boldsymbol{k})a_\lambda(\boldsymbol{k})$$

① 在场量子化后, $a_\lambda^*(\boldsymbol{k})$、$a_\lambda(\boldsymbol{k})$ 都成了算符, 其中的上标 "*" 应为 "†", 即厄米共轭. 本书后面类似情况, 即如果 "*" 打在一个算符上面, 也均按 "†" 理解.

由于光子的数目只能是一些正整数 0, 1, 2, 3, $\cdots$ 为了概括这些正整数, 可唯一地将 $N_\lambda(\boldsymbol{k})$ 列成一个表,即

$$N_\lambda(\boldsymbol{k}) = \begin{pmatrix} 0 & & & \\ & 1 & & \\ & & 2 & \\ & & & \ddots \end{pmatrix}$$

这个表称为矩阵. 显然,由于 $N_\lambda(\boldsymbol{k})$ 只能取不连续的正整数,所以振幅 $a_\lambda(\boldsymbol{k})$ 只能是矩阵,而不能是连续的数值了. 这个从连续到不连续,从数到矩阵的过程称为量子化. 而且显然地,矢量

$$\Phi_0 = \begin{pmatrix} 1 \\ 0 \\ \vdots \end{pmatrix} \quad \text{代表没有 } \boldsymbol{k},\lambda \text{ 光子的态}$$

$$\Phi_1 = \begin{pmatrix} 0 \\ 1 \\ \vdots \end{pmatrix} \quad \text{代表有一个 } \boldsymbol{k},\lambda \text{ 光子的态}$$

$$\Phi_2 = \begin{pmatrix} 0 \\ 0 \\ 1 \\ 0 \\ \vdots \end{pmatrix} \quad \text{代表有两个 } \boldsymbol{k},\lambda \text{ 光子的态}$$

等等. 换言之,从方程

$$N_\lambda(\boldsymbol{k})\Phi_n = n\Phi_n$$

可以看出,Φ_n 代表有 n 个光子的态. 从物理上考虑,如果波函数 $\mathrm{e}^{\mathrm{i}kx}$ 项代表吸收一个光子,那么 $\mathrm{e}^{-\mathrm{i}kx}$ 项就代表发射一个光子;亦即 $a_\lambda(\boldsymbol{k})$ 代表吸收一个光子,$a_\lambda^*(\boldsymbol{k})$ 代表发射一个光子. 因此必须有

$$a_\lambda(\boldsymbol{k})\Phi_n = a_n\Phi_{n-1}, \quad a_\lambda^*(\boldsymbol{k})\Phi_n = b_n\Phi_{n+1}$$

换言之,在基矢 $\Phi_n(n=0,1,2,\cdots)$ 之上,$a_\lambda(\boldsymbol{k}),a_\lambda^*(\boldsymbol{k})$ 的矩阵元为

$$(a_\lambda(\boldsymbol{k}))_{m,n} = a_n\delta_{m,n-1}$$
$$(a_\lambda^*(\boldsymbol{k}))_{m,n} = b_n\delta_{m,n+1}$$

由于

$$(a_\lambda^*(\boldsymbol{k}))_{m,n} = (a_\lambda(\boldsymbol{k}))^*_{m,n} = a_m^*\delta_{n,m-1} = a_{n+1}^*\delta_{m,n+1}$$

所以

$$b_n = a_{n+1}^*$$

亦即有

$$a_\lambda(\boldsymbol{k})\Phi_n = a_n\Phi_{n-1} \qquad ①$$

$$a_\lambda^*(\boldsymbol{k})\Phi_n = a_{n+1}^*\Phi_{n+1} \qquad ②$$

在第 ① 式上乘以 $a_\lambda^*(\boldsymbol{k})$ 得

$$a_\lambda^*(\boldsymbol{k})a_\lambda(\boldsymbol{k})\Phi_n = a_n a_\lambda^*(\boldsymbol{k})\Phi_{n-1} = a_n a_n^*\Phi_n = |a_n|^2\Phi_n$$

也就是

$$N_\lambda(\boldsymbol{k})\Phi_n = |a_n|^2\Phi_n = n\Phi_n = |a_n|^2\Phi_n$$

由于它对所有的基矢 $n=0,1,2,\cdots$ 都成立,所以有

$$|a_n|^2 = n$$

在适当选择位相后得

$$a_n = a_n^* = \sqrt{n}$$

这样获得

$$a_\lambda(\boldsymbol{k})\Phi_n = \sqrt{n}\Phi_{n-1} \qquad ①$$

$$a_\lambda^*(\boldsymbol{k})\Phi_n = \sqrt{n+1}\Phi_{n+1} \qquad ②$$

在第 ① 式上乘以 $a_\lambda^*(\boldsymbol{k})$,在第 ② 式上乘以 $a_\lambda(\boldsymbol{k})$ 得

$$a_\lambda(\boldsymbol{k})a_\lambda^*(\boldsymbol{k})\Phi_n = n\Phi_n$$

$$a_\lambda(\boldsymbol{k})a_\lambda^*(\boldsymbol{k})\Phi_n = (n+1)\Phi_n$$

两式相减得

$$[a_\lambda(\boldsymbol{k}), a_\lambda^*(\boldsymbol{k})]\,\Phi_n = \Phi_n \quad (n=0,1,2,\cdots)$$

这个公式对基矢 $\Phi_n(n=0,1,2,\cdots)$ 都成立,所以得

$$[a_\lambda(\boldsymbol{k}), a_\lambda^*(\boldsymbol{k})] = 1$$

类似地,可以导出

$$[a_\lambda(\boldsymbol{k}), a_\lambda(\boldsymbol{k})] = 0$$

$$[a_\lambda^*(\boldsymbol{k}), a_\lambda^*(\boldsymbol{k})] = 0$$

由于不同的光子相当于不同的自由度,所以互相独立,因此有

$$\begin{aligned}
&[a_\lambda(\boldsymbol{k}), a_\lambda^*(\boldsymbol{k}')] = \delta_{\lambda\lambda'}\delta_{\boldsymbol{k},\boldsymbol{k}'} \\
&[a_\lambda(\boldsymbol{k}), a_\lambda(\boldsymbol{k}')] = 0 \\
&[a_\lambda^*(\boldsymbol{k}), a_\lambda^*(\boldsymbol{k}')] = 0
\end{aligned} \tag{1.4.5}$$

吸收算符 $a_\lambda(\boldsymbol{k})$、发射算符 $a_\lambda^*(\boldsymbol{k})$ 的矩阵形式为

$$a_\lambda(\boldsymbol{k}) = \begin{pmatrix} 0 & \sqrt{1} & 0 & 0 & \cdots \\ 0 & 0 & \sqrt{2} & 0 & \cdots \\ 0 & 0 & 0 & \sqrt{3} & \cdots \\ 0 & 0 & 0 & 0 & \cdots \\ \vdots & \vdots & \vdots & \vdots & \ddots \end{pmatrix}$$

$$a_\lambda^*(\boldsymbol{k}) = \begin{pmatrix} 0 & 0 & 0 & 0 & \cdots \\ \sqrt{1} & 0 & 0 & 0 & \cdots \\ 0 & \sqrt{2} & 0 & 0 & \cdots \\ 0 & 0 & \sqrt{3} & 0 & \cdots \\ \vdots & \vdots & \vdots & \vdots & \ddots \end{pmatrix}$$

这样我们就完成了电磁场的量子化. 在量子场论中,光子是电磁的量子,光子在与物质相互作用时突出地表现出粒子性,光子在空间传播时突出地表现出波动性,这种波动性表现为光子数目的分布. 例如,在光子衍射干涉实验中 (图 1.4) 光子被底片吸收是一个光子一个光子地被吸收的,表现出粒子性;而在整个衍射图形上光子数目的分布表现出波动性,即波动振幅的平方正比于光子个数. 这样,从经典场到量子场的过渡,已证的是光的波动性和粒子性的对立统一.

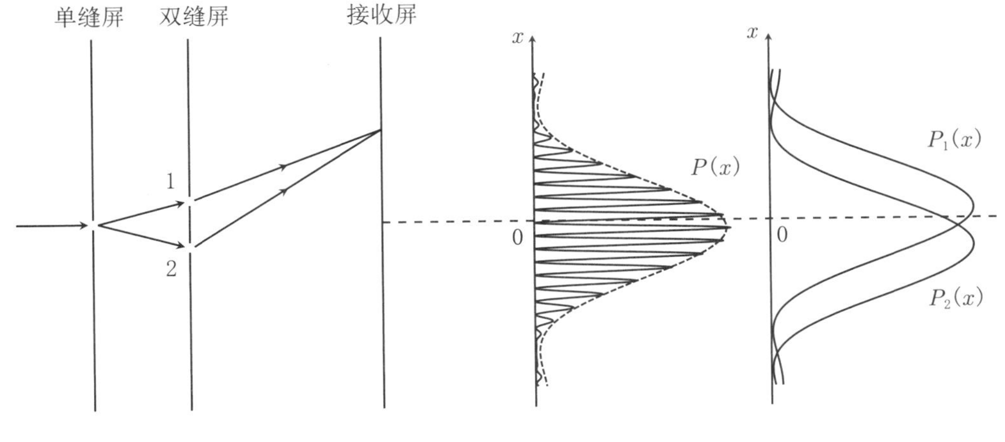

图 1.4　光杨氏双缝实验

1.5　电子的本性——粒子性和波动性的对立统一

电荷的不连续性的发现是法拉第电解定律的结果.1899 年,汤姆孙 (J. J. Thomson) 利用威尔逊 (T. Wilson) 发明的云雾室测定电子的电荷,测量结果表明电子电荷和氢离子电荷相近,为 1.6×10^{-19}C;结合他在 1897 年用克鲁克斯 (W. Crookes) 管研究阴极射线时测定的电子荷质比,也就知道了电子质量,现代结果是电子质量 $m_\text{e}\approx1/1836$ 氢原子质量. 原子光谱的精细结构的双线结构、反常塞曼效应、施特恩–格拉赫等使得乌仑贝克和古德斯密特提出假设:电子具有自旋,并很快被物理界所接受. 人们开始认识粒子自旋这一内禀的自由度. 电子自旋也像电子的电荷和质量一样具有固定的数值 $\dfrac{1}{2}$. 特别地,实验发现对于所有的电子来说,它们的特征如电荷、质量、自旋等是完全相同的,找不出可以区别各个电子特征的不同之处. 因而,这些性质是电子本身所固有的.

1885 年,巴耳末发现了氢原子光谱. 光谱线在排列次序上有很简单的规律性,它显示出氢原子吸收、发射光是不连续的. 目前我们知道,这种不连续性反映出氢原子具有一系列的内态,而这种内态的能量不是连续的,只能取一系列分立的数值.

因此,突出的一个问题是:由于微观粒子特征的全同性和内态的不连续性,微观粒子是否还具有个体面貌? 特别地,电子、氢原子等微观粒子的固有特征并不反映它们过去经历的历史;但是,其在宏观系统中通常总在不同程度上带有其历史的烙印,而且系统愈复杂,所留下的烙印就愈深刻,愈完整.

这种新型的物质运动形态与经典力学是如此得格格不入. 根据经典力学,电子被描述为一个很小的同时具有确定位置和速度的粒子,它的运动与一般带电粒子在电磁力作用下的运动相同,因此,经典力学引导到连续的轨道群,而氢原子中却存在着一系列稳定的分立的能级. 这种连续与不连续的对立是如此尖锐而普遍,使经典力学的粒子观念在这里遇到了不可克服的困难. 为此,1912 年玻尔搞了一个调和矛盾的折中方案,他在经典力学的基础上提出了以定态概念和频率定则为中心的理论. 这个理论只是部分地放弃经典力学规律并加上实验规律而已. 因此,玻尔理论具有很大的局限性,它只能说明最简单的原子系统.

这种连续与不连续的对立,迫使人们对电子的本性进行研究. 这种情况极易使人们联想起在研究光子本性时, 在黑体辐射和光电效应上表现出来的连续与不连续的对立, 这种对立统一是光的本性的波粒二象性的对立统一,这是首先在光的本性上被确定下来的.1924 年,路易 · 德布罗意在爱因斯坦 1909 年《关于光的连续和不连续性的对立统一》的报告的引导下,提出了大胆的假说:波粒二象性并不特殊地属于光,而具有更一般性的意义. 他说:"整个世纪以来,在光学上,比起波动的研究方法来,是过于忽略了粒子的研究方法;在物质理论上,是否发生了相反的错误呢? 是不是我们把关于'粒子'的图像想得太多,而过分地忽略了波的图像?"这就是德布罗意提出的问题.

因此,类比于光子波粒二象性的对立统一,他假定电子和物质微观粒子也具有波粒二象性,亦即电子和物质微观粒子除了具有粒子性之外,还具有波动性,因此应该在电子和物质微观粒子的粒子性的基础上补充波动性. 例如,对于一个具有能量 E、动量 $\boldsymbol{p}$ 的自由电子,其中能量 E、动量 $\boldsymbol{p}$ 是反映电子的粒子性的物理量. 为了补充反映电子波动性的物理量频率 ω 和波矢 $\boldsymbol{k}$,倒过来应用爱因斯坦基本方程,将电子的能量与频率联系起来,将电子的动量与波矢联系起来,即

$$\begin{cases} \boldsymbol{k} = \dfrac{\boldsymbol{p}}{\hbar} \\ \omega = \dfrac{E}{\hbar} \end{cases} \tag{1.5.1}$$

这就是德布罗意的基本方程. 这个方程将一个具有能量 E、动量 $\boldsymbol{p}$ 的自由粒子与一个具有频率 ω、波矢 $\boldsymbol{k}$ 的平面联系起来了,即

$$\psi(x) = a_\gamma(\boldsymbol{p})\mathrm{e}^{\mathrm{i}(\boldsymbol{k}\cdot\boldsymbol{x}-\omega t)} = a_\gamma(\boldsymbol{p})\mathrm{e}^{\frac{\mathrm{i}}{\hbar}(\boldsymbol{p}\cdot\boldsymbol{x}-Et)} \tag{1.5.2}$$

其中,波函数 $\mathrm{e}^{\frac{\mathrm{i}}{\hbar}px}$ 描述自由电子的运动,而振幅 $a_\gamma(\boldsymbol{p})$ 的平方

$$N_\gamma(\boldsymbol{p}) = a_\gamma^*(\boldsymbol{p})a_\gamma(\boldsymbol{p}) \tag{1.5.3}$$

等于这种电子的数目. 按照这种方式,我们就完成了电子的波粒二象性的对立统一. 我们在这里碰到的思想的历史进程,是与导入光的波粒二象性的思想发展进程相反的. 对于光,我们先有波动观念,然后引入光子的能量、动量的概念,从而补充了光的粒子观念. 相反地,对于物质粒子 (电子、原子等),我们先有以经典观念为基础的粒子观念,然后引入电子的频率、波矢的概念,从而补充了电子的波动观念. 而这种补充过程是粒子性和波动性的对立统一过程. 正确理解这个对立统一的关键,是波函数的概率性质,即粒子在一点出现的概率正比于波动振幅的平方.

其后,电子干涉和衍射实验、中子衍射实验、氦原子和氢原子的衍射实验等,完全证实了德布罗意的物质波动说.

显然,波函数 $\mathrm{e}^{\frac{\mathrm{i}}{\hbar}(\boldsymbol{p}\cdot\boldsymbol{x}-Et)}$ 满足波动方程

$$(m^2c^2-\hbar^2\Box)\mathrm{e}^{\frac{\mathrm{i}}{\hbar}px}=0 \tag{1.5.4}$$

取 $\hbar=c=1$ 单位制得

$$(m^2-\Box)\mathrm{e}^{\mathrm{i}px}=0 \tag{1.5.5}$$

因此,自然地德布罗意建议采用波动方程

$$(m^2-\Box)\phi(x)=0 \tag{1.5.6}$$

为描述自由电子运动的波动方程,其中,$\phi(x)$ 是电子的波函数.

将波函数 $\phi(x)$ 按平面波展开得

$$\phi(x)=\sum_k a(\boldsymbol{k})\frac{\mathrm{e}^{\mathrm{i}kx}}{\sqrt{2\omega V}}+a^*(\boldsymbol{k})\frac{\mathrm{e}^{-\mathrm{i}kx}}{\sqrt{2\omega V}} \tag{1.5.7}$$

其中,平面波 $\mathrm{e}^{\mathrm{i}kx}$ 描述能量为 ω、动量为 $\boldsymbol{k}$ 的电子的匀速直线运动,而振幅 $a(\boldsymbol{k})$ 的平方等于这种电子的数目. 类似于光子的做法得

$$a(\boldsymbol{k})=\begin{pmatrix}0 & \sqrt{1} & 0 & 0 & \cdots\\ 0 & 0 & \sqrt{2} & 0 & \cdots\\ 0 & 0 & 0 & \sqrt{3} & \cdots\\ 0 & 0 & 0 & 0 & \cdots\\ \vdots & \vdots & \vdots & \vdots & \ddots\end{pmatrix}$$

$$a^*(\boldsymbol{k})=\begin{pmatrix}0 & 0 & 0 & 0 & \cdots\\ \sqrt{1} & 0 & 0 & 0 & \cdots\\ 0 & \sqrt{2} & 0 & 0 & \cdots\\ 0 & 0 & \sqrt{3} & 0 & \cdots\\ \vdots & \vdots & \vdots & \vdots & \ddots\end{pmatrix}$$

它们满足如下的对易关系

$$
\begin{cases}
[a(\boldsymbol{k}),a^*(\boldsymbol{k}')]=\delta_{\boldsymbol{k},\boldsymbol{k}'}\\
[a(\boldsymbol{k}),a(\boldsymbol{k}')]=0\\
[a^*(\boldsymbol{k}),a^*(\boldsymbol{k}')]=0
\end{cases}
\tag{1.5.8}
$$

等等. 可惜的是,这个方程只能描述自旋为 0 的粒子,不能将自旋描写为 $\dfrac{1}{2}$ 的电子,因此德布罗意遇到了困难.

为了描述自旋为 $\dfrac{1}{2}$ 的电子,狄拉克建议将达朗贝尔算符

$$
\Box=\frac{\partial^2}{\partial x_1^2}+\frac{\partial^2}{\partial x_2^2}+\frac{\partial^2}{\partial x_3^2}+\frac{\partial^2}{\partial x_4^2}
\tag{1.5.9}
$$

开方,就获得标志自旋的旋量算符 $\gamma_\mu(\mu=1,2,3,4)$,而

$$
\Box=\left(\gamma_\mu\frac{\partial}{\partial x_\mu}\right)^2
$$

其中,旋量算符满足如下的反对易关系

$$
\gamma_\mu\gamma_\nu+\gamma_\nu\gamma_\mu=2\delta_{\mu\nu}
\tag{1.5.10}
$$

既然达朗贝尔算符 $\Box$ 可以开方,所以克莱因–戈尔登算符 $(m^2-\Box)$ 可以分解因子,即

$$
m^2-\Box=\left(m+\gamma_\mu\frac{\partial}{\partial x_\mu}\right)\left(m-\gamma_\mu\frac{\partial}{\partial x_\mu}\right)
$$

因此,狄拉克建议采取下列方程

$$
\left(m+\gamma_\mu\frac{\partial}{\partial x_\mu}\right)\psi(x)=0
\tag{1.5.11}
$$

作为描述自由电子运动的波动方程,其中,$\psi(x)$ 是电子的波函数.

将波函数 $\psi(x)$ 按平面波展开得

$$
\psi(x)=\sum_{\boldsymbol{p}\gamma}\left\{a_\gamma(\boldsymbol{p})u_\gamma(\boldsymbol{p})\frac{\mathrm{e}^{\mathrm{i}px}}{\sqrt{V}}+b_\gamma^*(\boldsymbol{p})v_\gamma(\boldsymbol{p})\frac{\mathrm{e}^{-\mathrm{i}px}}{V}\right\}
\tag{1.5.12}
$$

其中,波函数 $u_\gamma(\boldsymbol{p})\dfrac{\mathrm{e}^{\mathrm{i}px}}{\sqrt{V}}$ 描写一个自旋取向为 γ,能量为 E、动量 $\boldsymbol{p}$ 的自由电子的运动,而波动振幅 $a_\gamma(\boldsymbol{p})$ 的平方应该等于这种电子的数目,即

$$
N_\gamma(\boldsymbol{p})=a_\gamma^*(\boldsymbol{p})a_\gamma(\boldsymbol{p})
\tag{1.5.13}
$$

如果类似于光子的作法,处于自旋变量为 γ,能量为 E、动量为 $\boldsymbol{p}$ 状态上的电子数可以多于一个,即可以有 $0,1,2,3,\cdots$ 个电子,那么将导致负能困难;如果在这个状态上的电子数不多于一个,即只能有 0 或 1 个电子,那么负能困难将被消除.

"在一个状态上,电子的个数不能多于一个"被称为泡利不相容原理. 根据这条原理,$N_\gamma(\boldsymbol{p})$ 只能取值 0 或 1. 将它概括于 $N_\gamma(\boldsymbol{p})$ 之中,写为矩阵形式,即

$$N_\gamma(\boldsymbol{p}) = \begin{pmatrix} 0 & 0 \\ 0 & 1 \end{pmatrix}$$

这样则有

$$\Phi_0 = \begin{pmatrix} 1 \\ 0 \end{pmatrix} \quad \text{代表没有 } \gamma,(\boldsymbol{p}) \text{ 电子的状态}$$

$$\Phi_1 = \begin{pmatrix} 0 \\ 1 \end{pmatrix} \quad \text{代表有一个 } \gamma,(\boldsymbol{p}) \text{ 电子的状态}$$

也就是

$$\begin{aligned} N_\gamma(\boldsymbol{p})\Phi_0 &= 0 \cdot \Phi_0 \\ N_\gamma(\boldsymbol{p})\Phi_1 &= \Phi_1 \end{aligned} \tag{1.5.14}$$

从物理上考虑,如果波函数 $u_\gamma(\boldsymbol{p})\dfrac{\mathrm{e}^{\mathrm{i}px}}{\sqrt{V}}$ 代表吸收一个电子,那么波函数 $\overline{u}_\gamma(\boldsymbol{p})\dfrac{\mathrm{e}^{-\mathrm{i}px}}{\sqrt{V}}$ 就代表发射一个电子;亦即 $a_\gamma(\boldsymbol{p})$ 代表吸收一个电子,$a_\gamma^*(\boldsymbol{p})$ 代表发射一个电子. 因此,必须有

$$\begin{aligned} a_\gamma(\boldsymbol{p})\Phi_0 &= 0 \\ a_\gamma(\boldsymbol{p})\Phi_1 &= a_1\Phi_0 \\ a_\gamma^*(\boldsymbol{p})\Phi_0 &= b_0\Phi_1 \\ a_\gamma^*(\boldsymbol{p})\Phi_1 &= 0 \end{aligned}$$

亦即

$$a_\gamma(\boldsymbol{p}) = \begin{pmatrix} 0 & a_1 \\ 0 & 0 \end{pmatrix}, \quad a_\gamma^*(\boldsymbol{p}) = \begin{pmatrix} 0 & 0 \\ b_0 & 0 \end{pmatrix}$$

从而导出

$$b_0 = a_1^*$$

代入得

$$a_\gamma(\boldsymbol{p})\Phi_0 = 0, \quad a_\gamma(\boldsymbol{p})\Phi_1 = a_1\Phi_0 \tag*{①}$$

$$a_\gamma^*(\boldsymbol{p})\Phi_0 = a_1^*\Phi_1, \quad a_\gamma^*(\boldsymbol{p})\Phi_1 = 0 \tag*{②}$$

前式 ① 乘以 $a_\gamma^*(\boldsymbol{p})$,考虑式 (1.5.14) 得

$$N_\gamma(\boldsymbol{p})\Phi_0 = 0$$

$$N_\gamma(\boldsymbol{p})\Phi_1 = a_1 a_\gamma^*(\boldsymbol{p})\Phi_0 = a_1 a_1^* \Phi_1 = |a_1|^2\Phi_1$$
$$\Phi_1 = |a_1|^2\Phi_1$$

所以 $|a_1|^2 = 1$,适当选择位相得 $a_1 = 1$. 从而获得

$$a_\gamma(\boldsymbol{p})\Phi_0 = 0, \quad a_\gamma(\boldsymbol{p})\Phi_1 = \Phi_0$$
$$a_\gamma^*(\boldsymbol{p})\Phi_0 = \Phi_1, \quad a_\gamma^*(\boldsymbol{p})\Phi_1 = 0$$

或

$$a_\gamma(\boldsymbol{p}) = \begin{pmatrix} 0 & 1 \\ 0 & 0 \end{pmatrix}, \quad a_\gamma^*(\boldsymbol{p}) = \begin{pmatrix} 0 & 0 \\ 1 & 0 \end{pmatrix}$$

前式 ① 乘以 $a_\gamma^*(\boldsymbol{p})$,后式 ② 乘以 $a_\gamma(\boldsymbol{p})$ 得

$$a_\gamma^*(\boldsymbol{p})a_\gamma(\boldsymbol{p})\Phi_0 = 0$$
$$a_\gamma^*(\boldsymbol{p})a_\gamma(\boldsymbol{p})\Phi_1 = \Phi_1$$
$$a_\gamma(\boldsymbol{p})a_\gamma^*(\boldsymbol{p})\Phi_0 = \Phi_0$$
$$a_\gamma(\boldsymbol{p})a_\gamma^*(\boldsymbol{p})\Phi_1 = 0$$

所以

$$\left\{a_\gamma(\boldsymbol{p}), a_\gamma^*(\boldsymbol{p})\right\}\Phi_0 = \Phi_0$$
$$\left\{a_\gamma(\boldsymbol{p}), a_\gamma^*(\boldsymbol{p})\right\}\Phi_1 = \Phi_1$$

亦即

$$\left\{a_\gamma(\boldsymbol{p}), a_\gamma^*(\boldsymbol{p})\right\} = 1$$

对于电子不同的 $\boldsymbol{p}_r$ 态扩充为

$$\begin{aligned} &\left\{a_\gamma(\boldsymbol{p}), a_{\gamma'}^*(\boldsymbol{p}')\right\} = \delta_{\gamma\gamma'}\delta_{\boldsymbol{p},\boldsymbol{p}'} \\ &\{a_\gamma(\boldsymbol{p}), a_{\gamma'}(\boldsymbol{p}')\} = 0 \\ &\left\{a_\gamma^*(\boldsymbol{p}), a_{\gamma'}^*(\boldsymbol{p}')\right\} = 0 \end{aligned} \tag{1.5.15}$$

这就完成了电子场量子化的任务. 电子场的量子就是电子,电子与物质相互作用时突出地表现出粒子性,而电子在传播时突出地表现出波动性. 波动振幅的平方等于粒子数目,所以这种波是概率波. 例如,在电子衍射实验中 (图 1.5),电子被底片吸收是一个电子一个电子地被吸收的,而整个衍射图形上电子数目的分布表现出电子的波动性,即波动振幅的平方等于电子个数.

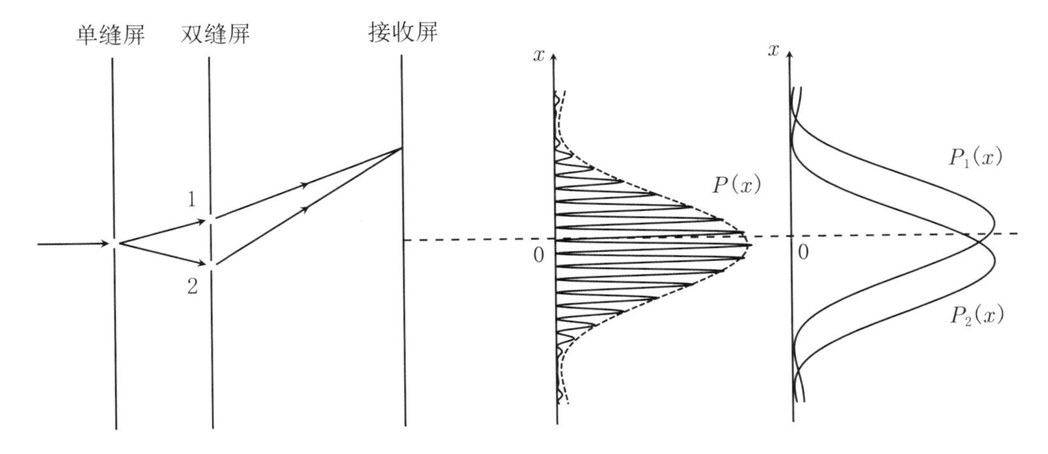

图 1.5　电子杨氏双缝实验

这样从经典力学到量子力学的过渡就是电子的粒子性与波动性的对立统一过程.

为了计算氢原子能级,将狄拉克方程化为薛定谔方程. 将

$$\frac{\partial}{\partial x_\mu} \to \frac{\partial}{\partial x_\mu} - \mathrm{i}V_\mu$$

其中,$\boldsymbol{V}_\mu$ 是一个类时矢量,所以可取 $\boldsymbol{V}_\mu = (0, V)$. 因此,狄拉克方程取如下形式

$$\left[m + \gamma_\mu \left(\frac{\partial}{\partial x_\mu} - \mathrm{i}\boldsymbol{V}_\mu\right)\right]\psi(x) = 0$$

或利用 $\boldsymbol{\alpha} = \mathrm{i}\gamma_4\boldsymbol{\gamma}, \beta = \gamma_4$,得

$$\mathrm{i}\frac{\partial}{\partial t}\psi(x) = (-\mathrm{i}\boldsymbol{\alpha}\cdot\nabla + \beta m + V)\psi(x)$$

化为二维形式得

$$\begin{cases} \mathrm{i}\dfrac{\partial \psi_1}{\partial t} = (m + V)\psi_1 - \mathrm{i}\boldsymbol{\sigma}\nabla\psi_2 & ① \\ \mathrm{i}\dfrac{\partial \psi_2}{\partial t} = (-m + V)\psi_2 - \mathrm{i}\boldsymbol{\sigma}\nabla\psi_1 & ② \end{cases}$$

其中,$\psi = \begin{pmatrix} \psi_1 \\ \psi_2 \end{pmatrix}$. 第 ② 式可以写成

$$\left(\mathrm{i}\frac{\partial}{\partial t} + m - V\right)\psi_2 = -\mathrm{i}\boldsymbol{\sigma}\nabla\psi_1$$

在非相对论情形中,电子的速度很小,如果其位能也很小,那么在与电子静能 m 相比之下,电子的动能、位能可以略去,即

$$\left(\mathrm{i}\frac{\partial}{\partial t} + m - V\right) \approx 2m - V \approx 2m$$

从而获得零级近似

$$\psi_2 = \frac{-\mathrm{i}\boldsymbol{\sigma}\cdot\nabla}{2m}\psi_1$$

将它代入第 ① 式得

$$\mathrm{i}\frac{\partial\psi_1}{\partial t} = \left(-\frac{\Delta}{2m} + V + m\right)\psi_1$$

做变换

$$\psi_1 = \mathrm{e}^{-\mathrm{i}mt}\psi_s$$

则得

$$\mathrm{i}\frac{\partial\psi_s}{\partial t} = \left(-\frac{\Delta}{2m} + V\right)\psi_s$$

令 $H = -\dfrac{\Delta}{2m} + V$,则有

$$\mathrm{i}\frac{\partial\psi_s}{\partial t} = H\psi_s$$

这正是薛定谔方程. 求解这个方程,就能得到氢原子能级.

注: 根据爱因斯坦基本方程

$$E = \hbar\omega, \quad \boldsymbol{p} = \hbar\boldsymbol{k}$$

其中,ω 是频率,$\boldsymbol{k}$ 是波矢. 于是,"在 x 点处的波数等于 k"这句话是毫无意义的,因为波数这个概念提出的前提就是必须对波在空间区域中的分布进行观察. 同样也无法回答"单摆在某一时刻的振动频率有多大?",因为频率这个概念的前提就是必须对单摆的许多次振动进行观察.

我们由此得到一个结论:既然承认爱因斯坦基本方程是正确的,那么说"粒子在 t 时的能量"或"粒子在 x 点的动量"就是没有意义的了.

1.6 实物和场的对立统一——量子场

回顾人类认识走过的历史进程,是从认识实物和场的内在本性开始,才不断有所突破的.

人们由相互作用力场必须遵守因果律,发现了光速不变原理和场的物质性;由电磁场能量的传播是以波动的形式传递 (电磁波) 的,发现了场的波动性;由电磁场与物质的

相互作用是以发射和吸收粒子的形式进行的，从而发现了场的粒子性. 电磁场本性的波粒二象性的发现，使人类的认识产生了质的飞跃. 虽然，在经典力学中，波动和粒子是两个对立的观念，但是，普朗克、爱因斯坦辩证地将场的波动性和粒子性的对立统一了起来，建立了光子和概率波的概念. 这时，电磁场量子化的思想准备初步完成了.

爱因斯坦关于电磁场波粒二象性的对立统一的学说，引导德布罗意对经典力学的粒子观念进行了补充，提出了物质波的学说. 这样，对电子场量子化的思想准备就应运而生了.

实物和场都是物质. 在实物和场的内在本性中都有波粒二象性的对立统一，所以在物质的这一本性上充分显示了实物和场的对称性. 在量子场论中，经典波经过量子化得到的量子正好是经典粒子经过量子化得到的微观粒子，所以从量子场的角度来看，实物和场处于十分对称的地位，电磁场和电子场只是两种不同的场，没有其他实质性的区别. 换言之，实物和场的波粒二象性的对立统一，产生了量子场；在量子场的基础上，就实现了实物和场的对立统一.

2

第 2 章

关于运动的作用量原理

2.1 拉格朗日方程

设描述物理系统的场量是

$$\varphi_\sigma(x) \quad \sigma = 1,2,\cdots,n \tag{2.1.1}$$

其中,x 是 (x_1,x_2,x_3,x_4)①的简写,(x_1,x_2,x_3) 是空间坐标,$x_4 = \mathrm{i}t$,而 t 是时间坐标,指标 σ 与自旋空间、幺旋空间相联系,n 代表在每一时空点 x 场量的数目.

物理系统的拉格朗日函数 (拉格朗日量) 密度 $\mathscr{L}$ 是时空坐标 x_μ、场量 φ_σ 和场量一阶微商 $\dfrac{\partial\varphi_\sigma(x)}{\partial x_\mu}$ 的函数,即

$$\mathscr{L} = \mathscr{L}\left(x,\varphi_\sigma,\frac{\partial\varphi_\sigma(x)}{\partial x_\mu}\right) \tag{2.1.2}$$

① 这相应于阮先生原笔记中对狭义相对论时空采用泡利 (Pauli) 度规. 在 20 世纪 90 年代,阮先生带我们做论文的时候,我们已采用文献里更流行的比约肯 (Bjoken) 度规. 关于度规的问题,尊重原稿而不去改动.

取拉格朗日密度 $\mathscr{L}$ 对系统存在的整个空间积分,就得到系统的拉格朗日函数

$$L=\int_V \mathrm{d}^3x\mathscr{L}=\int_V \mathrm{d}^3x\mathscr{L}\left(x,\varphi_\sigma,\frac{\partial\varphi_\sigma(x)}{\partial x_\mu}\right) \tag{2.1.3}$$

其中,$\mathrm{d}^3x=\mathrm{d}x_1\mathrm{d}x_2\mathrm{d}x_3$ 是体积元,而 V 是系统存在的空间区域. 显然,拉格朗日函数 L 是时间的函数,将拉格朗日函数对时间稍候分之,就得到系统的作用量

$$S=\int_T \mathrm{d}tL=\int_\Omega \mathrm{d}^4x\mathscr{L}=\int_\Omega \mathrm{d}^4x\mathscr{L}\left(x,\varphi_\sigma,\frac{\partial\varphi_\sigma(x)}{\partial x_\mu}\right) \tag{2.1.4}$$

其中,$\mathrm{d}^4x=\mathrm{d}x_1\mathrm{d}x_2\mathrm{d}x_3\mathrm{d}t$ 是四维时空连续区的体积元,而 Ω 是系统存在的时间空区域. 作用量的量纲与普朗克常量 $\hbar$ 相同,而且 S 在任意的洛伦兹变换下都是一个不变量.

根据运动的作用量原理①,物理系统是按照作用量 S 有稳定值的方式运动的. 换言之,假定场量 φ_σ 正好是使得作用量 S 有稳定值的函数,那么将场量

$$\varphi_\sigma(x)+\delta\varphi_\sigma(x) \tag{2.1.5}$$

代替 φ_σ 代入 $\mathscr{L}$ 中时,作用量 S 就偏离稳定值. 其中 $\delta\varphi_\sigma(x)$ 是在整个时空连续区域 Ω 内都很小的任意函数,即

$$\delta\varphi_\sigma(x)=\lambda\eta_\sigma(x)$$

其中,λ 是一阶无穷小参数,$\eta_\sigma(x)$ 是 x 的一个任意函数. $\delta\varphi_\sigma(x)$ 称为场量 φ_σ 的变分,这个变分在积分区域 Ω 的边界 Γ 上等于零,即

$$\delta\varphi_\sigma(x)|_\Gamma=0 \tag{2.1.6}$$

这意味着比较函数 $\varphi_\sigma(x)+\delta\varphi_\sigma(x)$ 在边界 Γ 上与函数 $\varphi_\sigma(x)$ 相等. 在数学形式上,以场量 $\varphi_\sigma(x)+\delta\varphi_\sigma(x)$ 代替场量 $\varphi_\sigma(x)$ 所引起的作用量的增量是

$$\begin{aligned}\Delta S=&\int_\Omega \mathrm{d}^4x\mathscr{L}\left(x,\varphi_\sigma(x)+\delta\varphi_\sigma(x),\frac{\partial\left(\varphi_\sigma(x)+\delta\varphi_\sigma(x)\right)}{\partial x_\mu}\right)\\&-\int_\Omega \mathrm{d}^4x\mathscr{L}\left(x,\varphi_\sigma(x),\frac{\partial\varphi_\sigma(x)}{\partial x_\mu}\right)\end{aligned} \tag{2.1.7}$$

将这个差按 λ 的幂次做泰勒展开得

$$\Delta S=\int_\Omega \mathrm{d}^4x\left(\frac{\partial\mathscr{L}}{\partial\varphi_\sigma(x)}\delta\varphi_\sigma(x)+\frac{\partial\mathscr{L}}{\partial\left(\dfrac{\partial\varphi_\sigma(x)}{\partial x_\mu}\right)}\frac{\partial\delta\varphi_\sigma(x)}{\partial x_\mu}\right)+O\left(\lambda^2\right) \tag{2.1.8}$$

---

① 通常教材都称之为最小作用量原理 (The principle of least action),然而对于粒子或者场系统的动力学存在实际轨道的作用量为极大值或常值,而不一定是最小,故不称最小更妥;作用量是轨道的泛函,实际轨道对应作用量泛函取稳定值,也就是变分为零. 故下面出现的最小作用量原理一般称为作用量原理. 阮先生笔记里写的也是最小作用量原理,但是之后在 20 世纪 90 年代初给我们上课时特意指出不称最小更妥,因此本书后面有关的地方都按阮先生那时候给我们上课的说法做了更改.

将其中一次项的总和记为 δS,即

$$\delta S=\int_{\Omega}\mathrm{d}^4x\left(\frac{\partial\mathscr{L}}{\partial\varphi_\sigma(x)}\delta\varphi_\sigma(x)+\frac{\partial\mathscr{L}}{\partial\left(\dfrac{\partial\varphi_\sigma(x)}{\partial x_\mu}\right)}\frac{\partial\delta\varphi_\sigma(x)}{\partial x_\mu}\right)\tag{2.1.9}$$

δS 称为作用量 S 的第一变分,通常称为 S 的变分. 显然,作用量取稳定值的必要条件是这个一次项的总和 δS 等于零. 因此,作用量原理可以表达为

$$\delta S=0\tag{2.1.10}$$

对作用量 S 的变分 δS 进行分部积分得

$$\begin{aligned}\delta S=&\int_{\Omega}\mathrm{d}^4x\left[\frac{\partial\mathscr{L}}{\partial\varphi_\sigma(x)}\delta\varphi_\sigma(x)-\left(\frac{\partial}{\partial x_\mu}\frac{\partial\mathscr{L}}{\partial\left(\dfrac{\partial\varphi_\sigma(x)}{\partial x_\mu}\right)}\right)\delta\varphi_\sigma(x)\right.\\&\left.+\frac{\partial}{\partial x_\mu}\left(\frac{\partial\mathscr{L}}{\partial\left(\dfrac{\partial\varphi_\sigma(x)}{\partial x_\mu}\right)}\delta\varphi_\sigma(x)\right)\right]\\=&\int_{\Omega}\mathrm{d}^4x\left(\frac{\partial\mathscr{L}}{\partial\varphi_\sigma(x)}-\frac{\partial}{\partial x_\mu}\frac{\partial\mathscr{L}}{\partial\left(\dfrac{\partial\varphi_\sigma(x)}{\partial x_\mu}\right)}\right)\delta\varphi_\sigma(x)\\&+\int_{\Omega}\mathrm{d}^4x\frac{\partial}{\partial x_\mu}\left(\frac{\partial\mathscr{L}}{\partial\left(\dfrac{\partial\varphi_\sigma(x)}{\partial x_\mu}\right)}\delta\varphi_\sigma(x)\right)\end{aligned}$$

定义

$$[\mathscr{L}]_\sigma\equiv\frac{\partial\mathscr{L}}{\partial\varphi_\sigma(x)}-\frac{\partial}{\partial x_\mu}\frac{\partial\mathscr{L}}{\partial\left(\dfrac{\partial\varphi_\sigma(x)}{\partial x_\mu}\right)}\tag{2.1.11}$$

称它为 $\mathscr{L}$ 关于 $\varphi_\sigma(x)$ 的拉格朗日导数. 这时 δS 可以表述为

$$\delta S=\int_{\Omega}\mathrm{d}^4x\,[\mathscr{L}]_\sigma\,\delta\varphi_\sigma(x)+\int_{\Omega}\mathrm{d}^4x\frac{\partial}{\partial x_\mu}\left(\frac{\partial\mathscr{L}}{\partial\left(\dfrac{\partial\varphi_\sigma(x)}{\partial x_\mu}\right)}\delta\varphi_\sigma(x)\right)\tag{2.1.12}$$

对于式 (2.1.12) 的第二项应用奥–高公式得

$$\delta S=\int_{\Omega}\mathrm{d}^4x\,[\mathscr{L}]_\sigma\,\delta\varphi_\sigma(x)+\int_{\Omega}\mathrm{d}\sigma_\mu\frac{\partial\mathscr{L}}{\partial\left(\dfrac{\partial\varphi_\sigma(x)}{\partial x_\mu}\right)}\delta\varphi_\sigma(x)\tag{2.1.13}$$

由于在边界 Γ 上 $\delta\varphi_\sigma(x)$ 等于零,所以第二个积分为零,从而导出

$$\delta S = \int_\Omega \mathrm{d}^4 x\,[\mathscr{L}]_\sigma\,\delta\varphi_\sigma(x) \tag{2.1.14}$$

根据作用量原理式 (2.1.10),导出

$$\int_\Omega \mathrm{d}^4 x\,[\mathscr{L}]_\sigma\,\delta\varphi_\sigma(x) = 0 \tag{2.1.15}$$

由于这个积分对于每一种积分区域 Ω 的挑选都必须等于零,所以被积函数必须等于零,即

$$[\mathscr{L}]_\sigma\,\delta\varphi_\sigma(x) = 0$$

又由于这个方程对于每一种变分函数 $\delta\varphi_\sigma(x)$ 的要求都必须是函数值等于零,仅有的限制条件是式 (2.1.6),这样注意它们是彼此独立的,就有

$$[\mathscr{L}]_\sigma = 0 \tag{2.1.16}$$

按式 (2.1.11),这也就是

$$\frac{\partial\mathscr{L}}{\partial\varphi_\sigma(x)} - \frac{\partial}{\partial x_\mu}\frac{\partial\mathscr{L}}{\partial\left(\dfrac{\partial\varphi_\sigma(x)}{\partial x_\mu}\right)} = 0 \tag{2.1.17}$$

这样,我们从运动的作用量原理导出了场量满足的运动方程,这种形式的运动方程称为拉格朗日方程.

对于描述物理系统的运动来说,重要的是导出场量的运动方程. 但是,在利用其作用原理推导拉格朗日运动方程的过程中,拉格朗日函数的挑选可以不是唯一的. 例如,最简单类型的变换是在 $\mathscr{L}$ 上乘以非零常数,这时由于拉格朗日方程 (2.1.17)是 $\mathscr{L}$ 的线性齐次函数,所以运动方程 (2.1.17) 乘以常数后并不改变. 这种变换称为标度变换.

另一种类型的,使得运动方程不变的对 $\mathscr{L}$ 的变换称为散度变换. 令 $\Omega_\mu(\mu = 1,2,3,4)$ 是任意一组 x 和 φ_σ 的函数,但是并不依赖于场量的微商 $\dfrac{\partial\varphi_\sigma(x)}{\partial x_\mu}$,即

$$\Omega_\mu = \Omega_\mu(x,\varphi_\sigma(x)) \tag{2.1.18}$$

那么极易证明,拉格朗日函数密度

$$\mathscr{L} + \frac{\partial\Omega_\mu}{\partial x_\mu} \tag{2.1.19}$$

给出的运动方程与拉格朗日函数密度 $\mathscr{L}$ 给出的运动方程完全相同 (注意,由于 Ω_μ 不依赖于场量的微商,所以散度 $\dfrac{\partial\Omega_\mu}{\partial x_\mu}$ 就不依赖于场量的高于一阶的微商). 由于

$$\frac{\partial\Omega_\mu}{\partial x_\mu} = \frac{\mathrm{D}\Omega_\mu}{\mathrm{D}x_\mu} + \frac{\partial\Omega_\mu}{\partial\varphi_\sigma(x)}\frac{\partial\varphi_\sigma(x)}{\partial x_\mu} \tag{2.1.20}$$

上式等号右边 $\dfrac{\mathrm{D}\Omega_\mu}{\mathrm{D}x_\mu}$ 的意义是：对 Ω_μ 中显含的 x 进行微商 (而不对 Ω_μ 中显含 $\varphi_\sigma(x)$ 的 x 进行微商)；与等号左边的 $\dfrac{\partial\Omega_\mu}{\partial x_\mu}$ 相区分. 利用式 (2.1.20)得

$$\begin{aligned}\frac{\partial\left(\dfrac{\partial\Omega_\mu}{\partial x_\mu}\right)}{\partial\varphi_\sigma(x)}&=\frac{\partial}{\partial\varphi_\sigma(x)}\left(\frac{\mathrm{D}\Omega_\mu}{\mathrm{D}x_\mu}+\frac{\partial\Omega_\mu}{\partial\varphi_\sigma(x)}\cdot\frac{\partial\varphi_\sigma(x)}{\partial x_\mu}\right)\\&=\frac{\mathrm{D}}{\mathrm{D}x_\mu}\left(\frac{\partial\Omega_\mu}{\partial\varphi_\sigma(x)}\right)+\frac{\partial}{\partial\varphi(x)}\left(\frac{\partial\Omega_\mu}{\partial x_\mu}\right)\frac{\partial\varphi_\sigma(x)}{\partial x_\mu}\\&=\frac{\partial}{\partial x_\mu}\frac{\partial\Omega_\mu}{\partial\varphi_\sigma(x)}\end{aligned}$$

也就是

$$\frac{\partial\left(\dfrac{\partial\Omega_\mu}{\partial x_\mu}\right)}{\partial\varphi_\sigma(x)}=\frac{\partial}{\partial x_\mu}\frac{\partial\Omega_\mu}{\partial\varphi_\sigma(x)}\tag{2.1.21}$$

类似地,

$$\begin{aligned}\frac{\partial\left(\dfrac{\partial\varphi_\mu}{\partial x_\nu}\right)}{\partial\left(\dfrac{\partial\varphi_\sigma(x)}{\partial x_\mu}\right)}&=\frac{\partial}{\partial\left(\dfrac{\partial\varphi_\sigma(x)}{\partial x_\mu}\right)}\left(\frac{\mathrm{D}\Omega_\nu}{\mathrm{D}x_\nu}+\frac{\partial\Omega_\nu}{\partial\varphi_\rho(x)}\frac{\partial\varphi_\rho(x)}{\partial x_\nu}\right)\\&=\frac{\partial\Omega_\nu}{\partial\varphi_\rho(x)}\frac{\partial\left(\dfrac{\partial\varphi_\rho(x)}{\partial x_\nu}\right)}{\partial\left(\dfrac{\partial\varphi_\sigma(x)}{\partial x_\mu}\right)}=\frac{\partial\Omega_\mu}{\partial\varphi_\sigma(x)}\end{aligned}$$

也就有

$$\frac{\partial\left(\dfrac{\partial\varphi_\mu}{\partial x_\nu}\right)}{\partial\left(\dfrac{\partial\varphi_\sigma(x)}{\partial x_\mu}\right)}=\frac{\partial\Omega_\mu}{\partial\varphi_\sigma(x)}\tag{2.1.22}$$

因此，散度 $\dfrac{\partial\Omega_\mu}{\partial x_\mu}$ 的拉格朗日导数为

$$\begin{aligned}\left[\frac{\partial\Omega_\mu}{\partial x_\mu}\right]_\sigma&=\frac{\partial\left(\dfrac{\partial\Omega_\mu}{\partial x_\mu}\right)}{\partial\varphi_\sigma(x)}-\frac{\partial}{\partial x_\mu}\frac{\partial\left(\dfrac{\partial\Omega_\mu}{\partial x_\nu}\right)}{\partial\left(\dfrac{\partial\varphi_\sigma(x)}{\partial x_\mu}\right)}\\&=\frac{\partial}{\partial x_\mu}\frac{\partial\Omega_\mu}{\partial\varphi_\sigma(x)}-\frac{\partial}{\partial x_\mu}\frac{\partial\Omega_\mu}{\partial\varphi_\sigma(x)}=0\end{aligned}$$

于是

$$\left[\frac{\partial \Omega_\mu}{\partial x_\mu}\right]_\sigma = 0 \tag{2.1.23}$$

从而导出

$$\left[\mathscr{L} + \frac{\partial \Omega_\mu}{\partial x_\mu}\right]_\sigma = [\mathscr{L}]_\sigma + \left[\frac{\partial \Omega_\mu}{\partial x_\mu}\right]_\sigma = [\mathscr{L}]_\sigma$$

于是

$$\left[\mathscr{L} + \frac{\partial \Omega_\mu}{\partial x_\mu}\right]_\sigma = [\mathscr{L}]_\sigma \tag{2.1.24}$$

因此,拉格朗日函数密度 $\left(\mathscr{L} + \dfrac{\partial \Omega_\mu}{\partial x_\mu}\right)$ 和 $\mathscr{L}$ 都给出同一组运动方程. 换言之,散度变换是保持运动方程形式不变的充分条件.

为了证明它也是必要条件,我们考察拉格朗日导数恒等于零时密度函数的形式. 令 $\mathscr{F}$ 是满足这个条件的密度函数,即

$$\mathscr{F} = \mathscr{F}\left(x, \varphi_\sigma(x), \frac{\partial \varphi_\sigma(x)}{\partial x_\mu}\right)$$

恒等于零的条件为 $[\mathscr{L}]_\sigma = 0$,或

$$\frac{\partial \mathscr{F}}{\partial \varphi_\sigma(x)} - \frac{\partial}{\partial x_\mu} \frac{\partial \mathscr{F}}{\partial \left(\dfrac{\partial \varphi_\sigma(x)}{\partial x_\mu}\right)} = 0 \tag{2.1.25}$$

展开得

$$\begin{aligned} &\frac{\partial \mathscr{F}}{\partial \varphi_\sigma(x)} - \frac{\mathrm{D}}{\mathrm{D}x_\mu} \frac{\partial \mathscr{F}}{\partial \left(\dfrac{\partial \varphi_\sigma(x)}{\partial x_\mu}\right)} - \frac{\partial^2 \mathscr{F}}{\partial \left(\dfrac{\partial \varphi_\sigma(x)}{\partial x_\mu}\right) \partial \varphi_\rho(x)} \frac{\partial \varphi_\rho(x)}{\partial x_\mu} \\ &\quad - \frac{\partial^2 \mathscr{F}}{\partial \left(\dfrac{\partial \varphi_\sigma(x)}{\partial x_\mu}\right) \partial \left(\dfrac{\partial \varphi_\rho(x)}{\partial x_\nu}\right)} \frac{\partial^2 \varphi_\rho(x)}{\partial x_\mu x_\nu} \equiv 0 \end{aligned} \tag{2.1.26}$$

这是一个恒等式,比较等式两边 $\dfrac{\partial^2 \varphi_\rho(x)}{\partial x_\mu x_\nu}$ 项的系数,注意 $\mathscr{F}$ 中包含的场量微商不高于一阶,就有

$$\frac{\partial^2 \mathscr{F}}{\partial \left(\dfrac{\partial \varphi_\sigma(x)}{\partial x_\mu}\right) \partial \left(\dfrac{\partial \varphi_\rho(x)}{\partial x_\nu}\right)} = 0 \tag{2.1.27}$$

这意味着 $\mathscr{F}$ 只能是 $\dfrac{\partial \varphi_\sigma(x)}{\partial x_\mu}$ 的一次函数,而不能是二次函数,即

$$\mathscr{F} = A(x, \varphi_\sigma(x)) + \frac{\partial \varphi_\sigma(x)}{\partial x_\mu} B_{\sigma\mu}(x, \varphi_\tau(x)) \tag{2.1.28}$$

将密度函数 $\mathscr{F}$ 的这个表达式代入式 (2.1.25) 中,得

$$\frac{\partial A}{\partial\varphi_\sigma(x)}-\frac{DB_{\sigma\mu}}{Dx_\mu}+\frac{\partial\varphi_\sigma(x)}{\partial x_\mu}\left(\frac{\partial B_{\rho\mu}}{\partial\varphi_\sigma(x)}-\frac{\partial B_{\sigma\mu}}{\partial\varphi_\rho(x)}\right)\equiv 0 \tag{2.1.29}$$

比较恒等式两边 $\dfrac{\partial\varphi_\sigma(x)}{\partial x_\mu}$ 的系数得

$$\frac{\partial B_{\rho\mu}}{\partial\varphi_\sigma(x)}-\frac{\partial B_{\sigma\mu}}{\partial\varphi_\rho(x)}=0 \tag{2.1.30}$$

在 φ_σ 空间中乘以 $\sum\limits_{\sigma<\rho}\iint \mathrm{d}\varphi_\sigma\mathrm{d}\varphi_\rho$ 积分之,得

$$0\equiv\sum_{\sigma<\rho}\iint_S\left(\frac{\partial B_{\rho\mu}}{\partial\varphi_\sigma}-\frac{\partial B_{\sigma\mu}}{\partial\varphi_\rho}\right)\mathrm{d}\varphi_\sigma\mathrm{d}\varphi_\rho=\oint_l B_{\sigma\mu}\mathrm{d}\varphi_\sigma \tag{2.1.31}$$

其中,我们利用了斯托克斯定理,积分区域如图 2.1 所示,我们将闭合路径的积分

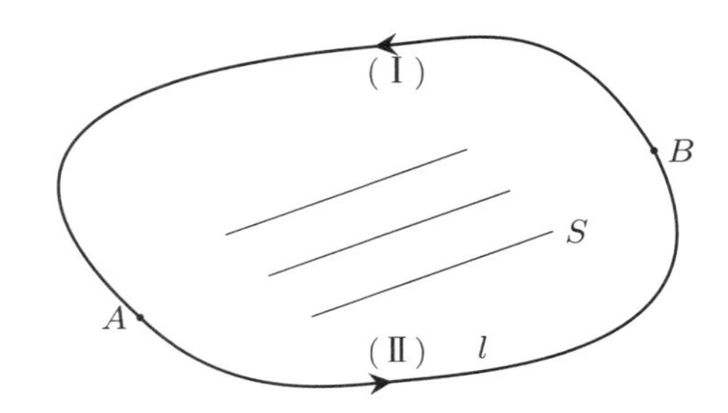

图 2.1　积分区域

$$\oint_l B_{\sigma\mu}\mathrm{d}\varphi_\sigma\equiv 0 \tag{2.1.32}$$

改为 (Ⅰ) 段和 (Ⅱ) 段的积分得

$$\int_{A,I}^{B} B_{\sigma\mu}\mathrm{d}\varphi_\sigma=\int_{A,II}^{B} B_{\sigma\mu}\mathrm{d}\varphi_\sigma \tag{2.1.33}$$

这意味着积分与路径无关,只与路径端点有关,即

$$\Omega_\sigma(B)-\Omega_\sigma(A)=\int_A^B B_{\sigma\mu}\mathrm{d}\varphi_\sigma$$

当点 A 与点 B 十分接近时,得

$$\mathrm{d}\Omega_\mu=B_{\sigma\mu}\mathrm{d}\varphi_\sigma \tag{2.1.34}$$

显然从式 (2.1.34) 立即看出函数 Ω_μ 只依赖于 x、φ_σ，即

$$\Omega_\mu = \Omega_\mu\left(x, \varphi_\sigma(x)\right) \tag{2.1.35}$$

在 φ_σ 空间中对其求全微分，立得

$$\mathrm{d}\Omega_\mu = \frac{\partial \Omega_\mu}{\partial \varphi_\sigma}\mathrm{d}\varphi_\sigma \tag{2.1.36}$$

将式 (2.1.36) 与式 (2.1.34) 比较，立得

$$B_{\sigma\mu} = \frac{\partial \Omega_\mu}{\partial \varphi_\sigma} \tag{2.1.37}$$

因此，密度函数 $\mathscr{F}$ 可以写为

$$\mathscr{F} = A\left(x, \varphi_\sigma(x)\right) + \frac{\partial \Omega_\mu\left(x, \varphi_\tau(x)\right)}{\partial \varphi_\sigma(x)}\frac{\partial \varphi_\sigma(x)}{\partial x_\mu} \tag{2.1.38}$$

将 $\mathscr{F}$ 的这个表达式代入式 (2.1.25) 中，立得

$$\frac{\partial A}{\partial \varphi_\sigma} - \frac{\partial}{\partial \varphi_\sigma}\frac{D\Omega_\mu}{Dx_\mu} = 0 \tag{2.1.39}$$

或者

$$\frac{\partial}{\partial \varphi_\sigma}\left(A - \frac{D\Omega_\mu}{Dx_\mu}\right) = 0 \tag{2.1.40}$$

因此，在 φ_σ 空间中看来，

$$A - \frac{D\Omega_\mu}{Dx_\mu} = 常数C(x)$$

或者

$$A = \frac{D\Omega_\mu}{Dx_\mu} + C(x)$$

代入密度函数中，得

$$\begin{aligned}\mathscr{F} &= \frac{D\Omega_\mu}{Dx_\mu} + \frac{\partial \Omega_\mu}{\partial \varphi_\sigma(x)}\frac{\partial \varphi_\sigma(x)}{\partial x_\mu} + C(x) \\ &= \frac{\partial \Omega_\mu\left(x, \varphi_\sigma(x)\right)}{\partial x_\mu} + C(x)\end{aligned}$$

也就是

$$\mathscr{F} = \frac{\partial \Omega_\mu\left(x, \varphi_\sigma(x)\right)}{\partial x_\mu} + C(x) \tag{2.1.41}$$

其中，$C(x)$ 与场的独立变数场量 φ_σ 无关，因此略去，得

$$\mathscr{F} = \frac{\partial \Omega_\mu\left(x, \varphi_\sigma(x)\right)}{\partial x_\mu} \tag{2.1.42}$$

2

这样我们就证明了散度变换是系数运动方程形式不变的必要条件.

概括式 (2.1.24) 和式 (2.1.42),得到结论:散度变换是保持运动方程形式不变的充分必要条件. 具体来说,散度变换

$$\mathscr{L}'\left(x,\varphi_\sigma,\frac{\partial\varphi_\sigma(x)}{\partial x_\mu}\right)=\mathscr{L}\left(x,\varphi_\sigma,\frac{\partial\varphi_\sigma(x)}{\partial x_\mu}\right)+\frac{\partial\Omega_\mu\left(x,\varphi_\sigma(x)\right)}{\partial x_\mu} \tag{2.1.43}$$

是保持运动方程形式不变的充分必要条件.

2.2 哈密顿方程

将经典场论从拉格朗日形式过渡到哈密顿形式,可以采用经典力学中相应的方法.

引进广义坐标 $\varphi_\sigma(x)$ 和广义速度 $\dot{\varphi}_\sigma(x)=\dfrac{\partial\varphi_\sigma(x)}{\partial t}$ 来描述系统的运动,广义坐标和广义速度称为物理系统的拉格朗日变数. 这时,系统的拉格朗日函数密度可以写为

$$\mathscr{L}=\mathscr{L}\left(x,\varphi_\sigma(x),\frac{\partial\varphi_\sigma(x)}{\partial x_i},\dot{\varphi}_\sigma(x)\right) \tag{2.2.1}$$

物理系统的广义坐标、广义速度满足如下降阶的拉格朗日方程组:

$$\begin{cases}\dfrac{\partial}{\partial t}\dfrac{\partial\mathscr{L}}{\partial\dot{\varphi}_\sigma(x)}=\dfrac{\partial\mathscr{L}}{\partial\varphi_\sigma(x)}-\dfrac{\partial}{\partial x_i}\dfrac{\partial\mathscr{L}}{\partial\left(\dfrac{\partial\varphi_\sigma(x)}{\partial x_i}\right)}\\[2ex]\dfrac{\partial\varphi_\sigma(x)}{\partial t}=\dot{\varphi}_\sigma(x)\end{cases} \tag{2.2.2}$$

为了进一步简化这个方程组,我们引进广义坐标 $\varphi_\sigma(x)$ 的共轭广义动量

$$\pi_\sigma(x)\equiv\frac{\partial\mathscr{L}}{\partial\dot{\varphi}_\sigma(x)} \tag{2.2.3}$$

来代替广义速度 $\dot{\varphi}_\sigma$,广义坐标和广义动量称为物理系统的正则变数. 通过这个定义,我们可以反解之,将广义速度 $\dot{\varphi}_\sigma$ 表达为广义坐标和广义动量的函数,即

$$\dot{\varphi}_\sigma(x)=f_\sigma\left(x,\varphi_\sigma(x),\frac{\partial\varphi_\sigma(x)}{\partial x_i},\pi_\sigma(x)\right) \tag{2.2.4}$$

这时方程组 (2.2.2) 可以改写为

$$\begin{cases}\dfrac{\partial\varphi_\sigma(x)}{\partial t}=\dot{\varphi}_\sigma(x)=f_\sigma\left(x,\varphi_\sigma(x),\dfrac{\partial\varphi_\sigma(x)}{\partial x_i},\pi_\sigma(x)\right)\\[2ex]\dfrac{\partial\pi_\sigma(x)}{\partial t}=\dfrac{\partial\mathscr{L}}{\partial\varphi_\sigma(x)}-\dfrac{\partial}{\partial x_i}\dfrac{\partial\mathscr{L}}{\partial\left(\dfrac{\partial\varphi_\sigma(x)}{\partial x_i}\right)}\end{cases} \tag{2.2.5}$$

在一般情况下,这样的反解并不容易,为了进一步简化,注意到 $\dfrac{\partial\mathscr{L}}{\partial\varphi_\sigma(x)}\cdots$ 等是 $\mathscr{L}$ 的偏微商,我们求拉格朗日函数密度式 (2.2.1) 的全微分得

$$\mathrm{d}\mathscr{L}=\frac{\mathrm{D}\mathscr{L}}{\mathrm{D}x_\mu}\mathrm{d}x_\mu+\frac{\mathrm{D}\mathscr{L}}{\mathrm{D}\varphi_\sigma(x)}\mathrm{d}\varphi_\sigma(x)+\frac{\partial\mathscr{L}}{\partial\left(\dfrac{\partial\varphi_\sigma(x)}{\partial x_i}\right)}\mathrm{d}\left(\frac{\partial\varphi_\sigma(x)}{\partial x_i}\right)+\frac{\partial\mathscr{L}}{\partial\dot{\varphi}_\sigma(x)}\mathrm{d}\dot{\varphi}_\sigma(x) \quad (2.2.6)$$

将广义动量 $\pi_\sigma(x)$ 的定义式 (2.2.3) 代入式 (2.2.6) 得

$$\mathrm{d}\mathscr{L}=\frac{\mathrm{D}\mathscr{L}}{\mathrm{D}x_\mu}\mathrm{d}x_\mu+\frac{\mathrm{D}\mathscr{L}}{\mathrm{D}\varphi_\sigma(x)}\mathrm{d}\varphi_\sigma(x)+\frac{\partial\mathscr{L}}{\partial\left(\dfrac{\partial\varphi_\sigma(x)}{\partial x_i}\right)}\mathrm{d}\left(\frac{\partial\varphi_\sigma(x)}{\partial x_i}\right)+\pi_\sigma(x)\mathrm{d}\dot{\varphi}_\sigma(x) \quad (2.2.7)$$

由于

$$\mathrm{d}\left(\pi_\sigma(x)\dot{\varphi}_\sigma(x)\right)=\dot{\varphi}_\sigma(x)\mathrm{d}\pi_\sigma(x)+\pi_\sigma(x)\mathrm{d}\dot{\varphi}_\sigma(x) \quad (2.2.8)$$

所以式 (2.2.8) 与式 (2.2.7) 相减得

$$\begin{aligned}\mathrm{d}\left(\pi_\sigma(x)\dot{\varphi}_\sigma(x)-\mathscr{L}\right)=&-\frac{D\mathscr{L}}{Dx_\mu}\mathrm{d}x_\mu-\frac{\partial\mathscr{L}}{\partial\varphi_\sigma(x)}\mathrm{d}\varphi_\sigma(x)\\&-\frac{\partial\mathscr{L}}{\partial\left(\dfrac{\partial\varphi_\sigma(x)}{\partial x_i}\right)}\mathrm{d}\left(\frac{\partial\varphi_\sigma(x)}{\partial x_i}\right)+\dot{\varphi}_\sigma(x)\mathrm{d}\pi_\sigma(x)\end{aligned} \quad (2.2.9)$$

引进哈密顿量密度 $\mathscr{H}$,

$$\mathscr{H}\equiv\pi_\sigma(x)\dot{\varphi}_\sigma(x)-\mathscr{L} \quad (2.2.10)$$

则式 (2.2.9) 可以写成

$$\mathrm{d}\mathscr{H}=-\frac{D\mathscr{L}}{Dx_\mu}\mathrm{d}x_\mu-\frac{\partial\mathscr{L}}{\partial\varphi_\sigma(x)}\mathrm{d}\varphi_\sigma(x)-\frac{\partial\mathscr{L}}{\partial\left(\dfrac{\partial\varphi_\sigma(x)}{\partial x_i}\right)}\mathrm{d}\left(\frac{\partial\varphi_\sigma(x)}{\partial x_i}\right)+\dot{\varphi}_\sigma(x)\mathrm{d}\pi_\sigma(x) \quad (2.2.11)$$

哈密顿量密度 $\mathscr{H}$ 是广义坐标和广义动量的函数,即通过式 (2.2.4) 有

$$\mathscr{H}=\mathscr{H}\left(x,\delta\varphi_\sigma(x),\frac{\partial\varphi_\sigma(x)}{\partial x_i},\pi_\sigma(x)\right) \quad (2.2.12)$$

求其全微分得

$$\mathrm{d}\mathscr{H}=-\frac{D\mathscr{H}}{Dx_\mu}\mathrm{d}x_\mu+\frac{\partial\mathscr{H}}{\partial\varphi_\sigma(x)}\mathrm{d}\varphi_\sigma(x)+\frac{\partial\mathscr{H}}{\partial\left(\dfrac{\partial\varphi_\sigma(x)}{\partial x_i}\right)}\mathrm{d}\left(\frac{\partial\varphi_\sigma(x)}{\partial x_i}\right)+\frac{\partial\mathscr{H}}{\partial\pi_\sigma(x)}\mathrm{d}\pi_\sigma(x)$$
$$(2.2.13)$$

将式 (2.2.13)与式 (2.2.11)比较,获得

$$\frac{\mathrm{D}\mathscr{H}}{\mathrm{D}x_\mu}=-\frac{\mathrm{D}\mathscr{L}}{\mathrm{D}x_\mu} \quad (2.2.14)$$

$$\frac{\partial \mathscr{H}}{\partial \varphi_\sigma(x)} = -\frac{\partial \mathscr{L}}{\partial \varphi_\sigma(x)} \tag{2.2.15}$$

$$\frac{\partial \mathscr{H}}{\partial\left(\dfrac{\partial \varphi_\sigma(x)}{\partial x_i}\right)} = -\frac{\partial \mathscr{L}}{\partial\left(\dfrac{\partial \varphi_\sigma(x)}{\partial x_i}\right)} \tag{2.2.16}$$

$$\frac{\partial \mathscr{H}}{\partial \pi_\sigma(x)} = \dot{\varphi}_\sigma(x) \tag{2.2.17}$$

实际上,由哈密顿密度的定义式 (2.2.10)以及将 $\mathscr{H}$ 看成广义坐标和广义动量的函数就可以导出上述结果,即

$$\begin{aligned}
\frac{\mathrm{D}\mathscr{H}}{\mathrm{D}x_\mu} &= \frac{\mathrm{D}\left(\pi_\sigma(x)\dot{\varphi}_\sigma(x) - \mathscr{L}\right)}{\mathrm{D}x_\mu} \\
&= \pi_\sigma(x)\frac{\mathrm{D}\dot{\varphi}_\sigma(x)}{\mathrm{D}x_\mu} - \frac{\mathrm{D}\mathscr{L}}{\mathrm{D}x_\mu} - \frac{\partial \mathscr{L}}{\partial \dot{\varphi}_\sigma(x)}\frac{D\dot{\varphi}_\sigma(x)}{Dx_\mu} \\
&= \pi_\sigma(x)\frac{\mathrm{D}f_\sigma}{\mathrm{D}x_\mu} - \frac{\mathrm{D}\mathscr{L}}{\mathrm{D}x_\mu} - \pi_\sigma(x)\frac{\mathrm{D}f_\sigma}{\mathrm{D}x_\mu} = -\frac{\mathrm{D}\mathscr{L}}{\mathrm{D}x_\mu}
\end{aligned}$$

这就是式 (2.2.14). 而

$$\begin{aligned}
\frac{\partial \mathscr{H}}{\partial \varphi_\sigma(x)} &= \frac{\partial\left(\pi_\rho(x)\dot{\varphi}_\rho(x) - \mathscr{L}\right)}{\partial \varphi_\sigma(x)} \\
&= \pi_\rho(x)\frac{\partial \dot{\varphi}_\sigma(x)}{\partial \varphi_\sigma(x)} - \frac{\partial \mathscr{L}}{\partial \varphi_\sigma(x)} - \frac{\partial \mathscr{L}}{\partial \dot{\varphi}_\sigma(x)}\frac{\partial \dot{\varphi}_\sigma(x)}{\partial \varphi_\sigma(x)} \\
&= \pi_\rho(x)\frac{\partial f_\rho}{\partial \varphi_\sigma(x)} - \frac{\partial \mathscr{L}}{\partial \varphi_\sigma(x)} - \pi_\rho(x)\frac{\partial f_\rho}{\partial \varphi_\sigma(x)} = -\frac{\partial \mathscr{L}}{\partial \varphi_\sigma(x)}
\end{aligned}$$

这就是式 (2.2.15). 而

$$\begin{aligned}
\frac{\partial \mathscr{H}}{\partial\left(\dfrac{\partial \varphi_\sigma(x)}{\partial x_i}\right)} &= \frac{\partial\left(\pi_\rho(x)\dot{\varphi}_\rho(x) - \mathscr{L}\right)}{\partial\left(\dfrac{\partial \varphi_\sigma(x)}{\partial x_i}\right)} \\
&= \pi_\rho(x)\frac{\partial \dot{\varphi}_\sigma(x)}{\partial\left(\dfrac{\partial \varphi_\sigma(x)}{\partial x_i}\right)} - \frac{\partial \mathscr{L}}{\partial\left(\dfrac{\partial \varphi_\sigma(x)}{\partial x_i}\right)} - \frac{\partial \mathscr{L}}{\partial \dot{\varphi}_\sigma(x)}\frac{\partial \dot{\varphi}_\sigma(x)}{\partial\left(\dfrac{\partial \varphi_\sigma(x)}{\partial x_i}\right)} \\
&= \pi_\rho(x)\frac{\partial f_\rho}{\partial\left(\dfrac{\partial \varphi_\sigma(x)}{\partial x_i}\right)} - \frac{\partial \mathscr{L}}{\partial\left(\dfrac{\partial \varphi_\sigma(x)}{\partial x_i}\right)} - \pi_\rho(x)\frac{\partial f_\rho}{\partial\left(\dfrac{\partial \varphi_\sigma(x)}{\partial x_i}\right)} \\
&= -\frac{\partial \mathscr{L}}{\partial\left(\dfrac{\partial \varphi_\sigma(x)}{\partial x_i}\right)}
\end{aligned}$$

这就是式 (2.2.16). 而

$$\frac{\partial \mathscr{H}}{\partial \pi_\sigma(x)} = \frac{\partial\left(\pi_\rho(x)\dot{\varphi}_\rho(x) - \mathscr{L}\right)}{\partial \pi_\sigma(x)}$$

$$
\begin{aligned}
&= \dot{\varphi}_\sigma(x) + \pi_\rho(x)\frac{\partial\dot{\varphi}_\sigma(x)}{\partial\pi_\sigma(x)} - \frac{\partial\mathscr{L}}{\partial\varphi_\sigma(x)} - \frac{\partial\mathscr{L}}{\partial\dot{\varphi}_\sigma(x)}\frac{\partial\dot{\varphi}_\sigma(x)}{\partial\pi_\sigma(x)} \\
&= \dot{\varphi}_\sigma(x) + \pi_\rho(x)\frac{\partial f_\rho}{\partial\pi_\sigma(x)} - \pi_\rho(x)\frac{\partial f_\rho}{\partial\pi_\sigma(x)} \\
&= \dot{\varphi}_\sigma(x)
\end{aligned}
$$

这就是式 (2.2.17).

将式 (2.2.15)与式 (2.2.16)代入拉格朗日方程中得

$$
\begin{aligned}
\frac{\partial\mathscr{H}}{\partial\varphi_\sigma(x)} = -\frac{\partial\mathscr{L}}{\partial\varphi_\sigma(x)} &= -\frac{\partial}{\partial x_\mu}\frac{\partial\mathscr{L}}{\partial\left(\dfrac{\partial\varphi_\sigma(x)}{\partial x_\mu}\right)} \\
&= -\frac{\partial}{\partial t}\frac{\partial\mathscr{L}}{\partial\dot{\varphi}_\sigma(x)} - \frac{\partial}{\partial x_i}\frac{\partial\mathscr{L}}{\partial\left(\dfrac{\partial\varphi_\sigma(x)}{\partial x_i}\right)} \\
&= -\frac{\partial\pi_\sigma(x)}{\partial t} + \frac{\partial}{\partial x_i}\frac{\partial\mathscr{H}}{\partial\left(\dfrac{\partial\varphi_\sigma(x)}{\partial x_i}\right)}
\end{aligned}
$$

或者

$$
\frac{\partial\pi_\sigma(x)}{\partial t} = -\frac{\partial\mathscr{H}}{\partial\varphi_\sigma(x)} + \frac{\partial}{\partial x_i}\frac{\partial\mathscr{H}}{\partial\left(\dfrac{\partial\varphi_\sigma(x)}{\partial x_i}\right)} \tag{2.2.18}
$$

这样我们获得物理系统的广义坐标和广义动量满足的运动方程为

$$
\begin{cases}
\dfrac{\partial\varphi_\sigma(x)}{\partial t} = \dfrac{\partial\mathscr{H}}{\partial\pi_\sigma(x)} \\
\dfrac{\partial\pi_\sigma(x)}{\partial t} = -\dfrac{\partial\mathscr{H}}{\partial\varphi_\sigma(x)} + \dfrac{\partial}{\partial x_i}\dfrac{\partial\mathscr{H}}{\partial\left(\dfrac{\partial\varphi_\sigma(x)}{\partial x_i}\right)}
\end{cases} \tag{2.2.19}
$$

方程 (2.2.19)的形式和经典力学哈密顿方程的形式并非完全相似，这是由于在这里 $\mathscr{H}$ 代表哈密顿量密度，而经典力学中的 H 代表哈密顿量，两者并不完全相似.

2.3 正则方程

经典场论和经典力学间的主要区别：从物理学观点来看，经典力学讨论的是粒子，是具有有限自由度的物理系统，而经典场论讨论的是波动，是具有无限自由度的物理系统；

从数学观点来看，两者之间的区别是不大的，它们的运动方程都可以根据运动的作用量原理，利用变分法从相应的拉格朗日函数推导出来，都可以纳入哈密顿形式. 为了将经典场论的运动方程纳入和经典力学正则方程更为相似的形式，首先必须将经典场论中连续形式的无限多个自由度改成可数形式的无限多个自由度. 为此，我们将物理系统存在的空间 V 分成许多大小相同的小元格 (图 2.2)，其体积为

$$\Delta^3 x = \Delta x_1 \Delta x_2 \Delta x_3 \tag{2.3.1}$$

并且用字母 $r = (r_1, r_2, r_3)$ 标志第 r 个小元格以及和第 r 个小元格有关的场物理量.

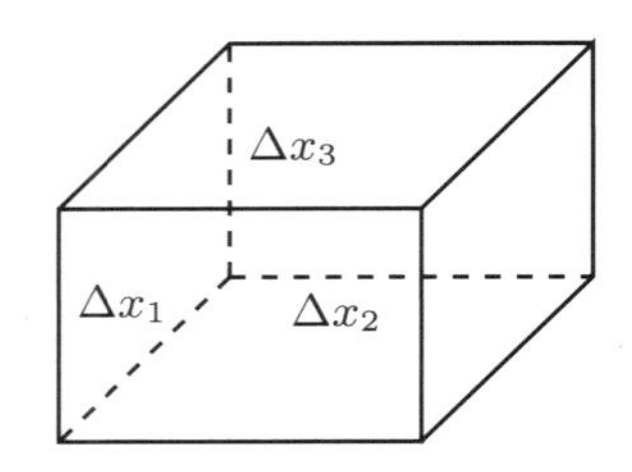

图 2.2　许多大小相同小元格中的一个

例如：以 $x_i^{(r)} (i = 1,2,3)$ 代表 x_i 在第 r 个小元格中的平均值，即

$$x_i^{(r)} = [x_i]^{(r)} = \frac{1}{\Delta^3 x} \int_{(r)} \mathrm{d}^3 x x_i \tag{2.3.2}$$

以 $\varphi_\sigma^{(r)}(t)$ 代表 $\varphi_\sigma(x)$ 当时间为 t 时在第 r 个小元格中的平均值，即

$$\varphi_\sigma^{(r)}(t) = [\varphi_\sigma(x)]^{(r)} = \frac{1}{\Delta^3 x} \int_{(r)} \mathrm{d}^3 x \varphi_\sigma(x) \tag{2.3.3}$$

这样 $\dfrac{\partial \varphi_\sigma(x)}{\partial x_1}$ 在第 r 个小元格中的平均值将为

$$\begin{aligned}
\left[\frac{\partial \varphi_\sigma(x)}{\partial x_1}\right]^{(r)} &= \frac{1}{\Delta^3 x} \int_{(r)} \mathrm{d}^3 x \frac{\partial \varphi_\sigma(x)}{\partial x_1} \\
&= \frac{1}{\Delta^3 x} \int_{(r)} \mathrm{d}^3 x \frac{\varphi_\sigma(x_1 + \Delta x_1, x_2 x_3 x_4) - \varphi_\sigma(x_1 x_2 x_3 x_4)}{\Delta x_1} \\
&= \frac{\dfrac{1}{\Delta^3 x} \displaystyle\int_{(r_1+1, r_2, r_3)} \mathrm{d}^3 x \varphi_\sigma(x) - \dfrac{1}{\Delta^3 x} \displaystyle\int_{(r)} \mathrm{d}^3 x \varphi_\sigma(x)}{\Delta x_1} \\
&= \frac{\varphi_\sigma^{(r_i+1, r_2, r_3)}(t) - \varphi_\sigma^{(r)}(t)}{\Delta x_1}
\end{aligned}$$

从而各 $\dfrac{\partial\varphi_\sigma(x)}{\partial x_i}$ 在第 r 个小元格中的平均值将为

$$\begin{cases}\left[\dfrac{\partial\varphi_\sigma(x)}{\partial x_1}\right]^{(r)}=\dfrac{\varphi_\sigma^{(r_1+1,r_2,r_3)}(t)-\varphi_\sigma^{(r)}(t)}{\Delta x_1}\\ \left[\dfrac{\partial\varphi_\sigma(x)}{\partial x_2}\right]^{(r)}=\dfrac{\varphi_\sigma^{(r_1,r_2+1,r_3)}(t)-\varphi_\sigma^{(r)}(t)}{\Delta x_2}\\ \left[\dfrac{\partial\varphi_\sigma(x)}{\partial x_3}\right]^{(r)}=\dfrac{\varphi_\sigma^{(r_1,r_2,r_3+1)}(t)-\varphi_\sigma^{(r)}(t)}{\Delta x_3}\end{cases}\tag{2.3.4}$$

类似地,$\dfrac{\partial\varphi_\sigma(x)}{\partial t}$ 在第 r 个小元格中的平均值为

$$\left[\frac{\partial\varphi_\sigma(x)}{\partial t}\right]^{(r)}=\frac{1}{\Delta^3x}\int_{(r)}\mathrm{d}^3x\frac{\partial\varphi_\sigma(x)}{\partial t}=\frac{\mathrm{d}}{\mathrm{d}t}\frac{1}{\Delta^3x}\int_{(r)}\mathrm{d}^3x=\frac{\mathrm{d}\varphi_\sigma^{(r)}(t)}{\mathrm{d}t}$$

也就是

$$\left[\frac{\partial\varphi_\sigma(x)}{\partial t}\right]^{(r)}=\frac{\mathrm{d}}{\mathrm{d}t}\varphi_\sigma^{(r)}(t)\tag{2.3.5}$$

显然,根据这个定义,时间 t 在第 r 个小元格中的平均值还是 t,即

$$[t]^{(r)}=\frac{1}{\Delta^3x}\int_{(r)}\mathrm{d}^3xt=t\tag{2.3.6}$$

于是物理系统的拉格朗日函数可以写为如下形式:

$$L=\int_V\mathrm{d}^3x\mathscr{L}=\Delta^3x\sum_r\mathscr{L}^{(r)}\tag{2.3.7}$$

其中,

$$\begin{aligned}\mathscr{L}^{(r)}&=\mathscr{L}\left(t,[x_i]^{(r)},[\varphi_\sigma(x)],\left[\frac{\partial\varphi_\sigma(x)}{\partial x_\mu}\right]^{(r)}\right)\\&=\mathscr{L}\left(t,x_i^{(r)},\varphi_\sigma^{(r)}(t),\frac{\varphi_\sigma^{(r+1)}(t)-\varphi_\sigma^{(r)}(t)}{\Delta x_i},\frac{\mathrm{d}\varphi_\sigma^{(r)}(t)}{\mathrm{d}t}\right)\end{aligned}\tag{2.3.8}$$

所以场系统拉格朗日函数 L 又可以写成

$$L=\int_V\mathrm{d}^3x\mathscr{L}=\Delta^3x\sum_r\mathscr{L}\left(t,x_i^{(r)},\varphi_\sigma^{(r)}(t),\frac{\varphi_\sigma^{(r+1)}(t)-\varphi_\sigma^{(r)}(t)}{\Delta x_i},\frac{\mathrm{d}\varphi_\sigma^{(r)}(t)}{\mathrm{d}t}\right)\tag{2.3.9}$$

可见物理系统的拉格朗日函数是 $t,\varphi_\sigma^{(r)}(t),\dfrac{\mathrm{d}\varphi_\sigma^{(r)}(t)}{\mathrm{d}t}$ 的函数,即

$$L=L\left(t,\varphi_\sigma^{(r)}(t),\frac{\mathrm{d}\varphi_\sigma^{(r)}(t)}{\mathrm{d}t}\right)\tag{2.3.10}$$

这样,我们就将连续形式的无限多个自由度变成可数形式的无限多个自由度. 可以看出,在这种形式中,$\varphi_\sigma^{(r)}(t)$ 相当于经典力学中的广义坐标,所不同的是在经典力学中广义坐标的数目是有限的,而在经典场论中广义坐标的数目是无限的,无限个广义坐标相当于场的无限个自由度.

物理系统的作用量 S 可以写成如下形式:

$$S=\int_{\tau_0}^{\tau}\mathrm{d}tL=\int_{\tau_0}^{\tau}\mathrm{d}tL\left(t,\varphi_\sigma^{(r)}(t),\frac{\mathrm{d}\varphi_\sigma^{(r)}(t)}{\mathrm{d}t}\right) \tag{2.3.11}$$

根据运动的作用量原理, 物理系统是按照作用量取稳定值的方式运动的. 如果场量 $\varphi_\sigma^{(r)}(t)$ 是使得物理系统作用量取稳定值的运动,那么在作用量中用场量

$$\varphi_\sigma^{(r)}(t)+\delta\varphi_\sigma^{(r)}(t)$$

代替 $\varphi_\sigma^{(r)}(t)$,就使得作用量偏离稳定值. 其中,$\delta\varphi_\sigma^{(r)}(t)$ 是一个任意的无穷小函数,即

$$\delta\varphi_\sigma^{(r)}(t)=\lambda\eta_\sigma^{(r)}(t) \tag{2.3.12}$$

其中,λ 是一阶无穷小参数,而 $\eta_\sigma^{(r)}(t)$ 是一个任意的 t 的函数. 对于它,唯一的限制是在初、末时刻场量的变动为零,即

$$\left.\delta\varphi_\sigma^{(r)}(t)\right|_{t=\tau_0}=\left.\delta\varphi_\sigma^{(r)}(t)\right|_{t=\tau}=0 \tag{2.3.13}$$

$\delta\varphi_\sigma^{(r)}(t)$ 称为场量 $\varphi_\sigma^{(r)}(t)$ 的变分.

这时,系统作用量 S 的增量为

$$\begin{aligned}\Delta S=&\int_{\tau_0}^{\tau}\mathrm{d}tL\left(t,\varphi_\sigma^{(r)}(t)+\delta\varphi_\sigma^{(r)}(t),\frac{\mathrm{d}\varphi_\sigma^{(r)}(t)}{\mathrm{d}t}+\frac{\mathrm{d}\delta\varphi_\sigma^{(r)}(t)}{\mathrm{d}t}\right)\\&-\int_{\tau_0}^{\tau}\mathrm{d}tL\left(t,\varphi_\sigma^{(r)}(t),\frac{\mathrm{d}\varphi_\sigma^{(r)}(t)}{\mathrm{d}t}\right)\end{aligned} \tag{2.3.14}$$

将 ΔS 按 λ 的幂次作泰勒展开得

$$\Delta S=\int_{\tau_0}^{\tau}\mathrm{d}t\left(\frac{\partial L}{\partial\varphi_\sigma^{(r)}(t)}\delta\varphi_\sigma^{(r)}(t)+\frac{\partial L}{\partial\left(\dfrac{\mathrm{d}\varphi_\sigma^{(r)}(t)}{\mathrm{d}t}\right)}\frac{\mathrm{d}\delta\varphi_\sigma^{(r)}(t)}{\mathrm{d}t}\right)+O\left(\lambda^2\right) \tag{2.3.15}$$

式 (2.3.15)中等号右边重复小元格指标 r 也表示求和,而且本节后面涉及小元格重复指标 r 也都采用此约定. 式 (2.3.15)中一阶项的总和称为作用量的变分 δS,即

$$\delta S=\int_{\tau_0}^{\tau}\mathrm{d}t\left(\frac{\partial L}{\partial\varphi_\sigma^{(r)}(t)}\delta\varphi_\sigma^{(r)}(t)+\frac{\partial L}{\partial\left(\dfrac{\mathrm{d}\varphi_\sigma^{(r)}(t)}{\mathrm{d}t}\right)}\frac{\mathrm{d}\delta\varphi_\sigma^{(r)}(t)}{\mathrm{d}t}\right) \tag{2.3.16}$$

进行分部积分得

$$\delta S=\int_{\tau_0}^{\tau}\mathrm{d}t\left[\left(\frac{\partial L}{\partial\varphi_\sigma^{(r)}(t)}-\frac{\mathrm{d}}{\mathrm{d}t}\frac{\partial L}{\partial\left(\dfrac{\mathrm{d}\varphi_\sigma^{(r)}(t)}{\mathrm{d}t}\right)}\right)\delta\varphi_\sigma^{(r)}(t)+\frac{\mathrm{d}}{\mathrm{d}t}\left(\frac{\partial L}{\partial\left(\dfrac{\mathrm{d}\varphi_\sigma^{(r)}(t)}{\mathrm{d}t}\right)}\delta\varphi_\sigma^{(r)}(t)\right)\right]$$

$$=\int_{\tau_0}^{\tau}\mathrm{d}t\left(\frac{\partial L}{\partial\varphi_\sigma^{(r)}(t)}-\frac{\mathrm{d}}{\mathrm{d}t}\frac{\partial L}{\partial\left(\dfrac{\mathrm{d}\varphi_\sigma^{(r)}(t)}{\mathrm{d}t}\right)}\right)\delta\varphi_\sigma^{(r)}(t)+\frac{\partial L}{\partial\left(\dfrac{\mathrm{d}\varphi_\sigma^{(r)}(t)}{\mathrm{d}t}\right)}\delta\varphi_\sigma^{(r)}(t)\Bigg|_{\tau_0}^{\tau}$$

$$=\int_{\tau_0}^{\tau}\mathrm{d}t\left(\frac{\partial L}{\partial\varphi_\sigma^{(r)}(t)}-\frac{\mathrm{d}}{\mathrm{d}t}\frac{\partial L}{\partial\left(\dfrac{\mathrm{d}\varphi_\sigma^{(r)}(t)}{\mathrm{d}t}\right)}\right)\delta\varphi_\sigma^{(r)}(t)$$

即有

$$\delta S=\int_{\tau_0}^{\tau}\mathrm{d}t\left(\frac{\partial L}{\partial\varphi_\sigma^{(r)}(t)}-\frac{\mathrm{d}}{\mathrm{d}t}\frac{\partial L}{\partial\left(\dfrac{\mathrm{d}\varphi_\sigma^{(r)}(t)}{\mathrm{d}t}\right)}\right)\delta\varphi_\sigma^{(r)}(t)\tag{2.3.17}$$

根据运动的作用量原理,必须有 $\delta S=0$,即

$$\int_{\tau_0}^{\tau}\mathrm{d}t\left(\frac{\partial L}{\partial\varphi_\sigma^{(r)}(t)}-\frac{\mathrm{d}}{\mathrm{d}t}\frac{\partial L}{\partial\left(\dfrac{\mathrm{d}\varphi_\sigma^{(r)}(t)}{\mathrm{d}t}\right)}\right)\delta\varphi_\sigma^{(r)}(t)=0$$

由于这个方程对于任意挑选的积分区域 τ_0,τ 都等于零,所以被积函数必须等于零,即

$$\left(\frac{\partial L}{\partial\varphi_\sigma^{(r)}(t)}-\frac{\mathrm{d}}{\mathrm{d}t}\frac{\partial L}{\partial\left(\dfrac{\mathrm{d}\varphi_\sigma^{(r)}(t)}{\mathrm{d}t}\right)}\right)\delta\varphi_\sigma^{(r)}(t)=0$$

由于变分 $\delta\varphi_\sigma^{(r)}(t)$ 是任意的,而且是彼此独立的,所以必须有

$$\frac{\partial L}{\partial\varphi_\sigma^{(r)}(t)}-\frac{\mathrm{d}}{\mathrm{d}t}\frac{\partial L}{\partial\left(\dfrac{\mathrm{d}\varphi_\sigma^{(r)}(t)}{\mathrm{d}t}\right)}\tag{2.3.18}$$

这就是物理系统的场量 $\delta\varphi_\sigma^{(r)}(t)$ 满足的运动方程,称为拉格朗日方程. 一般它是一个二阶常微分方程.

为了将场的运动方程从拉格朗日形式过渡到哈密顿正则形式,我们引进广义坐标 $\varphi_\sigma^{(r)}(t)$ 和广义速度 $\dot{\varphi}_\sigma^{(r)}(t)$,则

$$\dot{\varphi}_\sigma^{(r)}(t)=\frac{\mathrm{d}\varphi_\sigma^{(r)}(t)}{\mathrm{d}t}\tag{2.3.19}$$

将方程 (2.1.25)降阶为如下拉格朗日方程组：

$$\begin{cases}\dfrac{\mathrm{d}\varphi_\sigma^{(r)}(t)}{\mathrm{d}t}=\dot{\varphi}_\sigma^{(r)}(t)\\[2ex]\dfrac{\mathrm{d}}{\mathrm{d}t}\dfrac{\partial L}{\partial\dot{\varphi}_\sigma^{(r)}(t)}=\dfrac{\partial L}{\partial\varphi_\sigma^{(r)}(t)}\end{cases}\tag{2.3.20}$$

其中,拉格朗日函数 L 是广义坐标和广义速度的函数,即

$$L=L\left(t,\varphi_\sigma^{(r)}(t),\dot{\varphi}_\sigma^{(r)}(t)\right)\tag{2.3.21}$$

广义坐标 $\varphi_\sigma^{(r)}(t)$ 和广义速度 $\dot{\varphi}_\sigma^{(r)}(t)$ 称为物理系统的拉格朗日变数. 为了将这个方程组归纳得更为简单扼要,我们引进广义坐标 $\varphi_\sigma^{(r)}(t)$ 的共轭广义动量

$$\pi_\sigma^{(r)}(t)\equiv\frac{\partial L}{\partial\dot{\varphi}_\sigma^{(r)}(t)}\tag{2.3.22}$$

来取代广义速度 $\dot{\varphi}_\sigma^{(r)}(t)$,以描述物理系统的运动. 广义坐标和广义动量称为物理系统的正则变数. 通过这个定义,我们可以反解之,将广义速度表达为广义坐标和广义动量的函数,即

$$\dot{\varphi}_\sigma^{(r)}(t)=f_\sigma^{(r)}\left(t,\varphi_\rho^{(s)}(t),\pi_\rho^{(s)}(t)\right)\tag{2.3.23}$$

选择拉格朗日方程组可以写成如下形式：

$$\begin{cases}\dfrac{\mathrm{d}\varphi_\sigma^{(r)}(t)}{\mathrm{d}t}=\dot{\varphi}_\sigma^{(r)}(t)=f_\sigma^{(r)}\left(t,\varphi_\rho^{(s)}(t),\pi_\rho^{(s)}(t)\right)\\[2ex]\dfrac{\mathrm{d}\pi_\sigma^{(r)}(t)}{\mathrm{d}t}=\dfrac{\partial L}{\partial\varphi_\sigma^{(r)}(t)}\end{cases}\tag{2.3.24}$$

在一般情况下, 反解并不容易. 因此, 我们希望将这个方程组化为更规则的形式. 由于 $\dfrac{\partial L}{\partial\varphi_\sigma^{(r)}(t)},\dfrac{\partial L}{\partial\dot{\varphi}_\sigma^{(r)}(t)}$ 都是拉格朗日函数 L 的偏微商,因此我们求拉格朗日函数

$$L=L\left(t,\varphi_\sigma^{(r)}(t),\dot{\varphi}_\sigma^{(r)}(t)\right)$$

的全微分,得

$$\begin{aligned}\mathrm{d}L&=\frac{\mathrm{D}L}{\mathrm{D}t}\mathrm{d}t+\frac{\partial L}{\partial\varphi_\sigma^{(r)}(t)}\mathrm{d}\varphi_\sigma^{(r)}(t)+\frac{\partial L}{\partial\dot{\varphi}_\sigma^{(r)}(t)}\mathrm{d}\dot{\varphi}_\sigma^{(r)}(t)\\&=\frac{\mathrm{D}L}{\mathrm{D}t}\mathrm{d}t+\frac{\partial L}{\partial\varphi_\sigma^{(r)}(t)}\mathrm{d}\varphi_\sigma^{(r)}(t)+\pi_\sigma^{(r)}(t)\mathrm{d}\dot{\varphi}_\sigma^{(r)}(t)\end{aligned}\tag{2.3.25}$$

由于

$$\mathrm{d}\left(\pi_\sigma^{(r)}(t)\dot{\varphi}_\sigma^{(r)}(t)\right)=\dot{\varphi}_\sigma^{(r)}(t)\mathrm{d}\pi_\sigma^{(r)}(t)+\pi_\sigma^{(r)}(t)\dot{\varphi}_\sigma^{(r)}(t)\tag{2.3.26}$$

所以式 (2.3.25) 与式 (2.3.26) 相减会获得

$$\mathrm{d}\left(\pi_\sigma^{(r)}(t)\dot{\varphi}_\sigma^{(r)}(t)-L\right)=-\frac{\mathrm{D}L}{\mathrm{D}t}\mathrm{d}t-\frac{\partial L}{\partial\varphi_\sigma^{(r)}(t)}\mathrm{d}\varphi_\sigma^{(r)}(t)+\dot{\varphi}_\sigma^{(r)}(t)\mathrm{d}\pi_\sigma^{(r)}(t) \tag{2.3.27}$$

引进物理系统的哈密顿量 H

$$H=\pi_\sigma^{(r)}(t)\dot{\varphi}_\sigma^{(r)}(t)-L \tag{2.3.28}$$

则得

$$\mathrm{d}H=-\frac{\mathrm{D}L}{\mathrm{D}t}\mathrm{d}t-\frac{\partial L}{\partial\varphi_\sigma^{(r)}(t)}\mathrm{d}\varphi_\sigma^{(r)}(t)+\dot{\varphi}_\sigma^{(r)}(t)\mathrm{d}\pi_\sigma^{(r)}(t) \tag{2.3.29}$$

由于哈密顿量 H 应是广义坐标和广义动量的函数,即

$$H=H\left(t,\varphi_\sigma^{(r)}(t),\pi_\sigma^{(r)}(t)\right) \tag{2.3.30}$$

所以求其全微分得

$$\mathrm{d}H=\frac{\mathrm{D}H}{\mathrm{D}t}\mathrm{d}t+\frac{\partial H}{\partial\varphi_\sigma^{(r)}(t)}\mathrm{d}\varphi_\sigma^{(r)}(t)+\frac{\partial H}{\partial\pi_\sigma^{(r)}(t)}\mathrm{d}\pi_\sigma^{(r)}(t) \tag{2.3.31}$$

将式 (2.3.29)与式 (2.3.29)比较会获得

$$\frac{\mathrm{D}H}{\mathrm{D}t}=-\frac{\mathrm{D}L}{\mathrm{D}t} \tag{2.3.32}$$

$$\frac{\partial H}{\partial\varphi_\sigma^{(r)}(t)}=-\frac{\partial L}{\partial\varphi_\sigma^{(r)}(t)} \tag{2.3.33}$$

$$\frac{\partial H}{\partial\pi_\sigma^{(r)}(t)}=\dot{\varphi}_\sigma^{(r)}(t) \tag{2.3.34}$$

事实上,从哈密顿量的定义 $H=\pi_\sigma^{(r)}(t)\dot{\varphi}_\sigma^{(r)}(t)-L$,以及将 H 看成广义坐标和广义动量的函数,也可以导出上述结果,即

$$\begin{aligned}\frac{\mathrm{D}H}{\mathrm{D}t}&=\frac{\mathrm{D}\left(\pi_\sigma^{(r)}(t)\dot{\varphi}_\sigma^{(r)}(t)-L\right)}{\mathrm{D}t}\\&=\pi_\sigma^{(r)}(t)\frac{\mathrm{D}\dot{\varphi}_\sigma^{(r)}(t)}{\mathrm{D}t}-\frac{\partial L}{\partial\dot{\varphi}_\sigma^{(r)}(t)}\frac{\mathrm{D}\dot{\varphi}_\sigma^{(r)}(t)}{\mathrm{D}t}\\&=\pi_\sigma^{(r)}(t)\frac{\mathrm{D}f_\sigma^{(r)}}{\mathrm{D}t}-\frac{\mathrm{D}L}{\mathrm{D}t}-\pi_\sigma^{(r)}(t)\frac{\mathrm{D}f_\sigma^{(r)}}{\mathrm{D}t}\\&=-\frac{\mathrm{D}L}{\mathrm{D}t}\end{aligned}$$

这就是式 (2.3.32). 而

$$\frac{\partial H}{\partial\varphi_\sigma^{(r)}(t)}=\frac{\partial\left(\pi_\rho^{(s)}(t)\dot{\varphi}_\rho^{(s)}(t)-L\right)}{\partial\varphi_\sigma^{(r)}(t)}$$

$$
\begin{aligned}
&= \pi_\rho^{(s)}(t)\frac{\partial\dot{\varphi}_\rho^{(s)}(t)}{\partial\varphi_\sigma^{(r)}(t)} - \frac{\partial L}{\partial\varphi_\sigma^{(r)}(t)} - \frac{\partial L}{\partial\dot{\varphi}_\sigma^{(r)}(t)}\frac{\partial\dot{\varphi}_\rho^{(s)}(t)}{\partial\varphi_\sigma^{(r)}(t)} \\
&= \pi_\rho^{(s)}(t)\frac{\partial f_\rho^{(s)}}{\partial\varphi_\sigma^{(r)}(t)} - \frac{\partial L}{\partial\varphi_\sigma^{(r)}(t)} - \pi_\rho^{(s)}(t)\frac{\partial f_\rho^{(s)}}{\partial\varphi_\sigma^{(r)}(t)} \\
&= -\frac{\partial L}{\partial\varphi_\sigma^{(r)}(t)}
\end{aligned}
$$

这就是式 (2.3.33). 而

$$
\begin{aligned}
\frac{\partial H}{\partial\pi_\sigma^{(r)}(t)} &= \frac{\partial\left(\pi_\rho^{(s)}(t)\dot{\varphi}_\rho^{(s)}(t) - L\right)}{\partial\pi_\sigma^{(r)}(t)} \\
&= \dot{\varphi}_\sigma^{(r)}(t) + \pi_\rho^{(s)}(t)\frac{\partial\dot{\varphi}_\rho^{(s)}(t)}{\partial\varphi_\sigma^{(r)}(t)} - \frac{\partial L}{\partial\dot{\varphi}_\sigma^{(r)}(t)}\frac{\partial\dot{\varphi}_\rho^{(s)}(t)}{\partial\pi_\sigma^{(r)}(t)} \\
&= \dot{\varphi}_\sigma^{(r)}(t) + \pi_\rho^{(s)}(t)\frac{\partial f_\rho^{(s)}}{\partial\pi_\sigma^{(r)}(t)} - \pi_\rho^{(s)}(t)\frac{\partial f_\rho^{(s)}}{\partial\pi_\sigma^{(r)}(t)} \\
&= \dot{\varphi}_\sigma^{(r)}(t)
\end{aligned}
$$

这就是式 (2.3.34).

将式 (2.3.33)和式 (2.3.34)代入方程组 (2.3.24),得广义坐标和广义动量满足如下形式的运动方程:

$$
\begin{cases}
\dfrac{\mathrm{d}\varphi_\sigma^{(r)}(t)}{\mathrm{d}t} = \dfrac{\partial H}{\partial\pi_\sigma^{(r)}(t)} \\
\dfrac{\mathrm{d}\pi_\sigma^{(r)}(t)}{\mathrm{d}t} = -\dfrac{\partial H}{\partial\varphi_\sigma^{(r)}(t)}
\end{cases}
\tag{2.3.35}
$$

称为正则运动方程. 由此可见,经典场论的正则运动方程和经典力学的正则运动方程的形式完全相同. 从这个意义上看,经典场论和经典力学是相当对称的.

最后,我们讨论 $\Delta^3x \to \mathrm{d}^3x$ 的极限情形,即从可数形式又回到连续形式的情形. 由于一般地有极限

$$
[f(x)]^{(r)} = \frac{1}{\Delta^3 x}\int_{(r)} \mathrm{d}^3x f(x) \to f(x) \tag{2.3.36}
$$

$$
\frac{\mathrm{d}}{\mathrm{d}t}[f(x)]^{(r)} = \left[\frac{\partial f(x)}{\partial t}\right]^{(r)} \to \frac{\partial f(x)}{\partial t} \tag{2.3.37}
$$

所以,我们将各种量化为平均值的形式. 因此,对空间坐标有

$$
x_i^{(r)} = [x_i]^{(r)} \to x_i \tag{2.3.38}
$$

对场量或广义坐标有

$$
\varphi_\sigma^{(r)}(t) = [\varphi_\sigma(x)]^{(r)} \to \varphi_\sigma(x) \tag{2.3.39}
$$

对场量对时间的微商有

$$\frac{\mathrm{d}\varphi_\sigma^{(r)}(t)}{\mathrm{d}t}=\frac{\mathrm{d}}{\mathrm{d}t}\left[\varphi_\sigma(x)\right]^{(r)}=\left[\frac{\partial\varphi_\sigma(x)}{\partial t}\right]^{(r)}\rightarrow\frac{\partial\varphi_\sigma(x)}{\partial t}\tag{2.3.40}$$

或写成广义速度的形式有

$$\dot{\varphi}_\sigma^{(r)}(t)=\left[\dot{\varphi}_\sigma(x)\right]^{(r)}\rightarrow\dot{\varphi}_\sigma(x)\tag{2.3.41}$$

对场量的空间微商有

$$\frac{\varphi_\sigma^{(r+1)}(t)-\varphi_\sigma^{(r)}(t)}{\Delta x_i}=\left[\frac{\partial\varphi_\sigma(x)}{\partial x_i}\right]^{(r)}\rightarrow\frac{\partial\varphi_\sigma(x)}{\partial x_i}\tag{2.3.42}$$

由于

$$\begin{aligned}L&=\int_V\mathrm{d}^3x\mathscr{L}=\Delta^3x^{(r)}\mathscr{L}^{(r)}\\&=\sum_r\Delta^3x\mathscr{L}\left(t,x_i^{(r)},\varphi_\sigma^{(r)}(t),\frac{\varphi_\sigma^{(r+1)}(t)-\varphi_\sigma^{(r)}(t)}{\Delta x_i},\frac{\mathrm{d}\varphi_\sigma^{(r)}(t)}{\mathrm{d}t}\right)\end{aligned}\tag{2.3.43}$$

所以

$$\begin{aligned}\frac{\partial L}{\partial\varphi_\sigma^{(r)}(t)}&=\Delta^3x\left(\left[\frac{\partial\mathscr{L}}{\partial\varphi_\sigma(x)}\right]^{(r)}-\frac{\left[\dfrac{\partial\mathscr{L}}{\partial\left(\dfrac{\partial\varphi_\sigma(x)}{\partial x_i}\right)}\right]^{(r)}-\left[\dfrac{\partial\mathscr{L}}{\partial\left(\dfrac{\partial\varphi_\sigma(x)}{\partial x_i}\right)}\right]^{(r-1)}}{\Delta x_i}\right)\\&=\Delta^3x\left[\frac{\partial\mathscr{L}}{\partial\varphi_\sigma(x)}-\frac{\partial}{\partial x_i}\frac{\partial\mathscr{L}}{\partial\left(\dfrac{\partial\varphi_\sigma(x)}{\partial x_i}\right)}\right]^{(r)}\end{aligned}\tag{2.3.44}$$

$$\frac{\partial L}{\partial\left(\dfrac{\mathrm{d}\varphi_\sigma^{(r)}(t)}{\mathrm{d}t}\right)}=\Delta^3x\left[\frac{\partial\mathscr{L}}{\partial\left(\dfrac{\partial\varphi_\sigma(x)}{\partial t}\right)}\right]^{(r)}\tag{2.3.45}$$

$$\frac{\mathrm{d}}{\mathrm{d}t}\frac{\partial L}{\partial\left(\dfrac{\mathrm{d}\varphi_\sigma^{(r)}(t)}{\mathrm{d}t}\right)}=\Delta^3x\left[\frac{\partial}{\partial t}\frac{\partial\mathscr{L}}{\partial\left(\dfrac{\partial\varphi_\sigma(x)}{\partial t}\right)}\right]^{(r)}\tag{2.3.46}$$

因此,对拉格朗日方程有

$$\frac{\partial L}{\partial \varphi_\sigma^{(r)}(t)}-\frac{\mathrm{d}}{\mathrm{d}t}\frac{\partial L}{\partial\left(\frac{\mathrm{d}\varphi_\sigma^{(r)}(t)}{\mathrm{d}t}\right)}=\Delta^3 x\left[\frac{\partial \mathscr{L}}{\partial \varphi_\sigma(x)}-\frac{\partial}{\partial x_\mu}\frac{\partial \mathscr{L}}{\partial\left(\frac{\partial \varphi_\sigma(x)}{\partial x_\mu}\right)}\right]^{(r)}$$
$$\rightarrow \mathrm{d}^3 x\left(\frac{\partial \mathscr{L}}{\partial \varphi_\sigma(x)}-\frac{\partial}{\partial x_\mu}\frac{\partial \mathscr{L}}{\partial\left(\frac{\partial \varphi_\sigma(x)}{\partial x_\mu}\right)}\right) \tag{2.3.47}$$

在拉格朗日变数 (广义坐标、广义速度) 和正则变数 (广义坐标、广义动量) 的情形中

$$L=\sum_r \Delta^3 x \mathscr{L}\left(t, x_i^{(r)}, \varphi_\sigma^{(r)}(t), \frac{\varphi_\sigma^{(r+1)}(t)-\varphi_\sigma^{(r)}(t)}{\Delta x_i}, \dot{\varphi}_\sigma^{(r)}(t)\right) \tag{2.3.48}$$

这时式 (2.3.45)可以改写为

$$\frac{\partial L}{\partial \dot{\varphi}_\sigma^{(r)}(t)}=\Delta^3 x\left[\frac{\partial \mathscr{L}}{\partial \dot{\varphi}_\sigma(x)}\right]^{(r)} \tag{2.3.49}$$

或改写为广义动量的形式

$$\pi_\sigma^{(r)}(t)=\Delta^3 x\left[\pi_\sigma(x)\right]^{(r)} \rightarrow \mathrm{d}^3 x \pi_\sigma(x) \tag{2.3.50}$$

这时式 (2.3.46)可以改写为

$$\frac{\mathrm{d}\pi_\sigma^{(r)}(t)}{\mathrm{d}t}=\Delta^3 x\left[\frac{\partial \pi_\sigma(x)}{\partial t}\right]^{(r)} \rightarrow \mathrm{d}^3 x \frac{\partial \pi_\sigma(x)}{\partial t} \tag{2.3.51}$$

同时,哈密顿量 H 则为

$$\begin{aligned}
H&=\pi_\sigma^{(r)}(t)\dot{\varphi}_\sigma^{(r)}(t)-L\\
&=\Delta^3 x\left[\pi_\sigma(x)\right]^{(r)}\left[\dot{\varphi}_\sigma(x)\right]^{(r)}-\Delta^3 x^{(r)}\mathscr{L}^{(r)}\\
&=\Delta^3 x^{(r)}\left[\pi_\sigma(x)\dot{\varphi}_\sigma(x)-\mathscr{L}\right]^{(r)}=\Delta^3 x^{(r)}\mathscr{H}^{(r)}=\int_V \mathrm{d}^3 x \mathscr{H}
\end{aligned}$$

或者

$$H=\int_V \mathrm{d}^3 x \mathscr{H} \tag{2.3.52}$$

从而可以导出

$$\begin{aligned}
\frac{\partial H}{\partial \varphi_\sigma^{(r)}(t)}&=-\frac{\partial L}{\partial \varphi_\sigma^{(r)}(t)}\\
&=-\Delta^3 x\left[\frac{\partial \mathscr{L}}{\partial \varphi_\sigma^{(r)}(t)}-\frac{\partial}{\partial x_i}\frac{\partial \mathscr{L}}{\partial\left(\frac{\partial \varphi_\sigma(x)}{\partial x_i}\right)}\right]^{(r)}
\end{aligned}$$

$$= \Delta^3 x \left[\frac{\partial \mathscr{H}}{\partial \varphi_\sigma(x)} - \frac{\partial}{\partial x_i} \frac{\partial \mathscr{H}}{\partial \left(\dfrac{\partial \varphi_\sigma(x)}{\partial x_i} \right)} \right]^{(r)}$$

也就有

$$\frac{\partial H}{\partial \varphi_\sigma^{(r)}(t)} = \Delta^3 x \left[\frac{\partial \mathscr{H}}{\partial \varphi_\sigma(x)} - \frac{\partial}{\partial x_i} \frac{\partial \mathscr{H}}{\partial \left(\dfrac{\partial \varphi_\sigma(x)}{\partial x_i} \right)} \right]^{(r)} \tag{2.3.53}$$

另外

$$\begin{aligned}
\frac{\partial H}{\partial \pi_\sigma^{(r)}(t)} &= -\frac{\partial \left(\pi_\rho^{(s)}(t) \dot{\varphi}_\rho^{(s)}(t) - \Delta^3 x^{(s)} \mathscr{L}^{(s)} \right)}{\partial \pi_\sigma^{(r)}(t)} \\
&= \frac{\partial \left(\pi_\sigma^{(r)}(t) \dot{\varphi}_\sigma^{(r)}(t) - \Delta^3 x \mathscr{L}^{(r)} \right)}{\partial \pi_\sigma^{(r)}(t)} \\
&= \frac{\partial \left([\pi_\sigma(x)]^{(r)} [\dot{\varphi}_\sigma(x)]^{(r)} - \mathscr{L}^{(r)} \right)}{\partial [\pi_\sigma(x)]^{(r)}} \\
&= \frac{\partial \left(\pi_\sigma^{(r)}(t) \dot{\varphi}_\sigma^{(r)}(t) - \Delta^3 x^{(r)} \mathscr{L}^{(r)} \right)}{\partial \pi_\sigma^{(r)}(t)}
\end{aligned}$$

上式倒数第 2 个等号用了式 (2.3.50). 于是

$$\frac{\partial H}{\partial \pi_\sigma^{(r)}(t)} = \left[\frac{\partial \mathscr{H}}{\partial \pi_\sigma(x)} \right]^{(r)} \tag{2.3.54}$$

因此,场的正则运动方程 (2.3.35)可以写成

$$\begin{cases}
\left[\dfrac{\partial \varphi_\sigma(x)}{\partial t} \right]^{(r)} = \left[\dfrac{\partial \mathscr{H}}{\partial \pi_\sigma(x)} \right]^{(r)} \\
\left[\dfrac{\partial \pi_\sigma(x)}{\partial t} \right]^{(r)} = \left[-\dfrac{\partial \mathscr{H}}{\partial \varphi_\sigma(x)} + \dfrac{\partial}{\partial x_i} \dfrac{\partial \mathscr{H}}{\partial \left(\dfrac{\partial \varphi_\sigma(x)}{\partial x_i} \right)} \right]^{(r)}
\end{cases} \tag{2.3.55}$$

当 $\Delta^3 x \to \mathrm{d}^3 x$ 时,则得

$$\begin{cases}
\dfrac{\partial \varphi_\sigma(x)}{\partial t} = \dfrac{\partial \mathscr{H}}{\partial \pi_\sigma(x)} \\
\dfrac{\partial \pi_\sigma(x)}{\partial t} = -\dfrac{\partial \mathscr{H}}{\partial \varphi_\sigma(x)} + \dfrac{\partial}{\partial x_i} \dfrac{\partial \mathscr{H}}{\partial \left(\dfrac{\partial \varphi_\sigma(x)}{\partial x_i} \right)}
\end{cases} \tag{2.3.56}$$

这正是上节导出的结果.

2.4 泊松括号

为了将物理系统正则变数满足的运动方程,即正则方程

$$\begin{cases}\dfrac{\mathrm{d}\varphi_\sigma^{(r)}(t)}{\mathrm{d}t}=\dfrac{\partial H}{\partial \pi_\sigma^{(r)}(t)}\\[2ex]\dfrac{\mathrm{d}\pi_\sigma^{(r)}(t)}{\mathrm{d}t}=-\dfrac{\partial H}{\partial \varphi_\sigma^{(r)}(t)}\end{cases}\tag{2.4.1}$$

写成**完全对称**的形式,我们引进泊松括号的概念,它是经典力学中的一个极为重要的概念.

根据第 2.3 节的讨论,物理系统的任何一个力学量 F 都是时间 t、广义坐标 $\varphi_\sigma^{(r)}(t)$、广义动量 $\pi_\sigma^{(r)}(t)$ 的函数,即

$$F=F\left(t,\varphi_\sigma^{(r)}(t),\pi_\sigma^{(r)}(t)\right)\tag{2.4.2}$$

求它对时间 t 的全微商得

$$\frac{\mathrm{d}F}{\mathrm{d}t}=\frac{\mathrm{D}F}{\mathrm{D}t}+\frac{\partial F}{\partial \varphi_\sigma^{(r)}(t)}\frac{\mathrm{d}\varphi_\sigma^{(r)}(t)}{\mathrm{d}t}+\frac{\partial F}{\partial \pi_\sigma^{(r)}(t)}\frac{\mathrm{d}\pi_\sigma^{(x)}(t)}{\mathrm{d}t}$$

这里用了爱因斯坦重复指标求和约定,下面不特别说明时都遵循此约定. 将正则运动方程 (2.4.1)代入得

$$\begin{aligned}\frac{\mathrm{d}F}{\mathrm{d}t}&=\frac{\mathrm{D}F}{\mathrm{D}t}+\frac{\partial F}{\partial \varphi_\sigma^{(r)}(t)}\frac{\partial H}{\partial \pi_\sigma^{(r)}(t)}-\frac{\partial F}{\partial \pi_\sigma^{(r)}(t)}\frac{\partial H}{\partial \varphi_\sigma^{(r)}(t)}\\&=\frac{\mathrm{D}F}{\mathrm{D}t}+(F,H)\end{aligned}\tag{2.4.3}$$

其中我们采用了符号

$$(F,H)=\frac{\partial F}{\partial \varphi_\sigma^{(r)}(t)}\frac{\partial H}{\partial \pi_\sigma^{(r)}(t)}-\frac{\partial F}{\partial \pi_\sigma^{(r)}(t)}\frac{\partial H}{\partial \varphi_\sigma^{(r)}(t)}\tag{2.4.4}$$

它称为力学量 F 和 H 的泊松括号. 与式 (2.4.4)类似,我们对任何两个时间 t、广义坐标 $\varphi_\sigma^{(r)}(t)$ 及广义动量 $\pi_\sigma^{(r)}(t)$ 的函数 F 和 G,定义泊松括号

$$(F,G)=\frac{\partial F}{\partial \varphi_\sigma^{(r)}(t)}\frac{\partial G}{\partial \pi_\sigma^{(r)}(t)}-\frac{\partial F}{\partial \pi_\sigma^{(r)}(t)}\frac{\partial G}{\partial \varphi_\sigma^{(r)}(t)}\tag{2.4.5}$$

利用这个定义,我们可以将正则运动方程写成完全对称的形式. 广义坐标 $\varphi_\sigma^{(r)}(t)$ 与哈密顿量 H 的泊松括号为

$$\begin{aligned}\left(\varphi_\sigma^{(r)}(t), H\right) &= \frac{\partial \varphi_\sigma^{(r)}(t)}{\partial \varphi_\rho^{(s)}(t)} \frac{\partial H}{\partial \pi_\rho^{(s)}(t)} - \frac{\partial \varphi_\sigma^{(r)}(t)}{\partial \pi_\rho^{(s)}(t)} \frac{\partial H}{\partial \varphi_\rho^{(s)}(t)} = \delta_{r,s}\delta_{\sigma,\rho} \frac{\partial H}{\partial \pi_\rho^{(s)}(t)} \\ &= \frac{\partial H}{\partial \pi_\sigma^{(r)}(t)}\end{aligned}$$

或者

$$\left(\varphi_\sigma^{(r)}(t), H\right) = \frac{\partial H}{\partial \pi_\sigma^{(r)}(t)} \tag{2.4.6}$$

另一方面,广义动量 $\pi_\sigma^{(r)}(t)$ 与哈密顿量 H 的泊松括号为

$$\begin{aligned}\left(\pi_\sigma^{(r)}(t), H\right) &= \frac{\partial \pi_\sigma^{(r)}(t)}{\partial \varphi_\rho^{(s)}(t)} \frac{\partial H}{\partial \pi_\rho^{(s)}(t)} - \frac{\partial \pi_\sigma^{(r)}(t)}{\partial \pi_\rho^{(s)}(t)} \frac{\partial H}{\partial \varphi_\rho^{(s)}(t)} = \delta_{r,s}\delta_{\sigma,\rho} \frac{\partial H}{\partial \varphi_\rho^{(s)}(t)} \\ &= \frac{\partial H}{\partial \varphi_\sigma^{(r)}(t)}\end{aligned}$$

也就是

$$\left(\pi_\sigma^{(r)}(t), H\right) = \frac{\partial H}{\partial \varphi_\sigma^{(r)}(t)} \tag{2.4.7}$$

所以,利用式 (2.4.6)与式 (2.4.7),系统的正则运动方程 (2.4.1)可以写为如下形式:

$$\begin{cases}\dfrac{\mathrm{d}\varphi_\sigma^{(r)}(t)}{\mathrm{d}t} = \left(\varphi_\sigma^{(r)}(t), H\right) \\ \dfrac{\mathrm{d}\pi_\sigma^{(r)}(t)}{\mathrm{d}t} = \left(\pi_\sigma^{(r)}(t), H\right)\end{cases} \tag{2.4.8}$$

在这种形式中,广义坐标和广义动量处于完全对称的地位.

极易证明,泊松括号具有如下的主要性质:

(1) 反对称性

$$(F, G) = -(G, F) \tag{2.4.9}$$

证明

$$\begin{aligned}(F, G) &= \frac{\partial F}{\partial \varphi_\sigma^{(r)}(t)} \frac{\partial G}{\partial \pi_\sigma^{(r)}(t)} - \frac{\partial F}{\partial \pi_\sigma^{(r)}(t)} \frac{\partial G}{\partial \varphi_\sigma^{(r)}(t)} \\ &= -\left(\frac{\partial G}{\partial \varphi_\sigma^{(r)}(t)} \frac{\partial F}{\partial \pi_\sigma^{(r)}(t)} - \frac{\partial G}{\partial \pi_\sigma^{(r)}(t)} \frac{\partial F}{\partial \varphi_\sigma^{(r)}(t)}\right) \\ &= -(G, F)\end{aligned}$$

证毕!

(2) 线性

$$(C_1F_1 + C_2F_2, G) = C_1(F_1, G) + C_2(F_2, G) \tag{2.4.10}$$

证明

$$
\begin{aligned}
(C_1F_1+C_2F_2,G) &= \frac{\partial(C_1F_1+C_2F_2)}{\partial\varphi_\sigma^{(r)}(t)}\frac{\partial G}{\partial\pi_\sigma^{(r)}(t)}-\frac{\partial(C_1F_1+C_2F_2)}{\partial\pi_\sigma^{(r)}(t)}\frac{\partial G}{\partial\varphi_\sigma^{(r)}(t)} \\
&= \left(C_1\frac{\partial F_1}{\partial\varphi_\sigma^{(r)}(t)}+C_2\frac{\partial F_2}{\partial\varphi_\sigma^{(r)}(t)}\right)\frac{\partial G}{\partial\pi_\sigma^{(r)}(t)} \\
&\quad -\left(C_1\frac{\partial F_1}{\partial\pi_\sigma^{(r)}(t)}+C_2\frac{\partial F_2}{\partial\pi_\sigma^{(r)}(t)}\right)\frac{\partial G}{\partial\varphi_\sigma^{(r)}(t)} \\
&= C_1\left(\frac{\partial F_1}{\partial\varphi_\sigma^{(r)}(t)}\frac{\partial G}{\partial\pi_\sigma^{(r)}(t)}-\frac{\partial F_1}{\partial\pi_\sigma^{(r)}(t)}\frac{\partial G}{\partial\varphi_\sigma^{(r)}(t)}\right) \\
&\quad +C_2\left(\frac{\partial F_2}{\partial\varphi_\sigma^{(r)}(t)}\frac{\partial G}{\partial\pi_\sigma^{(r)}(t)}-\frac{\partial F_2}{\partial\pi_\sigma^{(r)}(t)}\frac{\partial G}{\partial\varphi_\sigma^{(r)}(t)}\right) \\
&= C_1(F_1,G)+C_2(F_2,G)
\end{aligned}
$$

证毕!

(3) 乘积微分性

$$
(F_1F_2,G)=F_1(F_2,G)+(F_1,G)F_2 \tag{2.4.11}
$$

证明

$$
\begin{aligned}
(F_1F_2,G) &= \frac{\partial(F_1F_2)}{\partial\varphi_\sigma^{(r)}(t)}\frac{\partial G}{\partial\pi_\sigma^{(r)}(t)}-\frac{\partial(F_1F_2)}{\partial\pi_\sigma^{(r)}(t)}\frac{\partial G}{\partial\varphi_\sigma^{(r)}(t)} \\
&= \left(F_1\frac{\partial F_2}{\partial\varphi_\sigma^{(r)}(t)}+\frac{\partial F_1}{\partial\varphi_\sigma^{(r)}(t)}F_2\right)\frac{\partial G}{\partial\pi_\sigma^{(r)}(t)} \\
&\quad -\left(F_1\frac{\partial F_2}{\partial\pi_\sigma^{(r)}(t)}+\frac{\partial F_1}{\partial\pi_\sigma^{(r)}(t)}F_2\right)\frac{\partial G}{\partial\varphi_\sigma^{(r)}(t)} \\
&= F_1\left(\frac{\partial F_2}{\partial\varphi_\sigma^{(r)}(t)}\frac{\partial G}{\partial\pi_\sigma^{(r)}(t)}-\frac{\partial F_2}{\partial\pi_\sigma^{(r)}(t)}\frac{\partial G}{\partial\varphi_\sigma^{(r)}(t)}\right) \\
&\quad +\left(\frac{\partial F_1}{\partial\varphi_\sigma^{(r)}(t)}\frac{\partial G}{\partial\pi_\sigma^{(r)}(t)}-\frac{\partial F_1}{\partial\pi_\sigma^{(r)}(t)}\frac{\partial G}{\partial\varphi_\sigma^{(r)}(t)}\right)F_2 \\
&= F_1(F_2,G)+(F_1,G)F_2
\end{aligned}
$$

证毕!

(4) 雅可比恒等式

$$
(F_1,(F_2,F_3))+(F_2,(F_3,F_1))+(F_3,(F_1,F_2))=0 \tag{2.4.12}
$$

证明

由于

$$
(F_1,(F_2,F_3))
$$

$$
\begin{aligned}
&= \frac{\partial F_1}{\partial \varphi_\sigma^{(r)}} \frac{\partial (F_2, F_3)}{\partial \pi_\sigma^{(r)}} - \frac{\partial F_1}{\partial \pi_\sigma^{(r)}} \frac{\partial (F_2, F_3)}{\partial \varphi_\sigma^{(r)}} \\
&= \frac{\partial F_1}{\partial \varphi_\sigma^{(r)}} \frac{\partial}{\partial \pi_\sigma^{(r)}} \left(\frac{\partial F_2}{\partial \varphi_\rho^{(s)}} \frac{\partial F_3}{\partial \pi_\rho^{(s)}} - \frac{\partial F_2}{\partial \pi_\rho^{(s)}} \frac{\partial F_3}{\partial \varphi_\rho^{(s)}} \right) \\
&\quad - \frac{\partial F_1}{\partial \pi_\sigma^{(r)}} \frac{\partial}{\partial \varphi_\sigma^{(r)}} \left(\frac{\partial F_2}{\partial \varphi_\rho^{(s)}} \frac{\partial F_3}{\partial \pi_\rho^{(s)}} - \frac{\partial F_2}{\partial \pi_\rho^{(s)}} \frac{\partial F_3}{\partial \varphi_\rho^{(s)}} \right) \\
&= \frac{\partial F_1}{\partial \varphi_\sigma^{(r)}} \frac{\partial F_2}{\partial \varphi_\rho^{(s)}} \frac{\partial F_3}{\partial \pi_\sigma^{(r)}} \pi_\rho^{(s)} + \frac{\partial F_1}{\partial \pi_\sigma^{(r)}} \frac{\partial F_2}{\partial \pi_\rho^{(s)}} \frac{\partial F_3}{\partial \varphi_\sigma^{(r)}} \varphi_\rho^{(s)} \\
&\quad - \left(\frac{\partial F_1}{\partial \varphi_\sigma^{(r)}} \frac{\partial F_2}{\partial \pi_\rho^{(s)}} + \frac{\partial F_1}{\partial \pi_\rho^{(s)}} \frac{\partial F_2}{\partial \varphi_\sigma^{(r)}} \right) \frac{\partial^2 F_3}{\partial \pi_\sigma^{(r)} \partial \varphi_\rho^{(s)}} \\
&\quad - \frac{\partial F_1}{\partial \varphi_\sigma^{(r)}} \frac{\partial F_3}{\partial \varphi_\rho^{(s)}} \frac{\partial^2 F_2}{\partial \pi_\sigma^{(r)} \partial \pi_\rho^{(s)}} - \frac{\partial F_1}{\partial \pi_\sigma^{(r)}} \frac{\partial F_3}{\partial \pi_\rho^{(s)}} \frac{\partial^2 F_2}{\partial \varphi_\sigma^{(r)} \partial \varphi_\rho^{(s)}} \\
&\quad + \left(\frac{\partial F_1}{\partial \varphi_\sigma^{(r)}} \frac{\partial F_3}{\partial \pi_\rho^{(s)}} + \frac{\partial F_1}{\partial \pi_\rho^{(s)}} \frac{\partial F_3}{\partial \varphi_\sigma^{(r)}} \right) \frac{\partial^2 F_2}{\partial \pi_\sigma^{(r)} \partial \varphi_\rho^{(s)}}
\end{aligned}
$$

所以

$$
\begin{aligned}
&(F_1, (F_2, F_3)) + (F_2, (F_3, F_1)) + (F_3, (F_1, F_2)) \\
&= \frac{\partial F_1}{\partial \varphi_\sigma^{(r)}} \frac{\partial F_2}{\partial \varphi_\rho^{(s)}} \frac{\partial F_3}{\partial \pi_\sigma^{(r)}} \pi_\rho^{(s)} + \frac{\partial F_1}{\partial \pi_\sigma^{(r)}} \frac{\partial F_2}{\partial \pi_\rho^{(s)}} \frac{\partial F_3}{\partial \varphi_\sigma^{(r)}} \varphi_\rho^{(s)} \\
&\quad - \left(\frac{\partial F_1}{\partial \varphi_\sigma^{(r)}} \frac{\partial F_2}{\partial \pi_\rho^{(s)}} + \frac{\partial F_1}{\partial \pi_\rho^{(s)}} \frac{\partial F_2}{\partial \varphi_\sigma^{(r)}} \right) \frac{\partial^2 F_3}{\partial \pi_\sigma^{(r)} \partial \varphi_\rho^{(s)}} \\
&\quad - \frac{\partial F_1}{\partial \varphi_\sigma^{(r)}} \frac{\partial F_3}{\partial \varphi_\rho^{(s)}} \frac{\partial^2 F_2}{\partial \pi_\sigma^{(r)} \partial \pi_\rho^{(s)}} - \frac{\partial F_1}{\partial \pi_\sigma^{(r)}} \frac{\partial F_3}{\partial \pi_\rho^{(s)}} \frac{\partial^2 F_2}{\partial \varphi_\sigma^{(r)} \partial \varphi_\rho^{(s)}} \\
&\quad + \left(\frac{\partial F_1}{\partial \varphi_\sigma^{(r)}} \frac{\partial F_3}{\partial \pi_\rho^{(s)}} + \frac{\partial F_1}{\partial \pi_\rho^{(s)}} \frac{\partial F_3}{\partial \varphi_\sigma^{(r)}} \right) \frac{\partial^2 F_2}{\partial \pi_\sigma^{(r)} \partial \varphi_\rho^{(s)}} \\
&\quad + \frac{\partial F_2}{\partial \varphi_\sigma^{(r)}} \frac{\partial F_3}{\partial \varphi_\rho^{(s)}} \frac{\partial F_1}{\partial \pi_\sigma^{(r)}} \pi_\rho^{(s)} + \frac{\partial F_2}{\partial \pi_\sigma^{(r)}} \frac{\partial F_3}{\partial \pi_\rho^{(s)}} \frac{\partial F_1}{\partial \varphi_\sigma^{(r)}} \varphi_\rho^{(s)} \\
&\quad - \left(\frac{\partial F_2}{\partial \varphi_\sigma^{(r)}} \frac{\partial F_3}{\partial \pi_\rho^{(s)}} + \frac{\partial F_1}{\partial \pi_\rho^{(s)}} \frac{\partial F_2}{\partial \varphi_\sigma^{(r)}} \right) \frac{\partial^2 F_1}{\partial \pi_\sigma^{(r)} \partial \varphi_\rho^{(s)}} \\
&\quad - \frac{\partial F_2}{\partial \varphi_\sigma^{(r)}} \frac{\partial F_1}{\partial \varphi_\rho^{(s)}} \frac{\partial^2 F_3}{\partial \pi_\sigma^{(r)} \partial \pi_\rho^{(s)}} - \frac{\partial F_2}{\partial \pi_\sigma^{(r)}} \frac{\partial F_1}{\partial \pi_\rho^{(s)}} \frac{\partial^2 F_3}{\partial \varphi_\sigma^{(r)} \partial \varphi_\rho^{(s)}} \\
&\quad + \left(\frac{\partial F_2}{\partial \varphi_\sigma^{(r)}} \frac{\partial F_1}{\partial \pi_\rho^{(s)}} + \frac{\partial F_2}{\partial \pi_\rho^{(s)}} \frac{\partial F_1}{\partial \varphi_\sigma^{(r)}} \right) \frac{\partial^2 F_3}{\partial \pi_\sigma^{(r)} \partial \varphi_\rho^{(s)}} \\
&\quad + \frac{\partial F_3}{\partial \varphi_\sigma^{(r)}} \frac{\partial F_1}{\partial \varphi_\rho^{(s)}} \frac{\partial F_2}{\partial \pi_\sigma^{(r)}} \pi_\rho^{(s)} + \frac{\partial F_3}{\partial \pi_\sigma^{(r)}} \frac{\partial F_1}{\partial \pi_\rho^{(s)}} \frac{\partial F_2}{\partial \varphi_\sigma^{(r)}} \varphi_\rho^{(s)}
\end{aligned}
$$

$$
-\left(\frac{\partial F_3}{\partial\varphi_\sigma^{(r)}}\frac{\partial F_1}{\partial\pi_\rho^{(s)}}+\frac{\partial F_3}{\partial\pi_\rho^{(s)}}\frac{\partial F_1}{\partial\varphi_\sigma^{(r)}}\right)\frac{\partial^2 F_2}{\partial\pi_\sigma^{(r)}\partial\varphi_\rho^{(s)}}
$$
$$
-\frac{\partial F_3}{\partial\varphi_\sigma^{(r)}}\frac{\partial F_2}{\partial\varphi_\rho^{(s)}}\frac{\partial^2 F_1}{\partial\pi_\sigma^{(r)}\partial\pi_\rho^{(s)}}-\frac{\partial F_3}{\partial\pi_\sigma^{(r)}}\frac{\partial F_2}{\partial\pi_\rho^{(s)}}\frac{\partial^2 F_1}{\partial\varphi_\sigma^{(r)}\partial\varphi_\rho^{(s)}}
$$
$$
+\left(\frac{\partial F_3}{\partial\varphi_\sigma^{(r)}}\frac{\partial F_2}{\partial\pi_\rho^{(s)}}+\frac{\partial F_3}{\partial\pi_\rho^{(s)}}\frac{\partial F_2}{\partial\varphi_\sigma^{(r)}}\right)\frac{\partial^2 F_1}{\partial\pi_\sigma^{(r)}\partial\varphi_\rho^{(s)}}
$$

上面等号后面 6 行式子,每一行都是 3 个乘积项,共有 18 个乘积项,竖着看分为 3 列.观察可知,3 列中每一列中的 6 个乘积项均可以抵消. 每一列乘积项都是第 1 行与第 4 行、第 2 行与第 5 行、第 3 行与第 6 行分别抵消 (注意重复指标表示求和). 这样

$$
(F_1,(F_2,F_3))+(F_2,(F_3,F_1))+(F_3,(F_1,F_2))=0
$$

证毕!

我们知道,在物理系统的整个运动过程中保持不变的力学量称为守恒量. 根据这个定义,物理系统的力学量 F 为守恒量的定义是

$$
F=\text{常数},\quad \text{或}\frac{\mathrm{d}F}{\mathrm{d}t}=0 \tag{2.4.13}
$$

将这个定义代入 F 的运动方程

$$
\frac{\mathrm{d}F}{\mathrm{d}t}=\frac{\mathrm{D}F}{\mathrm{D}t}+(F,H) \tag{2.4.14}
$$

即得

$$
\frac{\mathrm{D}F}{\mathrm{D}t}+(F,H)=0 \tag{2.4.15}
$$

即如果力学量 F 是守恒量,那么力学量 F 必须满足条件式 (2.4.15). 反之,如果力学量 F 满足条件式 (2.4.15),那么通过方程式 (2.4.14)立得式 (2.4.13),即 F 是守恒量. 因此,条件式 (2.4.15)是力学量 F 的守恒量的充分必要条件.

特别地,如果力学量 F 不包含时间 t,那么条件式 (2.4.15)变成

$$
(F,H)=0 \tag{2.4.16}
$$

亦即,如果力学量 F 不包含时间 t,那么力学量 F 为守恒量的充分必要条件是:力学量 F 与哈密顿量 H 的泊松括号等于零.

显然,对于系统的哈密顿量 H,条件式 (2.4.15)变成

$$
\frac{\mathrm{D}H}{\mathrm{D}t}+(H,H)=0 \tag{2.4.17}
$$

由于泊松括号的反对称性,所以 $(H,H)=0$,因此上述条件变成

$$\frac{\mathrm{D}H}{\mathrm{D}t}=0 \tag{2.4.18}$$

换言之,物理系统能量守恒的充分必要条件是:系统的哈密顿量不包含 t,而只能是广义坐标和广义动量的函数,即

$$H=H\left(\varphi_{\sigma}^{(r)}(t),\pi_{\sigma}^{(r)}(t)\right) \tag{2.4.19}$$

泊松定理:如果 F 和 G 是两个守恒量,那么由它们组成的泊松括号也是守恒量.

证明 由 (F,G) 的运动方程

$$\frac{\mathrm{d}(F,G)}{\mathrm{d}t}=\frac{\mathrm{D}(F,G)}{\mathrm{D}t}+((F,G),H)$$

出发,显然,由于

$$\frac{\mathrm{D}(F,G)}{\mathrm{D}t}=\left(\frac{\mathrm{D}F}{\mathrm{D}t},G\right)+\left(F,\frac{\mathrm{D}G}{\mathrm{D}t}\right) \tag{2.4.20}$$

所以得

$$\frac{\mathrm{d}(F,G)}{\mathrm{d}t}=\left(\frac{\mathrm{D}F}{\mathrm{D}t},G\right)+\left(F,\frac{\mathrm{D}G}{\mathrm{D}t}\right)+((F,G),H)$$

由于

$$\begin{aligned}\frac{\mathrm{d}F}{\mathrm{d}t}&=\frac{\mathrm{D}F}{\mathrm{D}t}+(F,H)\\ \frac{\mathrm{d}G}{\mathrm{d}t}&=\frac{\mathrm{D}G}{\mathrm{D}t}+(G,H)\end{aligned}$$

所以

$$\begin{aligned}\frac{\mathrm{d}(F,G)}{\mathrm{d}t}&=\left(\frac{\mathrm{d}F}{\mathrm{d}t}-(F,H),G\right)+\left(F,\frac{\mathrm{d}G}{\mathrm{d}t}-(G,H)\right)+((F,G),H)\\ &=\left(\frac{\mathrm{d}F}{\mathrm{d}t},G\right)+\left(F,\frac{\mathrm{d}G}{\mathrm{d}t}\right)+((H,F),G)+((G,H),F)+((F,G),H)\\ &=\left(\frac{\mathrm{d}F}{\mathrm{d}t},G\right)+\left(F,\frac{\mathrm{d}G}{\mathrm{d}t}\right)\end{aligned}$$

或者

$$\frac{\mathrm{d}(F,G)}{\mathrm{d}t}=\left(\frac{\mathrm{d}F}{\mathrm{d}t},G\right)+\left(F,\frac{\mathrm{d}G}{\mathrm{d}t}\right) \tag{2.4.21}$$

因此,如果 F,G 是守恒量,即 $\frac{\mathrm{d}F}{\mathrm{d}t}=\frac{\mathrm{d}G}{\mathrm{d}t}=0$,那么由式 (2.4.21)立即导出

$$\frac{\mathrm{d}(F,G)}{\mathrm{d}t}=0,\quad \text{或}\,(F,G)=\text{常数}$$

亦即 (F,G) 是守恒量.

自然，应用泊松定理，我们并不一定得到新的守恒量，因为守恒量的个数总是有限的 (最多是 $2S$ 个，其中 S 是自由度数). 在某些情况下，我们可能得到毫无意义的结果——泊松括号化为常数，而在另外一些情况下，新的守恒量可能只是原来守恒量 F, G 的函数. 如果既不发生前一种情况，又不发生后一种情况，那么泊松括号给出新的守恒量.

2.5 泛函微商法

以上我们从连续形式的无限个自由度过渡到可数形式的无限个自由度. 为了从可数形式的无限个自由度返回到连续形式的无限个自由度，我们引进泛函微商的概念. 为了刻画这个方法，我们在以下的例子中逐步阐明.

(1) 经典场论的拉格朗日形式 (物理系统的独立变数取场量 $\varphi_\sigma(x)$)

系统的作用量是

$$S(\varphi)=\int_\Omega \mathrm{d}^4x'\mathscr{L}\left(x',\varphi_\sigma\left(x'\right),\frac{\partial\varphi_\sigma\left(x'\right)}{\partial x'_\mu}\right)\tag{2.5.1}$$

如果场量 $\varphi_\sigma(x)$ 有一个变动

$$\varphi_\sigma\left(x'\right)\to\varphi_\sigma\left(x'\right)+\delta\varphi_\sigma\left(x',x\right)\tag{2.5.2}$$

其中，场量的变分函数 $\delta\varphi_\sigma\left(x',x\right)$ 是四维时空中 δ-函数型的函数，如图 2.3 是一维 δ-函数的示意图. 亦即，变分函数 $\delta\varphi_\sigma\left(x',x\right)$ 在 $x'=x$ 处有一个尖峰，而在 $x'\neq x$ 处为零. 这时，作用量的变分为

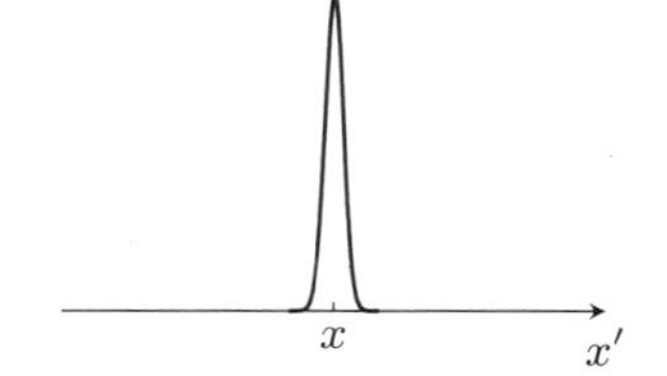

图 2.3 δ-函数型变分

$$\begin{aligned}S(\varphi+\delta\varphi)-S(\varphi)=&\int_\Omega \mathrm{d}^4x'\mathscr{L}\left(x',\varphi_\sigma\left(x'\right)+\delta\varphi_\sigma\left(x',x,\right),\frac{\partial\varphi_\sigma\left(x'\right)+\delta\varphi_\sigma\left(x',x\right)}{\partial x'_\mu}\right)\\&-\int_\Omega \mathrm{d}^4x'\mathscr{L}\left(x',\varphi_\sigma\left(x'\right),\frac{\partial\varphi_\sigma\left(x'\right)}{\partial x'_\mu}\right)\end{aligned}$$

$$= \int_\Omega \mathrm{d}^4x' \left(\frac{\partial \mathscr{L}(x')}{\partial \varphi_\sigma(x')} \delta\varphi_\sigma(x',x) + \frac{\partial \mathscr{L}(x')}{\partial \left(\frac{\partial \varphi_\sigma(x')}{\partial x'_\mu} \right)} \frac{\partial \delta\varphi_\sigma(x',x)}{\partial x'_\mu} \right)$$

利用变分函数 $\delta\varphi_\sigma(x',x)$ 在边界上为零的性质进行分部积分得

$$S(\varphi+\delta\varphi) - S(\varphi) = \int_\Omega \mathrm{d}^4x' \left(\frac{\partial \mathscr{L}(x')}{\partial \varphi_\sigma(x')} - \frac{\partial \mathscr{L}(x')}{\partial \left(\frac{\partial \varphi_\sigma(x')}{\partial x'_\mu} \right)} \right) \delta\varphi_\sigma(x',x)$$

利用变分函数 $\delta\varphi_\sigma(x',x)$ 在 $x'=x$ 的 δ-函数性质得

$$S(\varphi+\delta\varphi) - S(\varphi) = \left(\frac{\partial \mathscr{L}}{\partial \varphi_\sigma(x)} - \frac{\partial}{\partial x_\mu} \frac{\partial \mathscr{L}}{\partial \left(\frac{\partial \varphi_\sigma(x)}{\partial x_\mu} \right)} \right) \int_\Omega \mathrm{d}^4x' \delta\varphi_\sigma(x',x)$$

或者

$$\frac{S(\varphi+\delta\varphi) - S(\varphi)}{\int_\Omega \mathrm{d}^4x' \delta\varphi_\sigma(x',x)} = \frac{\partial \mathscr{L}}{\partial \varphi_\sigma(x)} - \frac{\partial}{\partial x_\mu} \frac{\partial \mathscr{L}}{\partial \left(\frac{\partial \varphi_\sigma(x)}{\partial x_\mu} \right)} \tag{2.5.3}$$

引进泛函微商的定义

$$\frac{\delta S}{\delta \varphi_\sigma(x)} = \frac{S(\varphi+\delta\varphi) - S(\varphi)}{\int_\Omega \mathrm{d}^4x' \delta\varphi_\sigma(x',x)} \tag{2.5.4}$$

则式 (2.5.3)可以写成

$$\frac{\delta S}{\delta \varphi_\sigma(x)} = \frac{\partial \mathscr{L}}{\partial \varphi_\sigma(x)} - \frac{\partial}{\partial x_\mu} \frac{\partial \mathscr{L}}{\partial \left(\frac{\partial \varphi_\sigma(x)}{\partial x_\mu} \right)} \tag{2.5.5}$$

根据运动的作用量原理,导出物理系统的独立变数“场量”满足的运动方程

$$\frac{\delta S}{\delta \varphi_\sigma(x)} = 0 \tag{2.5.6}$$

这就是拉格朗日方程

$$\frac{\partial \mathscr{L}}{\partial \varphi_\sigma(x)} - \frac{\partial}{\partial x_\mu} \frac{\partial \mathscr{L}}{\partial \left(\frac{\partial \varphi_\sigma(x)}{\partial x_\mu} \right)} = 0 \tag{2.5.7}$$

(2) 拉格朗日形式 (物理系统的独立变数取广义坐标 $\varphi_\sigma(x)$ 和广义速度 $\dot{\varphi}_\sigma(x)$)

物理系统的拉格朗日函数为

$$L(t,\varphi,\dot{\varphi})=\int_V \mathrm{d}^3x'\mathscr{L}\left(t,\boldsymbol{x}',\varphi_\sigma(t,\boldsymbol{x}'),\frac{\partial\varphi_\sigma(t,\boldsymbol{x}')}{\partial x'_i},\dot{\varphi}_\sigma(t,\boldsymbol{x}')\right) \tag{2.5.8}$$

如果广义坐标 $\varphi_\sigma(t,\boldsymbol{x}')$ 有一个变动

$$\varphi_\sigma(t,\boldsymbol{x}')\to\varphi_\sigma(t,\boldsymbol{x}')+\delta\varphi_\sigma(t,\boldsymbol{x}',\boldsymbol{x}) \tag{2.5.9}$$

其中,变分函数 $\delta\varphi_\sigma(t,\boldsymbol{x}',\boldsymbol{x})$ 是三维空间中 δ-函数型的函数,亦即变分函数 $\delta\varphi_\sigma(t,\boldsymbol{x}',\boldsymbol{x})$ 在 $\boldsymbol{x}'=\boldsymbol{x}$ 时有一个尖峰,在 $\boldsymbol{x}'\neq\boldsymbol{x}$ 时为零. 这时,拉格朗日函数的变分为

$$\begin{aligned}
&L(t,\varphi+\delta\varphi,\dot{\varphi})-L(t,\varphi,\dot{\varphi})\\
&=\int_V \mathrm{d}^3x'\mathscr{L}\left(t,\boldsymbol{x}',\varphi_\sigma(t,\boldsymbol{x}')+\delta\varphi_\sigma(t,\boldsymbol{x}',\boldsymbol{x}),\frac{\partial(\varphi_\sigma(t,\boldsymbol{x}')+\delta\varphi_\sigma(t,\boldsymbol{x}',\boldsymbol{x}))}{\partial x'_i},\dot{\varphi}_\sigma(t,\boldsymbol{x}')\right)\\
&\quad-\int_V \mathrm{d}^3x'\mathscr{L}\left(t,\boldsymbol{x}',\varphi_\sigma(t,\boldsymbol{x}'),\frac{\partial\varphi_\sigma(t,\boldsymbol{x}')}{\partial x'_i},\dot{\varphi}_\sigma(t,\boldsymbol{x}')\right)\\
&=\int_V \mathrm{d}^3x'\left(\frac{\partial\mathscr{L}(x')}{\partial\varphi_\sigma(x')}\delta\varphi_\sigma(t,\boldsymbol{x}',\boldsymbol{x})+\frac{\partial\mathscr{L}(x')}{\partial\left(\dfrac{\partial\varphi_\sigma(x')}{\partial x'_i}\right)}\frac{\partial\delta\varphi_\sigma(t,\boldsymbol{x}',\boldsymbol{x})}{\partial x'_i}\right)
\end{aligned}$$

由于 $\delta\varphi_\sigma(t,\boldsymbol{x}',\boldsymbol{x})$ 在 V 的边界上等于零,所以进行分部积分得

$$L(t,\varphi+\delta\varphi,\dot{\varphi})-L(t,\varphi,\dot{\varphi})=\int_V \mathrm{d}^3x'\mathscr{L}\left(\frac{\partial L(x')}{\partial\varphi_\sigma(x')}-\frac{\partial}{\partial x'_i}\frac{\partial\mathscr{L}(x')}{\partial\left(\dfrac{\partial\varphi_\sigma(x')}{\partial x'_i}\right)}\right)\delta\varphi_\sigma(t,\boldsymbol{x}',\boldsymbol{x})$$

由于 $\delta\varphi_\sigma(t,\boldsymbol{x}',\boldsymbol{x})$ 在 $x'=x$ 的 δ-函数性质,所以得

$$L(t,\varphi+\delta\varphi,\dot{\varphi})-L(t,\varphi,\dot{\varphi})=\left(\frac{\partial\mathscr{L}}{\partial\varphi_\sigma(x)}-\frac{\partial}{\partial x_i}\frac{\partial\mathscr{L}}{\partial\left(\dfrac{\partial\varphi_\sigma(x)}{\partial x_i}\right)}\right)\int_V \mathrm{d}^3x'\delta\varphi_\sigma(t,\boldsymbol{x}',\boldsymbol{x})$$

或者

$$\frac{L(t,\varphi+\delta\varphi,\dot{\varphi})-L(t,\varphi,\dot{\varphi})}{\displaystyle\int_V \mathrm{d}^3x'\delta\varphi_\sigma(t,\boldsymbol{x}',\boldsymbol{x})}=\frac{\partial\mathscr{L}}{\partial\varphi_\sigma(x)}-\frac{\partial}{\partial x_i}\frac{\partial\mathscr{L}}{\partial\left(\dfrac{\partial\varphi_\sigma(x)}{\partial x_i}\right)} \tag{2.5.10}$$

引进泛函微商的定义

$$\frac{\delta L}{\delta\varphi_\sigma(x)}=\frac{L(t,\varphi+\delta\varphi,\dot{\varphi})-L(t,\varphi,\dot{\varphi})}{\displaystyle\int_V \mathrm{d}^3x'\delta\varphi_\sigma(t,\boldsymbol{x}',\boldsymbol{x})} \tag{2.5.11}$$

则有

$$\frac{\delta L}{\delta\varphi_\sigma(x)}=\frac{\partial\mathscr{L}}{\partial\varphi_\sigma(x)}-\frac{\partial}{\partial x_i}\frac{\partial\mathscr{L}}{\partial\left(\dfrac{\partial\varphi_\sigma(x)}{\partial x_i}\right)}\tag{2.5.12}$$

类似地,如果广义速度 $\dot{\varphi}_\sigma(t,\boldsymbol{x}')$ 有一个变动

$$\dot{\varphi}_\sigma(t,\boldsymbol{x}')\rightarrow\dot{\varphi}_\sigma(t,\boldsymbol{x}')+\delta\dot{\varphi}_\sigma(t,\boldsymbol{x}',\boldsymbol{x})\tag{2.5.13}$$

其中,变分函数是 δ-型的,如图 4.1是一维 δ-函数的示意图. 变分函数 $\delta\dot{\varphi}_\sigma(t,\boldsymbol{x}',\boldsymbol{x})$ 是 δ-型的,亦即它在 $\boldsymbol{x}'=\boldsymbol{x}$ 时有一个尖峰,在 $\boldsymbol{x}'\neq\boldsymbol{x}$ 时为零. 这时,拉格朗日函数的变分为

$$\begin{aligned}&L(t,\varphi,\dot{\varphi}+\delta\dot{\varphi})-L(t,\varphi,\dot{\varphi})\\&=\int_V \mathrm{d}^3x'\mathscr{L}\left(t,\boldsymbol{x}',\varphi_\sigma(t,\boldsymbol{x}'),\frac{\partial\varphi_\sigma(t,\boldsymbol{x}')}{\partial x_i'},\dot{\varphi}_\sigma(t,\boldsymbol{x}')+\delta\dot{\varphi}_\sigma(t,\boldsymbol{x}',\boldsymbol{x})\right)\\&\quad-\int_V \mathrm{d}^3x'\mathscr{L}\left(t,\boldsymbol{x}',\varphi_\sigma(t,\boldsymbol{x}'),\frac{\partial\varphi_\sigma(t,\boldsymbol{x}')}{\partial x_i'},\dot{\varphi}_\sigma(t,\boldsymbol{x}')\right)\\&=\int_V \mathrm{d}^3x'\frac{\partial\mathscr{L}(x')}{\partial\dot{\varphi}_\sigma(x')}\delta\dot{\varphi}_\sigma(t,\boldsymbol{x}',\boldsymbol{x})\end{aligned}$$

利用变分函数 $\delta\dot{\varphi}_\sigma(t,\boldsymbol{x}',\boldsymbol{x})$ 的 δ-函数性质,得

$$L(t,\varphi,\dot{\varphi}+\delta\dot{\varphi})-L(t,\varphi,\dot{\varphi})=\frac{\partial\mathscr{L}}{\partial\dot{\varphi}_\sigma(x)}\int_V \mathrm{d}^3x'\delta\dot{\varphi}_\sigma(t,\boldsymbol{x}',\boldsymbol{x})$$

或者

$$\frac{L(t,\varphi,\dot{\varphi}+\delta\dot{\varphi})-L(t,\varphi,\dot{\varphi})}{\displaystyle\int_V \mathrm{d}^3x'\delta\dot{\varphi}_\sigma(t,\boldsymbol{x}',\boldsymbol{x})}=\frac{\partial\mathscr{L}}{\partial\dot{\varphi}_\sigma(x)}\tag{2.5.14}$$

引进泛函微商的定义

$$\frac{\delta L}{\delta\dot{\varphi}_\sigma(x)}=\frac{L(t,\varphi,\dot{\varphi}+\delta\dot{\varphi})-L(t,\varphi,\dot{\varphi})}{\displaystyle\int_V \mathrm{d}^3x'\delta\dot{\varphi}_\sigma(t,\boldsymbol{x}',\boldsymbol{x})}\tag{2.5.15}$$

则有

$$\frac{\delta L}{\delta\dot{\varphi}_\sigma(x)}=\frac{\partial\mathscr{L}}{\partial\dot{\varphi}_\sigma(x)}\tag{2.5.16}$$

来写连续形式的拉格朗日方程组,拉格函数为

$$L=\int \mathrm{d}^3x\mathscr{L}\left(x,\varphi_\sigma(x),\frac{\partial\varphi_\sigma(x)}{\partial x_i},\dot{\varphi}_\sigma(x)\right)$$

于是拉格朗日方程组为

$$\begin{cases}\dfrac{\partial\varphi_\sigma(x)}{\partial t}=\dot{\varphi}_\sigma(x)\\[2ex]\dfrac{\partial}{\partial t}\dfrac{\delta L}{\delta\dot{\varphi}_\sigma(x)}=\dfrac{\delta L}{\delta\varphi_\sigma(x)}\end{cases}\tag{2.5.17}$$

与前节比较,得

$$\frac{\delta L}{\delta\varphi_\sigma(x)}=\lim_{\Delta^3x\to \mathrm{d}^3x}\frac{1}{\Delta^3x}\cdot\frac{\delta L}{\delta\varphi_\sigma^{(r)}(t)} \tag{2.5.18}$$

$$\frac{\delta L}{\delta\dot\varphi_\sigma(x)}=\lim_{\Delta^3x\to \mathrm{d}^3x}\frac{1}{\Delta^3x}\cdot\frac{\delta L}{\delta\dot\varphi_\sigma^{(r)}(t)} \tag{2.5.19}$$

(3) 哈密顿正则形式 (取广义坐标 $\varphi_\sigma(x)$、广义动量 $\pi_\sigma(x)$ 为物理系统的独立变数)

物理系统的哈密顿量是

$$H=\int_V \mathrm{d}^3x'\mathscr{H}\left(x,\varphi_\sigma(x),\frac{\partial\varphi_\sigma(x)}{\partial x_i},\pi_\sigma(x)\right) \tag{2.5.20}$$

类似于如上讨论,可以导出

$$\frac{\delta H}{\delta\varphi_\sigma(x)}=\frac{H(t,\varphi+\delta\varphi,\pi)-H(t,\varphi,\pi)}{\displaystyle\int_V \mathrm{d}^3x'\delta\varphi_\sigma(t,\boldsymbol{x}',\boldsymbol{x})}=\frac{\partial\mathscr{H}}{\partial\varphi_\sigma(x)}-\frac{\partial}{\partial x_i}\frac{\partial\mathscr{H}}{\partial\left(\dfrac{\partial\varphi_\sigma(x)}{\partial x_i}\right)} \tag{2.5.21}$$

$$\frac{\delta H}{\delta\pi_\sigma(x)}=\frac{H(t,\varphi,\pi+\delta\varphi)-H(t,\varphi,\pi)}{\displaystyle\int_V \mathrm{d}^3x'\delta\pi_\sigma(t,\boldsymbol{x}',\boldsymbol{x})}=\frac{\partial\mathscr{H}}{\partial\pi_\sigma(x)} \tag{2.5.22}$$

因此,连续形式下的正则方程可以写为

$$\begin{cases}\dfrac{\partial\varphi_\sigma(x)}{\partial t}=\dfrac{\delta H}{\delta\pi_\sigma(x)}\\[2ex]\dfrac{\partial\pi_\sigma(x)}{\partial t}=-\dfrac{\delta H}{\delta\varphi_\sigma(x)}\end{cases} \tag{2.5.23}$$

与以前结果比较,获得

$$\frac{\delta H}{\delta\varphi_\sigma(x)}=\lim_{\Delta^3x\to \mathrm{d}^3x}\frac{1}{\Delta^3x}\frac{\delta H}{\delta\varphi_\sigma^{(r)}(t)} \tag{2.5.24}$$

$$\frac{\delta H}{\delta\pi_\sigma(x)}=\lim_{\Delta^3x\to \mathrm{d}^3x}\frac{1}{\Delta^3x}\frac{\delta H}{\delta\pi_\sigma^{(r)}(t)} \tag{2.5.25}$$

如果力学量 F 是类型为

$$F(t,\varphi,\pi)=\int_V \mathrm{d}^3x'\mathscr{F}\left(x,\varphi_\sigma(x),\frac{\partial\varphi_\sigma(x)}{\partial x_i},\pi_\sigma(x)\right) \tag{2.5.26}$$

的泛函,那么显然有

$$\frac{\delta F}{\delta\varphi_\sigma(x)}=\frac{\partial\mathscr{F}}{\partial\varphi_\sigma(x)}-\frac{\partial}{\partial x_i}\frac{\partial\mathscr{F}}{\partial\left(\dfrac{\partial\varphi_\sigma(x)}{\partial x_i}\right)}=\lim_{\Delta^3x\to \mathrm{d}^3x}\frac{1}{\Delta^3x}\frac{\partial F}{\partial\varphi_\sigma^{(r)}(t)} \tag{2.5.27}$$

$$\frac{\delta F}{\delta\pi_\sigma(x)}=\frac{\partial\mathscr{F}}{\partial\pi_\sigma(x)}=\lim_{\Delta^3x\to \mathrm{d}^3x}\frac{\partial F}{\partial\pi_\sigma^{(r)}(t)} \tag{2.5.28}$$

如果 F、G 是两个这种类型的泛函，那么泊松括号就可以改写为如下泛函微商的形式：

$$\begin{aligned}(F,G) &= \lim_{\Delta^3x\to \mathrm{d}^3x}\left(\frac{\partial F}{\partial\varphi_\sigma^{(r)}(t)}\frac{\partial G}{\partial\pi_\sigma^{(r)}(t)}-\frac{\partial F}{\partial\pi_\sigma^{(r)}(t)}\frac{\partial G}{\partial\varphi_\sigma^{(r)}(t)}\right)\\ &= \int_V \mathrm{d}^3x'\left(\frac{\delta F}{\delta\varphi_\sigma(x)}\frac{\delta G}{\delta\pi_\sigma(x)}-\frac{\delta F}{\delta\pi_\sigma(x)}\frac{\delta G}{\delta\varphi_\sigma(x)}\right)\end{aligned}$$

或者

$$(F,G) = \int_V \mathrm{d}^3x'\left(\frac{\delta F}{\delta\varphi_\sigma(x)}\frac{\delta G}{\delta\pi_\sigma(x)}-\frac{\delta F}{\delta\pi_\sigma(x)}\frac{\delta G}{\delta\varphi_\sigma(x)}\right) \tag{2.5.29}$$

显然，在这种极限情形下，泊松括号的性质

$$\begin{cases}(F,G)=-(G,F)\\ (c_1F_1+c_2F_2,G)=c_1(F_1,G)+c_2(F_2,G)\\ (F_1F_2,G)=F_1(F_2,G)+(F_1,G)F_2\\ (F_1,(F_2,F_3))+(F_2,(F_3,F_1))+(F_3,(F_1,F_2))=0\end{cases} \tag{2.5.30}$$

保持不变，因为在 $\Delta^3x\to \mathrm{d}^3x$ 的极限过程中，零的极限还是零.

最后讨论一种特殊形式的泛函微商，以便将正则方程 (2.5.23)纳入泊松括号的形式.

(1) 令

$$\mathscr{H}(x')=\int \mathrm{d}^3x\mathscr{H}(x)\delta^3(x-x')$$

则有

$$\frac{\delta\mathscr{H}(x')}{\delta\varphi_\sigma(x)}=\delta^3(x-x')\frac{\partial\mathscr{H}(x)}{\partial\varphi_\sigma(x)}-\frac{\partial}{\partial x_i}\left(\delta^3(x-x')\frac{\partial\mathscr{H}}{\partial\left(\dfrac{\partial\varphi_\sigma(x)}{\partial x_i}\right)}\right) \tag{2.5.31}$$

$$\frac{\delta\mathscr{H}(x)}{\delta\pi_\sigma(x)}=\delta^3(x-x')\frac{\partial\mathscr{H}(x)}{\partial\pi_\sigma(x)} \tag{2.5.32}$$

(2) 令

$$\mathscr{L}(x')=\int \mathrm{d}^4x\mathscr{L}(x)\delta^4(x-x')$$

则有

$$\frac{\delta\mathscr{L}(x')}{\delta\varphi_\sigma(x)}=\delta^4(x-x')\frac{\partial\mathscr{L}(x)}{\partial\varphi_\sigma(x)}-\frac{\partial}{\partial x_\mu}\left(\delta^4(x-x')\frac{\partial\mathscr{L}(x)}{\partial\left(\dfrac{\partial\varphi_\sigma(x)}{\partial x_\mu}\right)}\right) \tag{2.5.33}$$

根据式 (2.5.31)、式 (2.5.32)可以导出.

(3) $\varphi_{\rho}(x') = \int_V \mathrm{d}^3x\varphi_{\rho}(x)\delta^3(x-x')$

$$\frac{\delta\varphi_{\sigma}(x')}{\delta\varphi_{\sigma}(x)} = \delta_{\sigma\rho}\delta^3(x-x'), \quad \frac{\delta\varphi_{\sigma}(x')}{\delta\pi_{\sigma}(x)} = 0 \tag{2.5.34}$$

(4) $\pi_{\rho}(x') = \int_V \mathrm{d}^3x\pi_{\rho}(x)\delta^3(x-x')$

$$\frac{\delta\pi_{\sigma}(x')}{\delta\varphi_{\sigma}(x)} = 0, \quad \frac{\delta\pi_{\sigma}(x')}{\delta\pi_{\sigma}(x)} = \delta_{\sigma\rho}\delta^3(x-x') \tag{2.5.35}$$

因此,可以导出

$$\begin{aligned}(\varphi_{\sigma}(x),H) &= \int_V \mathrm{d}^3x'\left(\frac{\delta\varphi_{\sigma}(x)}{\delta\varphi_{\rho}(x')}\frac{\delta H}{\delta\pi_{\rho}(x')} - \frac{\delta\varphi_{\sigma}(x)}{\delta\pi_{\rho}(x')}\frac{\delta H}{\delta\varphi_{\rho}(x')}\right)\\ &= \int_V \mathrm{d}^3x'\delta_{\sigma\rho}\delta^3(x-x')\frac{\delta H}{\delta\pi_{\rho}(x')} = \frac{\delta H}{\delta\pi_{\sigma}(x)}\\ (\pi_{\sigma}(x),H) &= \int_V \mathrm{d}^3x'\left(\frac{\delta\pi_{\sigma}(x)}{\delta\varphi_{\rho}(x')}\frac{\delta H}{\delta\pi_{\rho}(x')} - \frac{\delta\pi_{\sigma}(x)}{\delta\pi_{\rho}(x')}\frac{\delta H}{\delta\varphi_{\rho}(x')}\right)\\ &= \int_V \mathrm{d}^3x' - \delta_{\sigma\rho}\delta^3(x-x')\frac{\delta H}{\delta\varphi_{\rho}(x')} = -\frac{\delta H}{\delta\varphi_{\sigma}(x)}\end{aligned}$$

也就有

$$\begin{cases}(\varphi_{\sigma}(x),H) = \dfrac{\delta H}{\delta\pi_{\sigma}(x)}\\ (\pi_{\sigma}(x),H) = -\dfrac{\delta H}{\delta\varphi_{\sigma}(x)}\end{cases} \tag{2.5.36}$$

代入式 (2.5.23),则得泊松括号形式的正则方程

$$\begin{cases}\dfrac{\partial\varphi_{\sigma}(x)}{\partial t} = (\varphi_{\sigma}(x),H)\\ \dfrac{\partial\pi_{\sigma}(x)}{\partial t} = (\pi_{\sigma}(x),H)\end{cases} \tag{2.5.37}$$

可见,在连续形式中,我们利用泛函微商的概念,同样可以将正则运动方程写成完全对称的形式.

2.6 作为时空函数的作用量——哈密顿-雅可比方程

在讨论关于运动的作用量原理时,我们使物理系统的运动存在于空间有界的闭合区域之中,从四维时空连续区的观点来看,可以将物理系统的运动过程表示为描阴影的"梯

形”区域. 如图 2.4 所示，其中 Ox_1 是指 x_1 轴，同时也就代替三条空间轴 Ox_1、Ox_2、Ox_3，而 Ol 是指时间轴，在这个图上线段 AB 表示在确定的时间 t 的一个有界大小的空间区域，均存在于其中，而这个场的运动过程的整个时空存在则以描阴影的曲边“梯形”区域表示，而“梯形”曲边处和时间轴 Ol 有小于 45° 的倾斜. 物理系统的作用量为

$$S=\int_V \mathrm{d}^4x\mathscr{L}\left(x,\varphi_\sigma(x),\frac{\partial\varphi_\sigma(x)}{\partial x_\mu}\right) \tag{2.6.1}$$

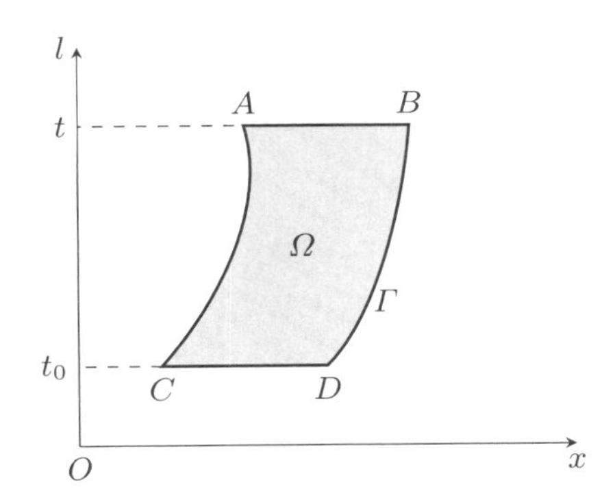

图 2.4　曲边“梯形”区域

其中，积分遍及于运动过程中物理系统所存在的四维时空连续区上，即“梯形”区域.

现在令

$$\begin{cases}x_\mu\to x'_\mu=x_\mu+\delta\varphi_\mu(x)\\ \varphi_\sigma(x)\to\varphi'_\sigma(x')=\varphi_\sigma(x)+\delta\varphi_\sigma(x)\\ \dfrac{\partial\varphi_\sigma(x)}{\partial x_\mu}\to\dfrac{\partial\varphi'_\sigma(x')}{\partial x'_\mu}=\dfrac{\partial\varphi_\sigma(x)}{\partial x_\mu}+\delta\left(\dfrac{\partial\varphi_\sigma(x)}{\partial x_\mu}\right)\end{cases} \tag{2.6.2}$$

为一个保持拉格朗日函数密度函数形式不变的变动，坐标与场量的变动有联系，但是总的来说可以是彼此独立的. 这时系统作用量的变分为

$$\delta S=\int_{\Omega'}\mathrm{d}^4x'\mathscr{L}\left(x',\varphi'_\sigma(x')\frac{\partial\varphi'_\sigma(x')}{\partial x'_\mu}\right)-\int_\Omega \mathrm{d}^4x\mathscr{L}\left(x,\varphi_\sigma(x)\frac{\partial\varphi_\sigma(x)}{\partial x_\mu}\right) \tag{2.6.3}$$

将式 (2.6.2)代入式 (2.6.3)，根据下章的计算得

$$\delta S=\int_{\Omega'}\mathrm{d}^4x'\left\{\frac{\partial}{\partial x_\nu}\left(T_{\mu\nu}\delta x_\mu+\frac{\partial\mathscr{L}}{\partial\left(\dfrac{\partial\varphi_\sigma(x)}{\partial x_\nu}\right)}\delta\varphi_\sigma(x)\right)\right.$$

$$+[\mathscr{L}]_\sigma\left(\delta\varphi_\sigma(x)-\frac{\partial\varphi_\sigma(x)}{\partial x_\mu}\delta x_\mu\right)\Bigg\}\tag{2.6.4}$$

利用奥氏分式可以将式 (2.6.4) 第一部分均化为沿 Ω 边界的积分,即

$$\delta S=\int_\Gamma \mathrm{d}\sigma_\nu\left(T_{\mu\nu}\delta x_\mu+\frac{\partial\mathscr{L}}{\partial\left(\dfrac{\partial\varphi_\sigma(x)}{\partial x_\nu}\right)}\delta\varphi_\sigma(x)\right)+\int_\Omega \mathrm{d}^4x[\mathscr{L}]_\sigma\left(\delta\varphi_\sigma(x)-\frac{\partial\varphi_\sigma(x)}{\partial x_\mu}\delta x_\mu\right)\tag{2.6.5}$$

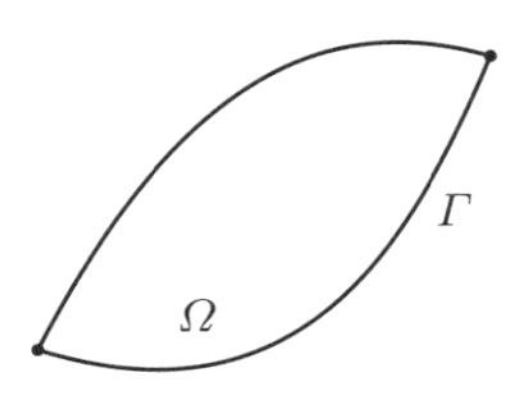

图 2.5 区域 Ω 的边界 Γ 上不变动的各个邻近场量的作用量之值

我们首先比较在区域 Ω 的边界 Γ 上不变动的各个邻近场量的作用量之值,如图 2.5 所示. 这时有 $\delta x_\mu(x)=0,\delta x_\sigma(x)|_\Gamma=0$,所以

$$\delta S=\int_\Omega \mathrm{d}^4x[\mathscr{L}]_\sigma\delta\varphi_\sigma(x)\tag{2.6.6}$$

利用泛函微商法得

$$\frac{\delta S}{\delta\varphi_\sigma(x)}=[\mathscr{L}]_\sigma\tag{2.6.7}$$

根据运动的作用量原理,这些场量中只有一种对应于真实的运动,这就是作用量 S 最小时的场量,即必须有

$$\frac{\delta S}{\delta\varphi_\sigma(x)}=[\mathscr{L}]_\sigma=0\tag{2.6.8}$$

这就是物理系统的独立变数场量满足的拉格朗日运动方程.

其次,我们再从另外一个角度来讨论作用量 S 这一概念. 我们将物理系统从时间 t_0 到时间 t 这一运动过程的作用量 S 看成描述真实场量运动的特性量,但是正好在时间 t,系统的场量具有各种变动,如图 2.6 所示. 然后来比较作用量的数值. 为此将式 (2.6.7)代入式 (2.6.5)得

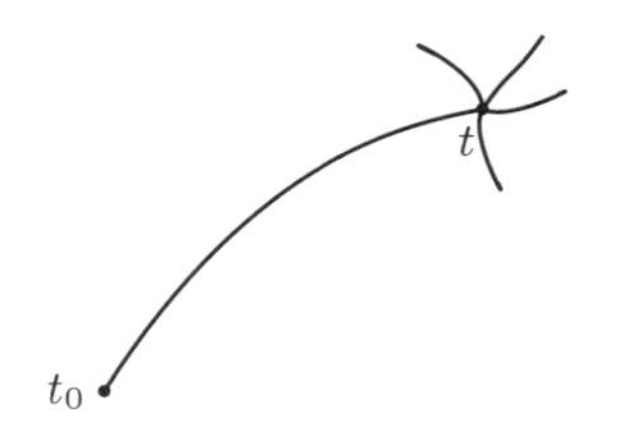

图 2.6 系统场量的变动

$$\delta S=\int_\Gamma \mathrm{d}\sigma_\mu\left(T_{\mu\nu}\delta x_\mu(x)+\frac{\partial\mathscr{L}}{\partial\left(\dfrac{\partial\varphi_\sigma(x)}{\partial x_\nu}\right)}\delta\varphi_\sigma(x)\right)\tag{2.6.9}$$

由于变分函数 $\delta\varphi_\sigma(x)$、$\delta x_\mu(x)$ 仅仅在 t 这个截口 AB 上不等于零,所以得

$$\delta S=\int_V -\mathrm{i}\mathrm{d}^3x\left(T_{\mu\nu}\delta x_\mu(x)+\mathrm{i}\frac{\partial\mathscr{L}}{\partial\left(\dfrac{\partial\varphi_\sigma(x)}{\partial t}\right)}\delta\varphi_\sigma(x)\right)$$
$$=\int_V \mathrm{d}^3x'\left(-\mathrm{i}T_{\mu\nu}\left(t,x'\right)\delta x_\mu\left(t,x'\right)+\pi_\sigma\left(t,x'\right)\delta\varphi_\sigma\left(t,\boldsymbol{x}',\boldsymbol{x}\right)\right) \tag{2.6.10}$$

再令在 t 截口上,$\delta\varphi_\mu\left(t,\boldsymbol{x}'\right)$ 是一个常数平移,即

$$\delta x_\mu\left(t,x'\right)=\mathrm{d}x_\mu \tag{2.6.11}$$

而 $\delta\varphi_\mu\left(t,\boldsymbol{x}',\boldsymbol{x}\right)$ 是一个 δ-函数形式的变分函数,这样则有

$$\delta S=\int_V \mathrm{d}^3x-\mathrm{i}T_{\mu4}\mathrm{d}x_\mu+\pi_\sigma(t,\boldsymbol{x})\int_V \mathrm{d}^3x'\delta\varphi_\sigma\left(t,\boldsymbol{x}',\boldsymbol{x}\right)$$
$$=P_\mu\mathrm{d}x_\mu+\pi_\sigma(x)\int_V \mathrm{d}^3x'\delta\varphi_\sigma\left(t,\boldsymbol{x}',\boldsymbol{x}\right)$$

或者

$$\delta S=P_\mu\mathrm{d}x_\mu+\pi_\sigma(x)\int_V \mathrm{d}^3x'\delta\varphi_\sigma\left(t,\boldsymbol{x}',\boldsymbol{x}\right) \tag{2.6.12}$$

其中

$$P_\mu=-\mathrm{i}\int_V \mathrm{d}^3xT_{\mu4} \tag{2.6.13}$$

称为物理系统的能量、动量.

如果坐标变动等于零,即 $\mathrm{d}x_\mu=0$,那么式 (2.6.12)改为

$$\delta S=\pi_\sigma(x)\int_V \mathrm{d}^3x'\delta\varphi_\sigma\left(t,\boldsymbol{x}',\boldsymbol{x}\right)$$

或者

$$\frac{\delta S}{\delta\varphi_\sigma(x)}=\pi_\sigma(x) \tag{2.6.14}$$

如果场量的变动等于零,即 $\delta\varphi_\sigma=0$,那么则有

$$\delta S=P_\mu\mathrm{d}x_\mu \tag{2.6.15}$$

由于作为时空函数的作用量是 t 截口上时空点的函数,即

$$S=S(x) \tag{2.6.16}$$

其中,x 是 t 截口 AB 上时空点的坐标,求其全微分得

$$\mathrm{d}S=\frac{\partial S}{\partial x_\mu}\mathrm{d}x_\mu \tag{2.6.17}$$

将式 (2.6.17)与式 (2.6.15)比较,得

$$\frac{\partial S}{\partial x_\mu} = P_\mu \tag{2.6.18}$$

将它写开得

$$\nabla S = \boldsymbol{p} \tag{2.6.19}$$

$$\frac{\partial S}{\partial t} + H = 0 \tag{2.6.20}$$

这样我们得到联立方程

$$\begin{cases} \dfrac{\delta S}{\delta \varphi_\sigma(x)} = \pi_\sigma(x) \\ \nabla S = \boldsymbol{p} \\ \dfrac{\partial S}{\partial t} + H = 0 \end{cases} \tag{2.6.21}$$

将 $\pi_\sigma(x)$ 的表达式代入哈密顿量 H 之中,得

$$H = \int_V \mathrm{d}^3 x \mathscr{H} \left(x, \varphi_\sigma(x), \nabla \varphi_\sigma(x), \frac{\delta S}{\delta \varphi_\sigma(x)} \right) \tag{2.6.22}$$

这样的一次方程,称为哈密顿–雅可比方程.

将式 (2.6.18)代入式 (2.6.17),得

$$\mathrm{d}S = P_\mu \mathrm{d}x_\mu \tag{2.6.23}$$

这是作用量作为 t 截口 AB 上时空点的函数之全微分表达式. 这个关系式本身已表明:在运动时, 无论外界对系统的作用怎样, 它的末态都不能是初态的任意函数, 只有等式 (2.6.23)右边是全微分的那些运动才是真实的运动,这正是因果律的要求. 因此,和拉格朗日函数密度的具体形式无关的运动的作用量原理存在的事实本身,就是给真实的运动加上了因果律的限制.

值得指出,将式 (2.6.23)积分,可以把系统的作用量写成如下形式

$$S = \int_{P_0}^{P} P_\mu \mathrm{d}x_\mu \tag{2.6.24}$$

那么在形式上可以由它导出哈密顿正则运动方程. 为此, 令广义坐标和广义运动的变分为

$$\begin{cases} \varphi_\sigma(x) \to \varphi_\sigma(x) + \delta\varphi_\sigma(x) \\ \pi_\sigma(x) \to \pi_\sigma(x) + \delta\pi_\sigma(x) \end{cases} \tag{2.6.25}$$

这时作用量的变分为

$$\delta S = \int_{P_0}^{P} \delta P_\mu \mathrm{d}x_\mu \tag{2.6.26}$$

由于 $P_\mu = -\mathrm{i}\int_V \mathrm{d}^3 x T_{\mu 4}$，而

$$\begin{cases} T_{\mu 4} = \mathscr{L}\delta_{\mu 4} - \mathrm{i}\dfrac{\partial \mathscr{L}}{\partial \dot{\varphi}_\sigma(x)}\dfrac{\partial \varphi_\sigma(x)}{\partial x_\mu} = \mathscr{L}\delta_{\mu 4} - \mathrm{i}\pi_\sigma(x)\dfrac{\partial \varphi_\sigma(x)}{\partial x_\mu} \\ T_{j4} = -\mathrm{i}\pi_\sigma(x)\dfrac{\partial \varphi_\sigma(x)}{\partial x_j} \\ T_{44} = \mathscr{L} - \pi_\sigma(x)\dot{\varphi}_\sigma(x) = -\mathscr{H} \end{cases} \tag{2.6.27}$$

所以

$$\begin{cases} \boldsymbol{P} = -\displaystyle\int_V \mathrm{d}^3 x \pi_\sigma(x)\nabla\varphi_\sigma(x) \\ P_4 = \mathrm{i}\displaystyle\int_V \mathrm{d}^3 x \mathscr{H} = \mathrm{i}H \end{cases} \tag{2.6.28}$$

从而导出

$$\begin{cases} \delta P_i = \displaystyle\int_V \mathrm{d}^3 x \left(\frac{\partial \pi_\sigma(x)}{\partial x_i}\delta\varphi_\sigma(x) - \frac{\partial \varphi_\sigma(x)}{\partial x_i}\delta\pi_\sigma(x)\right) \\ \delta H = \displaystyle\int_V \mathrm{d}^3 x \left(\frac{\partial H}{\partial \varphi_\sigma(x)}\delta\varphi_\sigma(x) + \frac{\partial H}{\partial \pi_\sigma(x)}\delta\pi_\sigma(x)\right) \end{cases} \tag{2.6.29}$$

其中，我们利用了变分函数在 V 的边界上为零这一条件，因此

$$\begin{aligned} \delta P_\mu \mathrm{d}x_\mu &= \delta P_i \mathrm{d}x_i - \delta H \mathrm{d}t \\ &= \int_V \mathrm{d}^3 x \left[\left(\frac{\partial \pi_\sigma(x)}{\partial x_i}\mathrm{d}x_i - \frac{\partial H}{\partial \varphi_\sigma(x)}\mathrm{d}t\right)\delta\varphi_\sigma(x)\right. \\ &\quad \left. - \left(\frac{\partial \varphi_\sigma(x)}{\partial x_i}\mathrm{d}x_i + \frac{\partial H}{\partial \pi_\sigma(x)}\mathrm{d}t\right)\delta\pi_\sigma(x)\right] \end{aligned} \tag{2.6.30}$$

由于

$$\begin{cases} \delta\pi_\sigma(x) = \dfrac{\partial \pi_\sigma(x)}{\partial x_i}\mathrm{d}x_i + \dfrac{\partial \pi_\sigma(x)}{\partial t}\mathrm{d}t \\ \delta\varphi_\sigma(x) = \dfrac{\partial \varphi_\sigma(x)}{\partial x_i}\mathrm{d}x_i + \dfrac{\partial \varphi_\sigma(x)}{\partial t}\mathrm{d}t \end{cases} \tag{2.6.31}$$

所以

$$\begin{aligned} \delta P_\mu \mathrm{d}x_\mu = \int_V \mathrm{d}^3 x &\left[-\left(\frac{\partial \pi_\sigma(x)}{\partial t} + \frac{\partial H}{\partial \varphi_\sigma(x)}\right)\delta\varphi_\sigma(x)\mathrm{d}t + \delta\varphi_\sigma(x)\delta\pi_\sigma(x)\right. \\ &\left. + \left(\frac{\partial \varphi_\sigma(x)}{\partial t} - \frac{\partial H}{\partial \pi_\sigma(x)}\right)\delta\pi_\sigma(x)\mathrm{d}t - \delta\varphi_\sigma(x)\delta\pi_\sigma(x)\right] \\ = \mathrm{d}t \int_V \mathrm{d}^3 x &\left[-\left(\frac{\partial \pi_\sigma(x)}{\partial t} + \frac{\partial H}{\partial \varphi_\sigma(x)}\right)\delta\varphi_\sigma(x)\right. \end{aligned}$$

$$+\left(\frac{\partial\varphi_\sigma(x)}{\partial t}-\frac{\partial H}{\partial\pi_\sigma(x)}\right)\delta\pi_\sigma(x)\Bigg] \tag{2.6.32}$$

将式 (2.6.32)代入式 (2.6.26)中,得

$$\delta S=\int_\Omega \mathrm{d}^4x\left[-\left(\frac{\partial\pi_\sigma(x)}{\partial t}+\frac{\delta H}{\delta\varphi_\sigma(x)}\right)\delta\varphi_\sigma(x)+\left(\frac{\partial\varphi_\sigma(x)}{\partial t}-\frac{\delta H}{\delta\pi_\sigma(x)}\right)\delta\pi_\sigma(x)\right] \tag{2.6.33}$$

从而

$$\begin{cases}\dfrac{\delta S}{\delta\varphi_\sigma(x)}=-\left(\dfrac{\partial\pi_\sigma(x)}{\partial t}+\dfrac{\delta H}{\delta\varphi_\sigma(x)}\right)\\ \dfrac{\delta S}{\delta\pi_\sigma(x)}=\dfrac{\partial\varphi_\sigma(x)}{\partial t}-\dfrac{\delta H}{\delta\pi_\sigma(x)}\end{cases} \tag{2.6.34}$$

根据运动的作用量原理,得

$$\frac{\delta S}{\delta\varphi_\sigma(x)}=\frac{\delta S}{\delta\pi_\sigma(x)}=0 \tag{2.6.35}$$

联立式 (2.6.34)与式 (2.6.35),得

$$\begin{cases}\dfrac{\partial\varphi_\sigma(x)}{\partial t}=\dfrac{\delta H}{\delta\pi_\sigma(x)}\\ \dfrac{\partial\pi_\sigma(x)}{\partial t}=-\dfrac{\delta H}{\delta\varphi_\sigma(x)}\end{cases} \tag{2.6.36}$$

这就是正则方程. 而利用作用量式 (2.6.24)推导雅可比方程是显然的.

2.7 莫培督原理与费马原理

第 2.6 节导出物理系统的作用量为

$$S=\int_A^B P_\mu \mathrm{d}x_\mu=\int_A^B \boldsymbol{P}\cdot\mathrm{d}\boldsymbol{x}-\int_A^B E\mathrm{d}t \tag{2.7.1}$$

现在,假设系统的能量是守恒的,所以

$$\int_A^B E\mathrm{d}t=E\int_A^B \mathrm{d}t=Et \tag{2.7.2}$$

其中,t 等于系统从 A 点运动到 B 点的时间. 将式 (2.7.2)代入式 (2.7.1),得能量守恒条件下的作用量为

$$S=\int_A^B \boldsymbol{P}\cdot\mathrm{d}\boldsymbol{x}-Et \tag{2.7.3}$$

如图 2.7 所示，令 $\mathrm{d}S$ 等于沿着运动轨道微段的弧长，则有

$$\boldsymbol{P}\cdot\mathrm{d}\boldsymbol{x}=P\mathrm{d}s \tag{2.7.4}$$

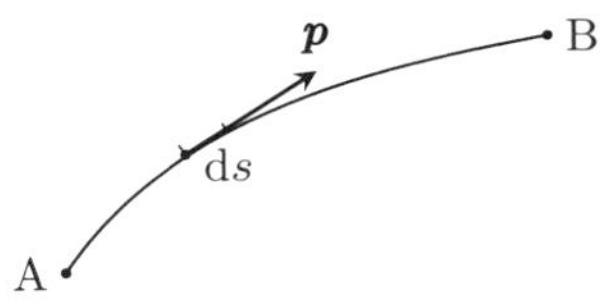

图 2.7　运动轨道

因此，式 (2.7.3)可以改写为

$$S=\int_A^B P\mathrm{d}s-Et \tag{2.7.5}$$

在能量守恒的条件下，作用量原理要求

$$\delta\int_A^B P\mathrm{d}s=0 \tag{2.7.6}$$

这就是莫培督形式下的作用量原理. 这个原理是莫培督在 1747 年提出的，其后在 1760 年由拉格朗日做了严格的表述和论证. 为了将它写成通常的形式，我们考虑一个质点 m 在一次势能 $V(x,y,z)$ 描述的保守力场中运动，它的拉格朗日函数为

$$L=T-V \tag{2.7.7}$$

其中

$$T=\frac{1}{2}mv^2\quad\left(v=\frac{\mathrm{d}S}{\mathrm{d}t}\right) \tag{2.7.8}$$

由此导出粒子的运动量为

$$p=\frac{\partial L}{\partial v}=mv \tag{2.7.9}$$

因此

$$p\mathrm{d}s=mv\frac{\mathrm{d}S}{\mathrm{d}t}\mathrm{d}t=mv^2\mathrm{d}t=2T\mathrm{d}t$$

或者

$$p\mathrm{d}s=2T\mathrm{d}t \tag{2.7.10}$$

代入式 (2.7.5)得

$$S=\int_A^B 2T\mathrm{d}t-Et \tag{2.7.11}$$

代入式 (2.7.6)得

$$\delta\int_A^B 2T\mathrm{d}t=0 \tag{2.7.12}$$

这就是通常形式下的莫培督原理.

特别地，如果我们在式 (2.7.5)的两边除以 E，那么则有

$$\frac{S}{E}=\int_A^B\frac{\mathrm{d}s}{\dfrac{E}{P}}-t \tag{2.7.13}$$

显然，$\dfrac{\mathrm{d}s}{\dfrac{E}{P}}$ 的量纲是时间，由于 $\mathrm{d}s$ 等于运动轨道微段的弧长，所以 $\dfrac{E}{P}$ 相当于粒子的某种沿轨道运动的速度，我们将它记为

$$u=\frac{E}{P}=\frac{\text{能量}}{\text{动量}} \tag{2.7.14}$$

并且称之为粒子运动的“相速度”，这个速度具有极其深远的意义. 由于波动的相速度 $=\dfrac{\text{频率}}{\text{波数}}$，即

$$u=\frac{\omega}{k} \tag{2.7.15}$$

所以可以推测粒子的能量与某种波动的频率成正比，而粒子的动量与这种波动的波数成正比，而且具有相同的比例系数，即

$$E=\hbar\omega,\quad \boldsymbol{P}=\hbar\boldsymbol{k} \tag{2.7.16}$$

这就是普朗克–爱因斯坦提出的，后来被德布罗意推广的反映物质波粒二象性的基本方程.

将式 (2.7.14)代入式 (2.7.13)，得

$$\frac{S}{E}=\int_A^B\frac{\mathrm{d}s}{u}-t \tag{2.7.17}$$

在能量守恒条件下，作用量原理要求

$$\delta\int_A^B\frac{\mathrm{d}s}{u}=0 \tag{2.7.18}$$

这就是费马形式下的作用量原理. 它相当于要求运动时间最小，这条原理是费马 1679 年在光学领域建立起来的. 值得指出的是，在费马原理中 u 等于光波的相速度.

第3章

守恒定律

3.1 运动规律的对称性质和守恒定律

物理系统的运动规律常常具有一定的对称性质，这种对称性在数学形式上表现为：运动方程对于一定的对称变换（参考系变换）具有不变性．特别地，这种对称性质极其密切地与守恒定律联系起来．例如，由于时空的均匀性，运动方程对于参考系的移动具有不变性，从而导致了能量、动量守恒定律．由于空间的各向同性，运动方程对于参考系的转动具有不变性，从而导致了角动量守恒定律．特别地，由于各个惯性系在物理上是等效的，所以物理规律对于洛伦兹变换具有不变性，从而导致了角动量守恒定律和质量中心定理．由此可见时空性质和守恒定律之间存在着极为密切的联系．近代基本粒子实验还证明，由于幺旋空间中的各向同性，运动方程对于幺旋空间中的幺正变换具有不变性，从而导致了粒子数守恒定律、同位旋守恒定律和奇异量子数守恒定律．

在参考系 K 中，我们用 x 来标记物理系统的某一物理点 P，而 P 点的场量用 $\varphi_\sigma(x)$

来标记,这时 P 点邻域的作用量是

$$\mathscr{L}\left(x,\varphi_\sigma(x),\frac{\partial\varphi_\sigma(x)}{\partial x_\mu}\right)\mathrm{d}^4x \tag{3.1.1}$$

当从参考系 K 变换为参考系 K' 时,物理系统的同一物理点 P 改用 x' 来标记,P 点的场量改用 $\varphi'_\sigma(x')$ 来标记,这时 P 点邻域的作用量为

$$\mathscr{L}'\left(x',\varphi'_\sigma(x'),\frac{\partial\varphi'_\sigma(x')}{\partial x'_\mu}\right)\mathrm{d}^4x' \tag{3.1.2}$$

换言之,当参考系变换为

$$K\to K'$$

时,系统的物理点 P 的坐标的变换为

$$x_\mu\to x'_\mu=f_\mu(x) \tag{3.1.3}$$

这个方程的几何解释为:时空点 x 通过方程 (3.1.3)映射为时空点 x',因此,当 x 遍及物理系统存在的整个时空区域 Ω 时,由方程 (3.1.3)决定的 x' 就遍及新的时空区域 Ω',即 Ω 映射为 Ω',如图 3.1 所示. 但是,x 和 x' 代表同一个物理点. 对应于物理点 P 的坐标变换式 (3.1.3),在 P 点的场量产生一个相应的变换

$$\varphi_\sigma(x)\to\varphi'_\sigma(x')=F_\sigma(x) \tag{3.1.4}$$

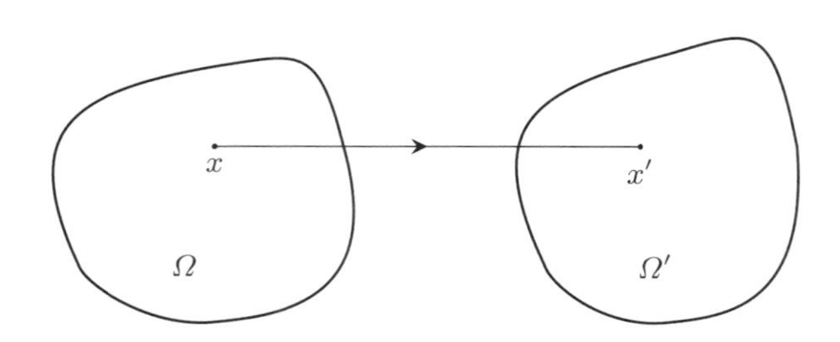

图 3.1　时空区域 Ω 向 Ω' 的映射

同时 P 点的拉格朗日函数密度也产生一个相应的变换

$$\mathscr{L}\left(x,\varphi_\sigma(x),\frac{\partial\varphi_\sigma(x)}{\partial x_\mu}\right)\to\mathscr{L}'\left(x',\varphi'_\sigma(x'),\frac{\partial\varphi'_\sigma(x')}{\partial x'_\mu}\right) \tag{3.1.5}$$

由于系统在时空点 P 的物理性质不会由于参考系的不同而有所改变，所以描述 P 点物理性质的作用量在新、旧参考系应该相等，即

$$\mathscr{L}'\left(x',\varphi'_\sigma(x'),\frac{\partial\varphi'_\sigma(x')}{\partial x'_\mu}\right)\mathrm{d}^4x'=\mathscr{L}\left(x,\varphi_\sigma(x),\frac{\partial\varphi_\sigma(x)}{\partial x_\mu}\right)\mathrm{d}^4x \tag{3.1.6}$$

换而言之，作用量的数值是不变量，被称为标量条件，此处可以看作函数 $\mathscr{L}'$ 的定义.

将式 (3.1.6)右边对区域 Ω 取定积分，相应地，左边是对区域 Ω' 取定积分，则得

$$\int_{\Omega'}\mathrm{d}^4x'\mathscr{L}'\left(x',\varphi'_\sigma(x'),\frac{\partial\varphi'_\sigma(x')}{\partial x'_\mu}\right)=\int_{\Omega}\mathrm{d}^4x\mathscr{L}\left(x,\varphi_\sigma(x),\frac{\partial\varphi_\sigma(x)}{\partial x_\mu}\right) \tag{3.1.7}$$

显然，

$$S=\int_{\Omega}\mathrm{d}^4x\mathscr{L}\left(x,\varphi_\sigma(x),\frac{\partial\varphi_\sigma(x)}{\partial x_\mu}\right) \tag{3.1.8}$$

是系统在参考系 K 中的作用量，而

$$S'=\int_{\Omega'}\mathrm{d}^4x'\mathscr{L}'\left(x',\varphi'_\sigma(x'),\frac{\partial\varphi'_\sigma(x')}{\partial x'_\mu}\right) \tag{3.1.9}$$

是系统在参考系 K' 中的作用量，因此式 (3.1.7)给出

$$S'=S \tag{3.1.10}$$

即作用量是对称变换下的不变量.

特别地，在研究任何物理系统的运动时，为了满足相对性原理等的要求，那些使得运动方程形式不变的变换占有特殊的地位，这种变换被称为对称变换.

显然，根据对称变换的定义，标度变换和散度变换也是对称变换. 但是，由于它们适用于任何物理系统而且不依赖于拉格朗日密度的特殊函数形式，所以我们不将它们纳入对称变换之中.

根据对称变换的这个定义，它将使得运动方程的形式不变，亦即用新变数表达的运动方程与用老变数表达的运动方程精确地具有相同的函数形式，因此新老拉格朗日函数密度的函数形式最多相差一个散度，即

$$\mathscr{L}'\left(x',\varphi'_\sigma(x'),\frac{\partial\varphi'_\sigma(x')}{\partial x'_\mu}\right)=\mathscr{L}\left(x',\varphi'_\sigma(x'),\frac{\partial\varphi'_\sigma(x')}{\partial x'_\mu}\right)+\frac{\partial\delta\Omega_\mu(x',\varphi'_\sigma(x'))}{\partial x'_\mu} \tag{3.1.11}$$

这是保证在对称变换下运动方程形式不变的充分条件. 但是，可以证明，它也是必要条件，证明要点可见柯朗和希伯尔特的著作①. 换言之式 (3.1.11)是保持运动方程形式不变的充分必要条件.

① 柯朗，希伯尔特. 数学物理方法: I[M]. 钱敏，等译. 北京: 科学出版社, 1958: 165.

在对称变换下,保持作用量数值不变的条件式 (3.1.6)和保持运动方程形式不变的条件式 (3.1.11)构成推导守恒定律的基础. 在研究守恒定律中,那些可以用无穷小变换叠代展开的变换是最重要类型的变换,在这种情形中,只研究无穷小变换本身就足够了. 在无穷小变换的条件下,坐标变换式 (3.1.3)改写为

$$x_\mu \to x'_\mu = x_\mu + \delta x_\mu \tag{3.1.12}$$

与坐标变换 (3.1.3)相联系的场量变换式 (3.1.4)改写为

$$\begin{cases} \varphi_\sigma(x) \to \varphi'_\sigma(x') = \varphi_\sigma(x) + \delta\varphi_\sigma(x) \\ \dfrac{\partial\varphi_\sigma(x)}{\partial x_\mu} \to \dfrac{\partial\varphi'_\sigma(x')}{\partial x'_\mu} = \dfrac{\partial\varphi_\sigma(x)}{\partial x_\mu} + \delta\left(\dfrac{\partial\varphi_\sigma(x)}{\partial x_\mu}\right) \end{cases} \tag{3.1.13}$$

其中,变分函数 δx_μ、$\delta\varphi_\sigma(x)$、$\delta\left(\dfrac{\partial\varphi_\sigma(x)}{\partial x_\mu}\right)$ 是独立变数 x 的任意的无穷小函数,即

$$\begin{cases} \delta x_\mu = \lambda\xi_\mu(x) \\ \delta\varphi_\sigma(x) = \lambda\eta_\sigma(x) \\ \delta\left(\dfrac{\partial\varphi_\sigma(x)}{\partial x_\mu}\right) = \lambda\zeta_{\sigma\mu}(x) \end{cases} \tag{3.1.14}$$

其中,λ 为一阶无穷小参数,而 $\xi_\mu(x)$、$\eta_\sigma(x)$、$\zeta_{\sigma\mu}(x)$ 是 x 的任意函数,但是可能彼此不独立.

现在,从对称变换下数值不变条件式 (3.1.6)和形式不变条件式 (3.1.11)出发,导出无穷小变换式 (3.1.12)、式 (3.1.13)是否是对称变换的判别方程. 将式 (3.1.12)、式 (3.1.13)代入式 (3.1.6)和式 (3.1.11),得

$$\begin{aligned} &\mathscr{L}'\left(x+\delta x, \varphi_\sigma(x)+\delta\varphi_\sigma(x), \frac{\partial\varphi_\sigma(x)}{\partial x_\mu}+\delta\left(\frac{\partial\varphi_\sigma(x)}{\partial x_\mu}\right)\right)\mathrm{d}^4x' \\ &\quad = \mathscr{L}\left(x, \varphi_\sigma(x), \frac{\partial\varphi_\sigma(x)}{\partial x_\mu}\right)\mathrm{d}^4x \end{aligned} \tag{3.1.15}$$

以及

$$\begin{aligned} &\mathscr{L}'\left(x+\delta x, \varphi_\sigma(x)+\delta\varphi_\sigma(x), \frac{\partial\varphi_\sigma(x)}{\partial x_\mu}+\delta\left(\frac{\partial\varphi_\sigma(x)}{\partial x_\mu}\right)\right) \\ &\quad = \mathscr{L}\left(x+\delta x, \varphi_\sigma(x)+\delta\varphi_\sigma(x), \frac{\partial\varphi_\sigma(x)}{\partial x_\mu}+\delta\left(\frac{\partial\varphi_\sigma(x)}{\partial x_\mu}\right)\right) \\ &\qquad + \frac{\partial\delta\Omega_\mu(x+\delta x, \varphi_\sigma(x)+\delta\varphi_\sigma(x))}{\partial x'_\mu} \end{aligned} \tag{3.1.16}$$

在式 (3.1.16)中，由于变换是无穷小的，所以式 (3.1.11)中的 Ω_μ 变成无穷小函数 $\delta\Omega_\mu$,将式 (3.1.16)代入式 (3.1.15),得

$$\begin{aligned}&\mathscr{L}\left(x+\delta x,\varphi_\sigma(x)+\delta\varphi_\sigma(x),\frac{\partial\varphi_\sigma(x)}{\partial x_\mu}+\delta\left(\frac{\partial\varphi_\sigma(x)}{\partial x_\mu}\right)\right)\mathrm{d}^4x'\\&\quad+\frac{\partial\delta\Omega_\mu\left(x+\delta x,\varphi_\sigma(x)+\delta\varphi_\sigma(x)\right)}{\partial x'_\mu}\mathrm{d}^4x'\\&=\mathscr{L}\left(x,\varphi_\sigma(x),\frac{\partial\varphi_\sigma(x)}{\partial x_\mu}\right)\mathrm{d}^4x\end{aligned}\tag{3.1.17}$$

由于

$$\mathrm{d}^4x'=\frac{\partial\left(x'\right)}{\partial\left(x\right)}\mathrm{d}^4x\tag{3.1.18}$$

其中，$\dfrac{\partial\left(x'\right)}{\partial\left(x\right)}$ 是无穷小变换式 (3.1.12)的雅可比行列式,即

$$\frac{\partial\left(x'\right)}{\partial\left(x\right)}=\frac{\partial\left(x'_1x'_2x'_3t'\right)}{\partial\left(x_1x_2x_3t\right)}=\begin{vmatrix}1+\dfrac{\partial\delta x_1}{\partial x_1}&\dfrac{\partial\delta x_1}{\partial x_2}&\dfrac{\partial\delta x_1}{\partial x_3}&\dfrac{\partial\delta x_1}{\partial t}\\\dfrac{\partial\delta x_2}{\partial x_1}&1+\dfrac{\partial\delta x_2}{\partial x_2}&\dfrac{\partial\delta x_3}{\partial x_3}&\dfrac{\partial\delta x_2}{\partial t}\\\dfrac{\partial\delta x_3}{\partial x_1}&\dfrac{\partial\delta x_3}{\partial x_2}&1+\dfrac{\partial\delta x_3}{\partial x_3}&\dfrac{\partial\delta x_3}{\partial t}\\\dfrac{\partial\delta t}{\partial x_1}&\dfrac{\partial\delta t}{\partial x_2}&\dfrac{\partial\delta t}{\partial x_3}&1+\dfrac{\partial\delta t}{\partial t}\end{vmatrix}$$

准确到一阶项有

$$\frac{\partial\left(x'\right)}{\partial\left(x\right)}=\left|1+\frac{\partial\delta x_1}{\partial x_1}+\frac{\partial\delta x_2}{\partial x_2}+\frac{\partial\delta x_3}{\partial x_3}+\frac{\partial\delta t}{\partial t}\right|=\left|1+\frac{\partial\delta x_\mu}{\partial x_\mu}\right|$$

由于 $1+\dfrac{\partial\delta x_\mu}{\partial x_\mu}>0$,所以得

$$\frac{\partial\left(x'\right)}{\partial\left(x\right)}=1+\frac{\partial\delta x_\mu}{\partial x_\mu}\tag{3.1.19}$$

将式 (3.1.18)、式 (3.1.19)代入式 (3.1.17),得

$$\begin{aligned}&\mathscr{L}\left(x+\delta x,\varphi_\sigma(x)+\delta\varphi_\sigma(x),\frac{\partial\varphi_\sigma(x)}{\partial x_\mu}+\delta\left(\frac{\partial\varphi_\sigma(x)}{\partial x_\mu}\right)\right)\left(1+\frac{\partial\delta x_\mu}{\partial x_\mu}\right)\\&\quad+\left.\frac{\partial\delta\Omega_\mu\left(x',\varphi'_\sigma\left(x'\right)\right)}{\partial x'_\mu}\right|_{x'=x+\delta x}\left(1+\frac{\partial\delta x_\mu}{\partial x_\mu}\right)=\mathscr{L}\left(x,\varphi_\sigma(x),\frac{\partial\varphi_\sigma(x)}{\partial x_\mu}\right)\end{aligned}\tag{3.1.20}$$

由于 $\delta\Omega_\mu$ 是一阶小量,所以准确到一阶时有

$$\mathscr{L}\left(x+\delta x,\varphi_\sigma(x)+\delta\varphi_\sigma(x),\frac{\partial\varphi_\sigma(x)}{\partial x_\mu}+\delta\left(\frac{\partial\varphi_\sigma(x)}{\partial x_\mu}\right)\right)$$

$$+\left.\frac{\partial\delta\Omega_{\mu}\left(x',\varphi'_{\sigma}\left(x'\right)\right)}{\partial x'_{\mu}}\right|_{x'=x+\delta x}=\mathscr{L}\left(x,\varphi_{\sigma}(x),\frac{\partial\varphi_{\sigma}(x)}{\partial x_{\mu}}\right)\tag{3.1.21}$$

根据泰勒展开,准确到一阶量时有

$$\begin{aligned}\frac{\partial\delta\Omega_{\mu}\left(x',\varphi'_{\sigma}\left(x'\right)\right)}{\partial x'_{\mu}}&=\frac{\partial\delta\Omega_{\mu}\left(x+\delta x,\varphi_{\sigma}(x)+\delta\varphi_{\sigma}(x)\right)}{\partial x_{\nu}}\cdot\frac{\partial x_{\nu}}{\partial x'_{\mu}}\\&=\frac{\partial\delta\Omega_{\mu}\left(x+\delta x,\varphi_{\sigma}(x)+\delta\varphi_{\sigma}(x)\right)}{\partial x_{\nu}}\cdot\frac{\partial\left(x'_{\nu}-\delta x_{\nu}\right)}{\partial x'_{\mu}}\\&=\frac{\partial\delta\Omega_{\mu}\left(x+\delta x,\varphi_{\sigma}(x)+\delta\varphi_{\sigma}(x)\right)}{\partial x_{\mu}}\\&=\frac{\partial}{\partial x_{\mu}}\left(\delta\Omega_{\mu}\left(x,\varphi_{\sigma}(x)\right)+\frac{\partial\delta\Omega_{\mu}\left(x,\varphi_{\sigma}(x)\right)}{\partial x_{\nu}}\delta x_{\nu}\right.\\&\qquad\left.+\frac{\partial\delta\Omega_{\mu}\left(x,\varphi_{\sigma}(x)\right)}{\partial\varphi_{\sigma}(x)}\delta\varphi_{\sigma}(x)+\cdots\right)\\&=\frac{\partial\delta\Omega_{\mu}\left(x,\varphi_{\sigma}(x)\right)}{\partial x_{\mu}}\end{aligned}$$

或者

$$\left.\frac{\partial\delta\Omega_{\mu}\left(x',\varphi'_{\sigma}\left(x'\right)\right)}{\partial x'_{\mu}}\right|_{x'=x+\delta x}=\frac{\partial\delta\Omega_{\mu}\left(x,\varphi_{\sigma}(x)\right)}{\partial x_{\mu}}\tag{3.1.22}$$

类似地,有

$$\begin{aligned}&\mathscr{L}\left(x+\delta x,\varphi_{\sigma}(x)+\delta\varphi_{\sigma}(x),\frac{\partial\varphi_{\sigma}(x)}{\partial x_{\mu}}+\delta\left(\frac{\partial\varphi_{\sigma}(x)}{\partial x_{\mu}}\right)\right)\\&=\mathscr{L}+\frac{\mathrm{D}\mathscr{L}}{\mathrm{D}x_{\mu}}\delta x_{\mu}+\frac{\partial\mathscr{L}}{\partial\varphi_{\sigma}(x)}\delta\varphi_{\sigma}(x)+\frac{\partial\mathscr{L}}{\partial\left(\frac{\partial\varphi_{\sigma}(x)}{\partial x_{\mu}}\right)}\cdot\delta\left(\frac{\partial\varphi_{\sigma}(x)}{\partial x_{\mu}}\right)\end{aligned}\tag{3.1.23}$$

将式 (3.1.23)、式 (3.1.22)代入式 (3.1.21)取一阶量,得

$$\mathscr{L}\frac{\partial\delta x_{\mu}}{\partial x_{\mu}}+\frac{\mathrm{D}\mathscr{L}}{\mathrm{D}x_{\mu}}\delta x_{\mu}+\frac{\partial\mathscr{L}}{\partial\varphi_{\sigma}(x)}\delta\varphi_{\sigma}(x)+\frac{\partial\mathscr{L}}{\partial\left(\frac{\partial\varphi_{\sigma}(x)}{\partial x_{\mu}}\right)}\delta\left(\frac{\partial\varphi_{\sigma}(x)}{\partial x_{\mu}}\right)=-\frac{\partial\delta\Omega_{\mu}\left(x,\varphi_{\sigma}(x)\right)}{\partial x_{\mu}}\tag{3.1.24}$$

也就有

$$\begin{aligned}&\left(\delta x_{\mu}\frac{\mathrm{D}}{\mathrm{D}x_{\mu}}+\delta\varphi_{\sigma}(x)\frac{\partial}{\partial\varphi_{\sigma}(x)}+\delta\left(\frac{\partial\varphi_{\sigma}(x)}{\partial x_{\mu}}\right)\frac{\partial}{\partial\left(\frac{\partial\varphi_{\sigma}(x)}{\partial x_{\mu}}\right)}+\frac{\partial\delta x_{\mu}}{\partial x_{\mu}}\right)\mathscr{L}\\&=-\frac{\partial\delta\Omega_{\mu}\left(x,\varphi_{\sigma}(x)\right)}{\partial x_{\mu}}\end{aligned}\tag{3.1.25}$$

这就是决定无穷小变换式 (3.1.12)、式 (3.1.13)是否为对称变换的判别方程. 一般而言，式 (3.1.25)左边的计算结果如果为相当于散度的形式,变换才是对称变换;否则不是.

一般从判别式 (3.1.25) 求出 $\delta\Omega_\mu$,然后继续从这个判别式出发推导守恒定律. 由于

$$\delta\frac{\partial\varphi_\sigma(x)}{\partial x_\mu}\neq\frac{\partial}{\partial x_\mu}\delta\varphi_\sigma(x)$$

所以我们首先来解决这个问题. 由于 $\varphi'_\sigma(x')=\varphi_\sigma(x)+\delta\varphi_\sigma(x)$,所以

$$\begin{aligned}\delta\varphi_\sigma(x)&=\varphi'_\sigma(x')-\varphi_\sigma(x)=\varphi'_\sigma(x+\delta x)-\varphi_\sigma(x)\\&=\varphi'_\sigma(x)+\frac{\partial\varphi'_\sigma(x)}{\partial x_\mu}\delta x_\mu-\varphi_\sigma(x)\\&=\varphi'_\sigma(x)-\varphi_\sigma(x)+\frac{\partial\varphi'_\sigma(x)}{\partial x_\mu}\delta x_\mu\\&=\delta_*\varphi_\sigma(x)+\frac{\partial\varphi'_\sigma(x)}{\partial x_\mu}\delta x_\mu\end{aligned}$$

也就是

$$\delta\varphi_\sigma(x)=\delta_*\varphi_\sigma(x)+\frac{\partial\varphi'_\sigma(x)}{\partial x_\mu}\delta x_\mu\tag{3.1.26}$$

其中

$$\delta_*\varphi_\sigma(x)=\varphi'_\sigma(x)-\varphi_\sigma(x)\tag{3.1.27}$$

从式 (3.1.26)、式 (3.1.27)可以获得

$$\varphi'_\sigma(x)=\varphi_\sigma(x)+\delta\varphi_\sigma(x)-\frac{\partial\varphi'_\sigma(x)}{\partial x_\mu}\delta x_\mu\tag{3.1.28}$$

将式 (3.1.28)代入式 (3.1.26)保留一阶项,得

$$\begin{aligned}\delta\varphi_\sigma(x)&=\delta_*\varphi_\sigma(x)+\delta x_\mu\frac{\partial\left(\varphi_\sigma(x)+\delta\varphi_\sigma(x)-\dfrac{\partial\varphi'_\sigma(x)}{\partial x_\mu}\delta x_\mu\right)}{\partial x_\mu}\\&=\delta_*\varphi_\sigma(x)+\frac{\partial\varphi_\sigma(x)}{\partial x_\mu}\delta x_\mu\end{aligned}\tag{3.1.29}$$

其次,由于

$$\frac{\partial\varphi'_\sigma(x')}{\partial x'_\mu}=\frac{\partial\varphi_\sigma(x)}{\partial x_\mu}+\delta\left(\frac{\partial\varphi_\sigma(x)}{\partial x_\mu}\right)$$

所以

$$\delta\left(\frac{\partial\varphi_\sigma(x)}{\partial x_\mu}\right)=\frac{\partial\varphi'_\sigma(x')}{\partial x'_\mu}-\frac{\partial\varphi_\sigma(x)}{\partial x_\mu}=\left.\frac{\partial\varphi'_\sigma(x')}{\partial x'_\mu}\right|_{x'=x+\delta x}-\frac{\partial\varphi_\sigma(x)}{\partial x_\mu}$$

$$
\begin{aligned}
&= \frac{\partial \varphi'_\sigma(x)}{\partial x_\mu} + \frac{\partial \varphi'_\sigma(x)}{\partial x_\mu} x_\nu \delta x_\nu - \frac{\partial \varphi_\sigma(x)}{\partial x_\mu} \\
&= \frac{\partial \varphi'_\sigma(x)}{\partial x_\mu} - \frac{\partial \varphi_\sigma(x)}{\partial x_\mu} + \frac{\partial \varphi'_\sigma(x)}{\partial x_\mu} x_\nu \delta x_\nu \\
&= \delta_* \left(\frac{\partial \varphi_\sigma(x)}{\partial x_\mu} \right) + \frac{\partial \varphi'_\sigma(x)}{\partial x_\mu} x_\nu \delta x_\nu
\end{aligned}
$$

将式 (3.1.28)代入上式并保留一阶项,得

$$
\delta \left(\frac{\partial \varphi_\sigma(x)}{\partial x_\mu} \right) = \delta_* \left(\frac{\partial \varphi_\sigma(x)}{\partial x_\mu} \right) + \frac{\partial \varphi_\sigma(x)}{\partial x_\mu} x_\nu \delta x_\nu \tag{3.1.30}
$$

其中

$$
\delta_* \left(\frac{\partial \varphi_\sigma(x)}{\partial x_\mu} \right) = \frac{\partial \varphi'_\sigma(x)}{\partial x_\mu} - \frac{\partial \varphi_\sigma(x)}{\partial x_\mu} \tag{3.1.31}
$$

根据式 (3.1.29)和式 (3.1.31)可以导出

$$
\delta_* \left(\frac{\partial \varphi_\sigma(x)}{\partial x_\mu} \right) = \frac{\partial \left(\varphi'_\sigma(x) - \varphi_\sigma(x) \right)}{\partial x_\mu} = \frac{\partial \delta_* \varphi_\sigma(x)}{\partial x_\mu}
$$

于是

$$
\delta_* \left(\frac{\partial \varphi_\sigma(x)}{\partial x_\mu} \right) = \frac{\partial}{\partial x_\mu} \delta_* \varphi_\sigma(x) \tag{3.1.32}
$$

即变分符号 δ_* 与微商号可以对易.

现在就可以着手推导守恒定律. 将式 (3.1.29)、式 (3.1.30)、式 (3.1.32)代入判别式 (3.1.25),得

$$
\begin{aligned}
-\frac{\partial \delta \Omega_\mu}{\partial x_\mu} &= \frac{\mathrm{D}\mathscr{L}}{\mathrm{D}x_\mu} \delta x_\mu + \frac{\partial \mathscr{L}}{\partial \varphi_\sigma(x)} \left(\delta_* \varphi_\sigma(x) + \frac{\partial \varphi_\sigma(x)}{\partial x_\mu} \delta x_\mu \right) \\
&\quad + \frac{\partial \mathscr{L}}{\partial \left(\frac{\partial \varphi_\sigma(x)}{\partial x_\mu} \right)} \left(\delta_* \frac{\partial \varphi_\sigma(x)}{\partial x_\mu} + \frac{\partial \varphi_\sigma(x)}{\partial x_\mu} x_\nu \right) + \mathscr{L} \frac{\partial \delta x_\mu}{\partial x_\mu} \\
&= \left(\frac{\mathrm{D}\mathscr{L}}{\mathrm{D}x_\mu} + \frac{\partial \mathscr{L}}{\partial \varphi_\sigma(x)} \cdot \frac{\partial \varphi_\sigma(x)}{\partial x_\mu} + \frac{\partial \mathscr{L}}{\partial \left(\frac{\partial \varphi_\sigma(x)}{\partial x_\mu} \right)} \frac{\partial \varphi_\sigma(x)}{\partial x_\mu} x_\nu \right) \delta x_\mu + \mathscr{L} \frac{\partial \varphi_\sigma(x)}{\partial x_\mu} \\
&\quad + \frac{\partial \mathscr{L}}{\partial \varphi_\sigma(x)} \delta_* \varphi_\sigma(x) + \frac{\partial \mathscr{L}}{\partial \left(\frac{\partial \varphi_\sigma(x)}{\partial x_\mu} \right)} \frac{\partial}{\partial x_\mu} \delta_* \varphi_\sigma(x) \\
&= \frac{\partial \mathscr{L}}{\partial x_\mu} \delta x_\mu + \mathscr{L} \frac{\partial \varphi_\sigma(x)}{\partial x_\mu} + \left(\frac{\partial \mathscr{L}}{\partial \varphi_\sigma(x)} - \frac{\partial}{\partial x_\mu} \frac{\partial \mathscr{L}}{\partial \left(\frac{\partial \varphi_\sigma(x)}{\partial x_\mu} \right)} \right) \delta_* \varphi_\sigma(x)
\end{aligned}
$$

$$= \frac{\partial}{\partial x_\mu}\left(\mathscr{L}\delta x_\mu + \frac{\partial \mathscr{L}}{\partial\left(\frac{\partial \varphi_\sigma(x)}{\partial x_\mu}\right)}\delta_*\varphi_\sigma(x)\right) + [\mathscr{L}]_\sigma \delta_*\varphi_\sigma(x)$$

$$+ \frac{\partial}{\partial x_\mu}\left(\frac{\partial \mathscr{L}}{\partial\left(\frac{\partial \varphi_\sigma(x)}{\partial x_\mu}\right)}\delta_*\varphi_\sigma(x)\right)$$

$$= \frac{\partial\left(\mathscr{L}\delta x_\mu\right)}{\partial x_\mu} + [\mathscr{L}]_\sigma \delta_*\varphi_\sigma(x) + \frac{\partial}{\partial x_\mu}\left(\frac{\partial \mathscr{L}}{\partial\left(\frac{\partial \varphi_\sigma(x)}{\partial x_\mu}\right)}\delta_*\varphi_\sigma(x)\right)$$

将 δ_* 重新换成 δ,得

$$0 = \frac{\partial}{\partial x_\nu}\left[\mathscr{L}\delta x_\nu + \frac{\partial \mathscr{L}}{\partial\left(\frac{\partial \varphi_\sigma(x)}{\partial x_\nu}\right)}\left(\delta\varphi_\sigma(x) - \frac{\partial \varphi_\sigma(x)}{\partial x_\mu}\delta x_\mu\right) + \delta x_\nu\right]$$

$$+[\mathscr{L}]_\sigma\left(\delta\varphi_\sigma(x) - \frac{\partial \varphi_\sigma(x)}{\partial x_\mu}\delta x_\mu\right)$$

$$= \frac{\partial}{\partial x_\nu}\left[\left(\mathscr{L}\delta x_{\mu\nu} - \frac{\partial \mathscr{L}}{\partial\left(\frac{\partial \varphi_\sigma(x)}{\partial x_\nu}\right)}\frac{\partial \varphi_\sigma(x)}{\partial x_\mu}\right)\delta x_\mu + \frac{\partial \mathscr{L}}{\partial\left(\frac{\partial \varphi_\sigma(x)}{\partial x_\nu}\right)}\delta\varphi_\sigma(x) + \delta\Omega_\nu\right]$$

$$+[\mathscr{L}]_\sigma\left(\delta\varphi_\sigma(x) - \frac{\partial \varphi_\sigma(x)}{\partial x_\mu}\delta x_\mu\right)$$

引进正则能量、动量张量

$$T_{\mu\nu} = \mathscr{L}\delta_{\mu\nu} - \frac{\partial \mathscr{L}}{\partial\left(\frac{\partial \varphi_\sigma(x)}{\partial x_\nu}\right)}\frac{\partial \varphi_\sigma(x)}{\partial x_\mu} \tag{3.1.33}$$

则有

$$\frac{\partial}{\partial x_\nu}\left(T_{\mu\nu}\delta x_\mu + \frac{\partial \mathscr{L}}{\partial\left(\frac{\partial \varphi_\sigma(x)}{\partial x_\nu}\right)}\delta\varphi_\sigma(x) + \delta\Omega_\nu\right) + [\mathscr{L}]_\sigma\left(\delta\varphi_\sigma(x) - \frac{\partial \varphi_\sigma(x)}{\partial x_\mu}\delta x_\mu\right) = 0 \tag{3.1.34}$$

由于场量 φ_σ 满足运动方程 $[\mathscr{L}]_\sigma = 0$,所以式 (3.1.34)化为

$$\frac{\partial}{\partial x_\nu}\left(T_{\mu\nu}\delta x_\mu + \frac{\partial \mathscr{L}}{\partial\left(\frac{\partial \varphi_\sigma(x)}{\partial x_\nu}\right)}\delta\varphi_\sigma(x) + \delta\Omega_\nu\right) = 0 \tag{3.1.35}$$

这就是与无穷小对称变换

$$\begin{cases} x_\mu \to x'_\mu = x_\mu + \delta x_\mu \\ \varphi_\sigma(x) \to \varphi'_\sigma(x') = \varphi_\sigma(x) + \delta\varphi_\sigma(x) \end{cases} \tag{3.1.36}$$

相联系的守恒定律. 显然,这样的对称变换的完全集合形成一个群,这种群是和物理系统的具有普遍意义的对称性质密切相连的,可以称之为对称变换群. 这样,我们从物理系统的对称性质引导到参考系的对称变换群,再从参考系的对称变换群引导到物理系统的守恒定律.

形式为式 (3.1.35)、式 (3.1.36)的守恒定律称为诺特定理. 这是一种微分形式，在式 (3.1.35)式两边对空间积分可以获得守恒定律的积分形式. 下面我们在积分形式中推导守恒定律.

在参考系 K 中系统的作用量是

$$S = \int_\Omega \mathrm{d}^4x \mathscr{L}\left(x, \varphi_\sigma(x), \frac{\partial\varphi_\sigma(x)}{\partial x_\mu}\right)$$

当我们从参考系 K 过渡到参考系 K' 时,在参考系 K' 中系统的作用量是

$$S' = \int_{\Omega'} \mathrm{d}^4x' \mathscr{L}'\left(x', \varphi'_\sigma(x'), \frac{\partial\varphi'_\sigma(x')}{\partial x'_\mu}\right)$$

由于作用量的数值应该保持不变,即

$$S' - S = 0 \tag{3.1.37}$$

所以得

$$\int_{\Omega'} \mathrm{d}^4x' \mathscr{L}'\left(x', \varphi'_\sigma(x'), \frac{\partial\varphi'_\sigma(x')}{\partial x'_\mu}\right) - \int_\Omega \mathrm{d}^4x \mathscr{L}\left(x, \varphi_\sigma(x), \frac{\partial\varphi_\sigma(x)}{\partial x_\mu}\right) = 0 \tag{3.1.38}$$

由于运动方程的形式应该保持不变,所以拉格朗日函数密度 $\mathscr{L}$ 的形式与 $\mathscr{L}'$ 的形式最多相差一个散度,即

$$\begin{aligned} &\int_{\Omega'} \mathrm{d}^4x' \left(\mathscr{L}\left(x', \varphi'_\sigma(x'), \frac{\partial\varphi'_\sigma(x')}{\partial x'_\mu}\right) + \frac{\partial\Omega_\mu(x', \varphi'_\sigma(x'))}{\partial x'_\mu}\right) \\ &\quad - \int_\Omega \mathrm{d}^4x \mathscr{L}\left(x, \varphi_\sigma(x), \frac{\partial\varphi_\sigma(x)}{\partial x_\mu}\right) = 0 \end{aligned} \tag{3.1.39}$$

或写成

$$\int_{\Omega'} \mathrm{d}^4x' \mathscr{L}\left(x', \varphi'_\sigma(x'), \frac{\partial\varphi'_\sigma(x')}{\partial x'_\mu}\right) - \int_\Omega \mathrm{d}^4x \mathscr{L}\left(x, \varphi_\sigma(x), \frac{\partial\varphi_\sigma(x)}{\partial x_\mu}\right)$$

$$+\int_{\Omega'}\mathrm{d}^4x'\frac{\partial\Omega_\mu\left(x',\varphi'_\sigma\left(x'\right)\right)}{\partial x'_\mu}=0$$

也就是

$$\delta S+\int_{\Omega'}\mathrm{d}^4x'\frac{\partial\Omega_\mu\left(x',\varphi'_\sigma\left(x'\right)\right)}{\partial x'_\mu}=0 \tag{3.1.40}$$

其中

$$\delta S=\int_{\Omega'}\mathrm{d}^4x'\mathscr{L}\left(x',\varphi'_\sigma\left(x'\right),\frac{\partial\varphi'_\sigma\left(x'\right)}{\partial x'_\mu}\right)-\int_{\Omega}\mathrm{d}^4x\mathscr{L}\left(x,\varphi_\sigma(x),\frac{\partial\varphi_\sigma(x)}{\partial x_\mu}\right) \tag{3.1.41}$$

在无穷小对称变换的条件下,δS 可以写为

$$\begin{aligned}\delta S=&\int_{\Omega'}\mathrm{d}^4x'\mathscr{L}\left(x+\delta x,\varphi_\sigma(x)+\delta\varphi_\sigma(x),\frac{\partial\varphi_\sigma(x)}{\partial x_\mu}+\delta\frac{\partial\varphi_\sigma(x)}{\partial x_\mu}\right)\\&-\int_{\Omega}\mathrm{d}^4x\left(x,\varphi_\sigma(x),\frac{\partial\varphi_\sigma(x)}{\partial x_\mu}\right)\\=&\int_{\Omega}\mathrm{d}^4x\left[\left(1+\frac{\partial\delta x_\mu}{\partial x_\mu}\right)\left(\mathscr{L}+\frac{\mathrm{D}\mathscr{L}}{\mathrm{D}x_\mu}\delta x_\mu\right.\right.\\&\left.\left.+\frac{\partial\mathscr{L}}{\partial\varphi_\sigma(x)}\delta\varphi_\sigma(x)+\frac{\partial\mathscr{L}}{\partial\left(\frac{\partial\varphi_\sigma(x)}{\partial x_\mu}\right)}\delta\left(\frac{\partial\varphi_\sigma(x)}{\partial x_\mu}\right)\right)-\mathscr{L}\right]\\=&\int_{\Omega}\mathrm{d}^4x\left[\frac{\mathrm{D}\mathscr{L}}{\mathrm{D}x_\mu}\delta x_\mu+\frac{\partial\mathscr{L}}{\partial\varphi_\sigma(x)}\delta\varphi_\sigma(x)+\frac{\partial\mathscr{L}}{\partial\left(\frac{\partial\varphi_\sigma(x)}{\partial x_\mu}\right)}\delta\left(\frac{\partial\varphi_\sigma(x)}{\partial x_\mu}\right)+\mathscr{L}\frac{\partial\delta x_\mu}{\partial x_\mu}\right]\end{aligned} \tag{3.1.42}$$

将式 (3.1.34)代入后

$$\delta S=\int_{\Omega}\mathrm{d}^4x\left[\frac{\partial}{\partial x_\nu}\left(T_{\mu\nu}\delta x_\mu+\frac{\partial\mathscr{L}}{\partial\left(\frac{\partial\varphi_\sigma(x)}{\partial x_\nu}\right)}\delta\varphi_\sigma(x)\right)+[\mathscr{L}]_\sigma\left(\delta\varphi_\sigma(x)-\frac{\partial\varphi_\sigma(x)}{\partial x_\mu}\delta x_\mu\right)\right] \tag{3.1.43}$$

在无穷小变换下还有

$$\int_{\Omega'}\mathrm{d}^4x'\frac{\partial\Omega_\mu\left(x',\varphi'_\sigma\left(x'\right)\right)}{\partial x'_\mu}\to\int_{\Omega'}\mathrm{d}^4x'\frac{\partial\Omega_\mu\left(x',\varphi'_\sigma\left(x'\right)\right)}{\partial x'_\mu}=\int_{\Omega}\mathrm{d}^4x\frac{\partial\Omega_\mu\left(x,\varphi_\sigma(x)\right)}{\partial x_\mu} \tag{3.1.44}$$

将式 (3.1.43)、式 (3.1.44)代入式 (3.1.40),则得

$$\int_{\Omega}\mathrm{d}^4x\left\{\frac{\partial}{\partial x_\nu}\left(T_{\mu\nu}\delta x_\mu+\frac{\partial\mathscr{L}}{\partial\left(\frac{\partial\varphi_\sigma(x)}{\partial x_\nu}\right)}\delta\varphi_\sigma(x)+\delta\Omega_\nu\right)\right.$$

$$+[\mathscr{L}]_\sigma\left(\delta\varphi_\sigma(x)-\frac{\partial\varphi_\sigma(x)}{\partial x_\mu}\delta x_\mu\right)\Bigg\}=0 \tag{3.1.45}$$

由于场量 φ_σ 满足运动方程 $[\mathscr{L}]_\sigma=0$,所以得

$$\int_\Omega \mathrm{d}^4x\frac{\partial}{\partial x_\nu}\left\{T_{\mu\nu}\delta x_\mu+\frac{\partial\mathscr{L}}{\partial\left(\frac{\partial\varphi_\sigma(x)}{\partial x_\nu}\right)}\delta\varphi_\sigma(x)+\delta\Omega_\nu\right\}=0 \tag{3.1.46}$$

3.2 运动规律的平移不变性和能量动量守恒定律

实验证明,时空是均匀的,即在四维时空连续区域中,不存在特殊点. 因此引出参考系的平移变换群,而这一系列参考系在物理上是等效的,即物理规律的形式在参考系的平移下是不变的. 我们来探讨与时空均匀性 (平移不变性) 相联系的守恒定律.

在参考系平移到点 $\boldsymbol{\Delta}$ 时,标记物理系统的物理点 P 的时空坐标做如下变换:

$$x_\mu\rightarrow x'_\mu=x_\mu-\boldsymbol{\Delta}_\mu \tag{3.2.1}$$

如图 3.2 所示,其中,$\boldsymbol{\Delta}$ 是一个常数的矢量,它代表参考系的平移. 但是,在平移变换下,相应地在场量空间中引起一个恒等变换,即

$$\varphi_\sigma(x)\rightarrow\varphi'_\sigma(x')=\varphi_\sigma(x) \tag{3.2.2}$$

因此,在平移变换下的变分函数是

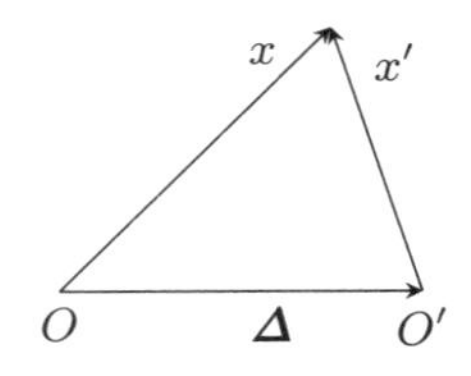

图 3.2 参考系平移

$$\begin{cases}\delta x_\mu = -\boldsymbol{\Delta}_\mu \\ \delta\varphi_\sigma(x) = 0\end{cases} \tag{3.2.3}$$

代入诺特定理式 (3.1.35)之中,得守恒定律

$$\frac{\partial}{\partial x_\nu}\left(-T_{\mu\nu}\boldsymbol{\Delta}_\mu + \delta\Omega_\nu\right) = 0 \tag{3.2.4}$$

展开得

$$\begin{aligned}\frac{\partial\delta\Omega_\mu}{\partial x_\mu} &= \boldsymbol{\Delta}_\mu\frac{\partial T_{\mu\nu}}{\partial x_\nu} = \boldsymbol{\Delta}_\mu\frac{\partial}{\partial x_\nu}\left(\mathscr{L}\delta_{\mu\nu} - \frac{\partial\mathscr{L}}{\partial\left(\dfrac{\partial\varphi_\sigma(x)}{\partial x_\nu}\right)}\frac{\partial\varphi_\sigma(x)}{\partial x_\mu}\right) \\ &= \boldsymbol{\Delta}_\mu\left(\frac{\partial\mathscr{L}}{\partial x_\mu} - \frac{\partial}{\partial x_\nu}\frac{\partial\mathscr{L}}{\partial\left(\dfrac{\partial\varphi_\sigma(x)}{\partial x_\nu}\right)}\frac{\partial\varphi_\sigma(x)}{\partial x_\mu} - \frac{\partial\mathscr{L}}{\partial\left(\dfrac{\partial\varphi_\sigma(x)}{\partial x_\nu}\right)}\frac{\partial\varphi_\sigma(x)}{\partial x_\mu}x_\nu\right)\end{aligned}$$

将拉格朗日运动方程代入得

$$\frac{\partial\delta\Omega_\mu}{\partial x_\mu} = \boldsymbol{\Delta}_\mu\left(\frac{\partial\mathscr{L}}{\partial x_\mu} - \frac{\partial\mathscr{L}}{\partial\varphi_\sigma(x)}\frac{\partial\varphi_\sigma(x)}{\partial x_\mu} - \frac{\partial\mathscr{L}}{\partial\left(\dfrac{\partial\varphi_\sigma(x)}{\partial x_\nu}\right)}\frac{\partial\varphi_\sigma(x)}{\partial x_\mu}x_\nu\right)$$

在拉格朗日函数密度 $\mathscr{L}$ 包含时空坐标 x 的条件下,有

$$\begin{aligned}&\mathscr{L} = \mathscr{L}\left(x, \varphi_\sigma(x), \frac{\partial\varphi_\sigma(x)}{\partial x_\mu}\right) \\ &\frac{\partial\mathscr{L}}{\partial x_\mu} = \frac{\mathrm{D}\mathscr{L}}{\mathrm{D}x_\mu} - \frac{\partial\mathscr{L}}{\partial\varphi_\sigma(x)}\frac{\partial\varphi_\sigma(x)}{\partial x_\mu} - \frac{\partial\mathscr{L}}{\partial\left(\dfrac{\partial\varphi_\sigma(x)}{\partial x_\nu}\right)}\frac{\partial\varphi_\sigma(x)}{\partial x_\mu}x_\nu\end{aligned}$$

代入前式得

$$\frac{\partial\delta\Omega_\mu}{\partial x_\mu} = \boldsymbol{\Delta}_\mu\frac{\mathrm{D}\mathscr{L}}{\mathrm{D}x_\mu} \tag{3.2.5}$$

这个方程是一个矛盾方程,这是由于方程的左边 $\dfrac{\partial\delta\Omega_\mu}{\partial x_\mu}$ 是一个散度,但是方程的右边却不可能是一个散度. 因此守恒定律式 (3.2.4)不成立,但是只要拉格朗日函数密度 $\mathscr{L}$ 不包含时空坐标 x,即

$$\mathscr{L} = \mathscr{L}\left(\varphi_\sigma(x), \frac{\partial\varphi_\sigma(x)}{\partial x_\mu}\right) \tag{3.2.6}$$

这时获得

$$\frac{\mathrm{D}\mathscr{L}}{\mathrm{D}x_\mu} = 0 \tag{3.2.7}$$

从而导出

$$\frac{\partial \delta \Omega_\mu}{\partial x_\mu} = 0 \tag{3.2.8}$$

因此,方程式 (3.2.5)的矛盾消除,从而使得守恒定律成立. 由于能量、动量守恒定律是经过实践及后考验的客观真理,所以为了保证能量、动量守恒定律成立,在我们以后的讨论中都假设拉格朗日函数密度 $\mathscr{L}$ 不包含时空坐标 x,即式 (3.2.6)、式 (3.2.8)成立,这正是时空均匀性的要求. 在这个条件下,式 (3.2.4)成为

$$\boldsymbol{\Delta}_\mu \frac{\partial T_{\mu\nu}}{\partial x_\nu} = 0$$

由于 $\boldsymbol{\Delta}_\mu$ 是 4 个彼此独立的任意参数,所以我们获得 4 条守恒定律

$$\frac{\partial T_{\mu\nu}}{\partial x_\nu} = 0 \tag{3.2.9}$$

事实上,在拉格朗日函数密度不包含时空坐标 x 的条件下,由正则能量、动量的定义

$$T_{\mu\nu} = \mathscr{L}\delta_{\mu\nu} - \frac{\partial \mathscr{L}}{\partial\left(\dfrac{\partial \varphi_\sigma(x)}{\partial x_\nu}\right)}\frac{\partial \varphi_\sigma(x)}{\partial x_\mu} \tag{3.2.10}$$

可以直接导出守恒定律 $\dfrac{\partial T_{\mu\nu}}{\partial x_\nu} = 0$,即

$$\begin{aligned}
\frac{\partial T_{\mu\nu}}{\partial x_\nu} &= \frac{\partial}{\partial x_\nu}\left(\mathscr{L}\delta_{\mu\nu} - \frac{\partial \mathscr{L}}{\partial\left(\dfrac{\partial \varphi_\sigma(x)}{\partial x_\mu}\right)}\frac{\partial \varphi_\sigma(x)}{\partial x_\mu}\right) \\
&= \frac{\partial \mathscr{L}}{\partial x_\mu} - \frac{\partial}{\partial x_\nu}\left(\frac{\partial \mathscr{L}}{\partial\left(\dfrac{\partial \varphi_\sigma(x)}{\partial x_\nu}\right)}\frac{\partial \varphi_\sigma(x)}{\partial x_\mu}\right) \\
&= \frac{\partial \mathscr{L}}{\partial x_\mu} - \frac{\partial}{\partial x_\nu}\frac{\partial \mathscr{L}}{\partial\left(\dfrac{\partial \varphi_\sigma(x)}{\partial x_\mu}\right)}\frac{\partial \varphi_\sigma(x)}{\partial x_\mu} - \frac{\partial \mathscr{L}}{\partial\left(\dfrac{\partial \varphi_\sigma(x)}{\partial x_\nu}\right)}\frac{\partial \varphi_\sigma(x)}{\partial x_\mu}x_\nu
\end{aligned}$$

将拉格朗日运动方程代入得

$$\frac{\partial T_{\mu\nu}}{\partial x_\nu} = \frac{\partial \mathscr{L}}{\partial x_\mu} - \frac{\partial \mathscr{L}}{\partial \varphi_\sigma(x)}\frac{\partial \varphi_\sigma(x)}{\partial x_\mu} - \frac{\partial \mathscr{L}}{\partial\left(\dfrac{\partial \varphi_\sigma(x)}{\partial x_\nu}\right)}\frac{\partial \varphi_\sigma(x)}{\partial x_\mu}x_\nu$$

由于拉格朗日函数密度 $\mathscr{L}$ 不包含时空坐标 x,所以

$$\frac{\partial \mathscr{L}}{\partial x_\mu} = \frac{\partial \mathscr{L}}{\partial \varphi_\sigma(x)}\frac{\partial \varphi_\sigma(x)}{\partial x_\mu} + \frac{\partial \mathscr{L}}{\partial\left(\dfrac{\partial \varphi_\sigma(x)}{\partial x_\nu}\right)}\frac{\partial \varphi_\sigma(x)}{\partial x_\mu}x_\nu \tag{3.2.11}$$

代入得

$$\frac{\partial T_{\mu\nu}}{\partial x_\nu}=\frac{\partial \mathscr{L}}{\partial x_\mu}-\frac{\partial \mathscr{L}}{\partial x_\mu}=0$$

于是断言得证. 上式又可以写为

$$\frac{\partial T_{\mu k}}{\partial x_k}-\mathrm{i}\frac{\partial T_{\mu 4}}{\partial t}=0$$

乘以 $\int_V \mathrm{d}^3x$ 积分之,得

$$\int_V \mathrm{d}^3x\frac{\partial T_{\mu k}}{\partial x_k}-\mathrm{i}\int_V \mathrm{d}^3x\frac{\partial T_{\mu 4}}{\partial t}=0$$

$$\int_V \mathrm{d}^3x\left(\frac{\partial T_{\mu 1}}{\partial x_1}+\frac{\partial T_{\mu 2}}{\partial x_2}+\frac{\partial T_{\mu 3}}{\partial x_3}\right)-\mathrm{i}\frac{\mathrm{d}}{\mathrm{d}t}\int_V \mathrm{d}^3xT_{\mu 4}=0$$

如果场量满足周期性边界条件,那么 $\frac{\partial T_{\mu 1}}{\partial x_1},\frac{\partial T_{\mu 2}}{\partial x_2},\frac{\partial T_{\mu 3}}{\partial x_3}$ 的积分都等于零,即

$$\int_V \mathrm{d}^3x\frac{\partial T_{\mu k}}{\partial x_k}=0 \tag{3.2.12}$$

从而获得

$$-\mathrm{i}\frac{\mathrm{d}}{\mathrm{d}t}\int_V \mathrm{d}^3xT_{\mu 4}=0 \tag{3.2.13}$$

令

$$P_\mu=-\mathrm{i}\int_{t=\text{常数}} \mathrm{d}^3xT_{\mu 4}=\int_{\sigma\text{平面}}\mathrm{d}\sigma_\nu T_{\mu\nu} \tag{3.2.14}$$

则得

$$\frac{\mathrm{d}P_\mu}{\mathrm{d}t}=0 \tag{3.2.15}$$

所以,P_μ 是一个守恒量,其中 P_1,P_2,P_3 代表动量的分量,$-\mathrm{i}P_4=H$ 代表能量,亦即 P_μ 代表场的总能量和总动量. 因此,式 (3.2.15)代表场的能量、动量守恒定律. 这是时空均匀性的直接结果.

为了求得能量、动量 P_μ 满足的泊松括号,我们将 $T_{\mu 4}$ 代入式 (3.2.14),得

$$P_\mu=-\mathrm{i}\int_V \mathrm{d}^3x\left(\mathscr{L}\delta_{\mu 4}-\mathrm{i}\pi_\sigma(x)\frac{\partial \varphi_\sigma(x)}{\partial x_\mu}\right) \tag{3.2.16}$$

也就是

$$\begin{cases}\boldsymbol{P}=-\int_V \mathrm{d}^3x\pi_\sigma(x)\nabla\varphi_\sigma(x)\\ P_4=\mathrm{i}\int_V \mathrm{d}^3x\left(\pi_\sigma(x)\dot{\varphi}_\sigma(x)-\mathscr{L}\right)=\mathrm{i}\int_V \mathrm{d}^3x\mathscr{H}=\mathrm{i}H\end{cases} \tag{3.2.17}$$

从而导出 P_μ 的泛函微商是

$$\begin{cases} \dfrac{\delta \boldsymbol{P}}{\delta\varphi_\sigma(x)} = \nabla\pi_\sigma(x), \quad \dfrac{\delta H}{\delta\varphi_\sigma(x)} = -\dfrac{\partial\pi_\sigma(x)}{\partial t} \\ \dfrac{\delta \boldsymbol{P}}{\delta\pi_\sigma(x)} = -\nabla\varphi_\sigma(x), \quad \dfrac{\delta H}{\delta\pi_\sigma(x)} = -\dfrac{\partial\varphi_\sigma(x)}{\partial t} \end{cases} \tag{3.2.18}$$

于是

$$\begin{cases} \dfrac{\delta P_\mu}{\delta\varphi_\sigma(x)} = \dfrac{\partial\pi_\sigma(x)}{\partial x_\mu} \\ \dfrac{\delta P_\mu}{\delta\pi_\sigma(x)} = -\dfrac{\partial\varphi_\sigma(x)}{\partial x_\mu} \end{cases} \tag{3.2.19}$$

因此,有

$$\begin{aligned} (P_r,P_s) &= \int_V \mathrm{d}^3x \left(\frac{\delta P_r}{\delta\varphi_\sigma(x)}\frac{\delta P_s}{\delta\pi_\sigma(x)} - \frac{\delta P_r}{\delta\pi_\sigma(x)}\frac{\delta P_s}{\delta\varphi_\sigma(x)}\right) \\ &= \int_V \mathrm{d}^3x \left(-\frac{\partial\pi_\sigma(x)}{\partial x_r}\frac{\partial\varphi_\sigma(x)}{\partial x_s} + \frac{\partial\varphi_\sigma(x)}{\partial x_r}\frac{\partial\pi_\sigma(x)}{\partial x_s}\right) \\ &= \int_V \mathrm{d}^3x\pi_\sigma(x)\left(\frac{\partial}{\partial x_r}x_s - \frac{\partial}{\partial x_s}x_r\right)\varphi_\sigma(x) = 0 \end{aligned}$$

也就是

$$(P_r,P_s) = 0 \quad (r,s = 1,2,3) \tag{3.2.20}$$

另外有

$$\begin{aligned} (P_r,H) &= \int_V \mathrm{d}^3x \left(\frac{\delta P_r}{\delta\varphi_\sigma(x)}\frac{\delta H}{\delta\pi_\sigma(x)} - \frac{\delta P_r}{\delta\pi_\sigma(x)}\frac{\delta H}{\delta\varphi_\sigma(x)}\right) \\ &= \int_V \mathrm{d}^3x \left(\frac{\partial\pi_\sigma(x)}{\partial x_r}\frac{\partial\varphi_\sigma(x)}{\partial t} - \frac{\partial\varphi_\sigma(x)}{\partial x_r}\frac{\partial\pi_\sigma(x)}{\partial t}\right) \\ &= -\int_V \mathrm{d}^3x \left(\pi_\sigma(x)\frac{\partial\dot{\varphi}_\sigma(x)}{\partial x_r} + \dot{\pi}_\sigma(x)\frac{\partial\varphi_\sigma(x)}{\partial x_r}\right) \\ &= -\int_V \mathrm{d}^3x\frac{\partial}{\partial t}\left(\pi_\sigma(x)\frac{\partial\varphi_\sigma(x)}{\partial x_r}\right) \\ &= -\frac{\mathrm{d}}{\mathrm{d}t}\int_V \mathrm{d}^3x\pi_\sigma(x)\frac{\partial\varphi_\sigma(x)}{\partial x_r} \\ &= \frac{\mathrm{d}P_r}{\mathrm{d}t} \end{aligned}$$

由于动量守恒,即 $\dfrac{\mathrm{d}P_r}{\mathrm{d}t} = 0$,所以得

$$(P_r,H) = 0 \tag{3.2.21}$$

因此,式 (3.2.20)、式 (3.2.21)概括为

$$(P_\mu,P_\nu) = 0 \tag{3.2.22}$$

这就是能量、动量间的泊松括号. 特别地,可以求出

$$
\begin{aligned}
(P_\mu,\varphi_\sigma(x)) &= \int_V \mathrm{d}^3x' \left(\frac{\delta P_\mu}{\delta\varphi_\rho(x')}\frac{\delta\varphi_\sigma(x)}{\delta\pi_\rho(x')} - \frac{\delta P_\mu}{\delta\pi_\rho(x')}\frac{\delta\varphi_\sigma(x)}{\delta\varphi_\rho(x')}\right) \\
&= \int_V \mathrm{d}^3x' - \delta_{\sigma\rho}\delta^3(x-x')\frac{\delta P_\mu}{\delta\pi_\rho(x')} \\
&= -\frac{\delta P_\mu}{\delta\pi_\sigma(x)} = \frac{\partial\varphi_\sigma(x)}{\partial x_\mu}
\end{aligned}
$$

也就是

$$
\frac{\partial\varphi_\sigma(x)}{\partial x_\mu} = (P_\mu,\varphi_\sigma(x)) \tag{3.2.23}
$$

另外又有

$$
\begin{aligned}
(P_\mu,\pi_\sigma(x)) &= \int_V \mathrm{d}^3x' \left(\frac{\delta P_\mu}{\delta\varphi_\rho(x')}\frac{\delta\pi_\sigma(x)}{\delta\pi_\rho(x')} - \frac{\delta P_\mu}{\delta\pi_\rho(x')}\frac{\delta\pi_\sigma(x)}{\delta\varphi_\rho(x')}\right) \\
&= \frac{\delta P_\mu}{\delta\varphi_\sigma(x)} = \frac{\partial\pi_\sigma(x)}{\partial x_\mu}
\end{aligned} \tag{3.2.24}
$$

以及

$$
\begin{aligned}
\left(P_\mu,\frac{\partial\varphi_\sigma(x)}{\partial x_r}\right) &= \int_V \mathrm{d}^3x' \left(\frac{\delta P_\mu}{\delta\varphi_\rho(x')}\frac{\delta\left(\frac{\partial\varphi_\sigma(x)}{\partial x_r}\right)}{\delta\pi_\rho(x')} - \frac{\delta P_\mu}{\delta\pi_\rho(x')}\frac{\delta\left(\frac{\partial\varphi_\sigma(x)}{\partial x_r}\right)}{\delta\varphi_\rho(x')}\right) \\
&= -\int_V \mathrm{d}^3x' \frac{\delta P_\mu}{\delta\pi_\rho(x')}\frac{\delta\left(\frac{\partial\varphi_\sigma(x)}{\partial x_r}\right)}{\delta\varphi_\rho(x')} \\
&= \int_V \mathrm{d}^3x' \frac{\delta P_\mu}{\delta\pi_\rho(x')}\frac{\partial\delta^3(x'-x)\delta_{\sigma\rho}}{\partial x'_r} \\
&= -\int_V \mathrm{d}^3x' \frac{\partial}{\partial x'_r}\frac{\delta P_\mu}{\delta\pi_\sigma(x')}\delta^3(x-x') \\
&= -\frac{\partial}{\partial x_r}\frac{\delta P_\mu}{\delta\pi_\sigma(x)} = \frac{\partial\left(\frac{\partial\varphi_\sigma(x)}{\partial x_r}\right)}{\partial x_\mu}
\end{aligned}
$$

或

$$
\frac{\partial\nabla\varphi_\sigma(x)}{\partial x_\mu} = (P_\mu,\nabla\varphi_\sigma(x)) \tag{3.2.25}
$$

亦即,有

$$
\begin{cases}
\dfrac{\partial\varphi_\sigma(x)}{\partial x_\mu} = (P_\mu,\varphi_\sigma(x)) \\
\dfrac{\partial\nabla\varphi_\sigma(x)}{\partial x_\mu} = (P_\mu,\nabla\varphi_\sigma(x)) \\
\dfrac{\partial\pi_\sigma(x)}{\partial x_\mu} = (P_\mu,\pi_\sigma(x))
\end{cases} \tag{3.2.26}
$$

因此,根据泊松括号的定义和性质,任何一个 $\varphi_\sigma(x),\nabla\varphi_\sigma(x),\pi_\sigma(x)$ 的函数 F,都具有如下形式的泊松括号:

$$\frac{\partial F}{\partial x_\mu}=(P_\mu,F) \tag{3.2.27}$$

最后,我们来求取场量在时空中的数值关系,由于

$$\varphi'_\sigma(x')=\varphi_\sigma(x)=\varphi_\sigma(x'+\Delta)$$

所以

$$\varphi'_\sigma(x)=\varphi_\sigma(x+\Delta)=\varphi_\sigma(x)+\Delta_\mu\frac{\partial\varphi_\sigma(x)}{\partial x_\mu}\cdots$$

将 $\varphi_\sigma(x)$ 与 P_μ 的泊松括号代入得

$$\varphi'_\sigma(x)=\varphi_\sigma(x+\Delta)=\varphi_\sigma(x)+\Delta_\mu\left(P_\mu,\varphi_\sigma(x)\right)+\cdots \tag{3.2.28}$$

3.3 运动规律的洛伦兹不变性和角动量守恒定律、质量中心定律

实验证明,时空不但是均匀的 (即在四维时空连续区中不存在特殊点),而且各向是同性的 (即在四维时空连续区中不存在特殊方向——特殊轴),因为时空的这种对称性质,该理论也被称为相对性理论. 根据这条原理,各个惯性参考系在物理上是等效的,换言之,在各个惯性参考系中运动方程的形式是不变的. 由于物质相互作用必须满足因果律的要求,从而产生了光速不变原理. 在相对性原理和光速不变性原理的基础上,爱因斯坦建立了狭义相对论. 这种对称性质引导到参考系的洛伦兹变换群.

由于运动方程必须满足狭义相对论的要求,所以运动方程的形式在各个惯性参考系中的形式必须是不变的. 特别地,在物理上我们挑选的拉格朗日函数密度 $\mathscr{L}$ 明显是满足狭义相对论要求的,亦即它的形式在各个惯性参考系中都是一样的,即

$$\mathscr{L}'\left(\varphi'_\sigma(x'),\frac{\partial\varphi'_\sigma(x')}{\partial x'_\mu}\right)=\mathscr{L}\left(\varphi'_\sigma(x'),\frac{\partial\varphi'_\sigma(x')}{\partial x'_\mu}\right) \tag{3.3.1}$$

换言之,为了满足狭义相对论的要求,拉格朗日函数密度的形式是洛伦兹不变的,这时自然地有

$$\frac{\partial\delta\Omega_{\mu}}{\partial x_{\mu}}=0 \tag{3.3.2}$$

因此,诺特定理的形式变为

$$\frac{\partial}{\partial x_{\lambda}}\left(T_{\mu\lambda}\delta x_{\lambda}+\frac{\partial\mathscr{L}}{\partial\left(\dfrac{\partial\varphi_{\sigma}(x)}{\partial x_{\lambda}}\right)}\delta\varphi_{\sigma}(x)\right)=0 \tag{3.3.3}$$

在狭义相对论中,从参考系 K 过渡到参考系 K' 时,标志物理系统物理点 P 的时空坐标做如下的变换:

$$x_{\mu}\rightarrow x'_{\mu}=a_{\mu\nu}x_{\nu} \tag{3.3.4}$$

其中,$a_{\mu\nu}$ 满足如下的正交条件:

$$\begin{cases}a_{\mu\nu}a_{\mu'\nu}=\delta_{\mu\mu'}\\ a_{\mu\nu}a_{\mu\nu'}=\delta_{\nu\nu'}\end{cases} \tag{3.3.5}$$

这个变换称为洛伦兹变换. 这时相应地在场量空间中引起一个变换

$$\varphi_{\sigma}(x)\rightarrow\varphi'_{\sigma}(x')=\Lambda_{\sigma\rho}(A)\varphi_{\rho}(x) \tag{3.3.6}$$

其中,$\Lambda_{\sigma\rho}$ 是 $a_{\mu\nu}$ 的函数. 为了简单,我们讨论无穷小洛伦兹变换,即

$$a_{\mu\nu}=\delta_{\mu\nu}+\varepsilon_{\mu\nu} \tag{3.3.7}$$

由于 $a_{\mu\nu}$ 满足正交条件式 (3.3.5),所以 $\varepsilon_{\mu\nu}$ 是反对称的,即

$$\varepsilon_{\mu\nu}=-\varepsilon_{\nu\mu} \tag{3.3.8}$$

显然,这时有

$$\begin{cases}\mathrm{Det}\left(a_{\mu\nu}\right)=1+\varepsilon_{\mu\mu}=1\\ a_{44}=-1\end{cases} \tag{3.3.9}$$

因此,讨论无穷小洛伦兹变换为正洛伦兹变换. 这时我们有

$$\begin{aligned}A&=a_{\mu\nu}E_{\mu\nu}=\left(\delta_{\mu\nu}+\varepsilon_{\mu\nu}\right)E_{\mu\nu}=E+\varepsilon_{\mu\nu}E_{\mu\nu}\\&=E+\frac{1}{2}\varepsilon_{\mu\nu}\left(E_{\mu\nu}-E_{\nu\mu}\right)\\&=E+\frac{\mathrm{i}}{2}\varepsilon_{\mu\nu}(-\mathrm{i})\left(E_{\mu\nu}-E_{\nu\mu}\right)\end{aligned}$$

$$= E + \frac{\mathrm{i}}{2}\varepsilon_{\mu\nu}D_{\mu\nu}$$

或

$$A = E + \frac{\mathrm{i}}{2}\varepsilon_{\mu\nu}D_{\mu\nu} \tag{3.3.10}$$

显然,它又可以写成指数形式

$$A = \mathrm{e}^{\frac{\mathrm{i}}{2}\varepsilon_{\mu\nu}D_{\mu\nu}} \tag{3.3.11}$$

其中

$$D_{\mu\nu} = -D_{\nu\mu} \tag{3.3.12}$$

称为洛伦兹群的无穷小算符,它是一个反对称算符,即

$$D_{\mu\nu} = -D_{\nu\mu} \tag{3.3.13}$$

极易证明它们满足如下的对易关系:

$$\frac{[D_{\mu\nu}, D_{\mu'\nu'}]}{\mathrm{i}} = D_{\mu\mu'}\delta_{\nu\nu'} + D_{\nu\nu'}\delta_{\mu\mu'} - D_{\mu\nu'}\delta_{\mu'\nu} - D_{\nu\mu'}\delta_{\mu\nu'} \tag{3.3.14}$$

这时,我们可以将洛伦兹群的表示 $\Lambda(A)$ 展开为 $\varepsilon_{\mu\nu}$ 的级数,到一阶项有

$$\begin{aligned}\Lambda(A) &= \Lambda(E) + \left.\frac{\partial\Lambda(A)}{\partial a_{\mu\nu}}\right|_{A=E}\varepsilon_{\mu\nu} \\ &= \Lambda(E) + \frac{1}{2}\varepsilon_{\mu\nu}\left(\frac{\partial\Lambda(A)}{\partial a_{\mu\nu}} - \frac{\partial\Lambda(A)}{\partial a_{\nu\mu}}\right)_{A=E} \\ &= \Lambda(E) + \frac{1}{2}\varepsilon_{\mu\nu}(-\mathrm{i})\left(\frac{\partial\Lambda(A)}{\partial a_{\mu\nu}} - \frac{\partial\Lambda(A)}{\partial a_{\nu\mu}}\right)_{A=E}\end{aligned} \tag{3.3.15}$$

由于

$$\Lambda(E) = I \tag{3.3.16}$$

所以得

$$\Lambda(A) = I + \frac{\mathrm{i}}{2}\varepsilon_{\mu\nu}\Sigma_{\mu\nu} \tag{3.3.17}$$

显然,它又可以写为

$$\Lambda(A) = \mathrm{e}^{\frac{\mathrm{i}}{2}\varepsilon_{\mu\nu}\Sigma_{\mu\nu}} \tag{3.3.18}$$

其中

$$\Sigma_{\mu\nu} = -\mathrm{i}\left(\frac{\partial\Lambda(A)}{\partial a_{\mu\nu}} - \frac{\partial\Lambda(A)}{\partial a_{\nu\mu}}\right)_{A=E} \tag{3.3.19}$$

称为表示 $\Lambda(A)$ 的无穷小算符. 显然,它是反对称的,即

$$\Sigma_{\mu\nu} = -\Sigma_{\nu\mu} \tag{3.3.20}$$

由于它表示的是无穷小算符,所以它的对易关系的形式与群的无穷小算符的对易关系的形式完全相同,即

$$\frac{\left[\Sigma_{\mu\nu},\Sigma_{\mu'\nu'}\right]}{\mathrm{i}}=\Sigma_{\mu\mu'}\delta_{\nu\nu'}+\Sigma_{\nu\nu'}\delta_{\mu\mu'}-\Sigma_{\mu\nu'}\delta_{\mu'\nu}-\Sigma_{\nu\mu'}\delta_{\mu\nu'} \tag{3.3.21}$$

因此,在讨论无穷小洛伦兹变换时我们有

$$\begin{cases}x_\mu\to x'_\mu=x_\mu+\varepsilon_{\mu\nu}x_\nu\\ \varphi_\sigma(x)\to\varphi'_\sigma(x')=\varphi_\sigma(x)+\dfrac{\mathrm{i}}{2}\varepsilon_{\mu\nu}\Sigma_{\mu\nu,\sigma\rho}\varphi_\rho(x)\end{cases} \tag{3.3.22}$$

所以,相应于洛伦兹变换群的变分函数是

$$\begin{cases}\delta x_\mu=\varepsilon_{\mu\nu}x_\nu\\ \delta\varphi_\sigma(x)=\dfrac{\mathrm{i}}{2}\varepsilon_{\mu\nu}\Sigma_{\mu\nu,\sigma\rho}\varphi_\rho(x)\end{cases} \tag{3.3.23}$$

代入诺特定理式 (3.3.3)得

$$\frac{\partial}{\partial x_\lambda}\left(T_{\mu\lambda}\varepsilon_{\mu\nu}x_\nu+\frac{\partial\mathscr{L}}{\partial\left(\dfrac{\partial\varphi_\sigma(x)}{\partial x_\lambda}\right)}\Sigma_{\mu\nu,\sigma\rho}\varphi_\rho(x)\frac{\mathrm{i}}{2}\varepsilon_{\mu\nu}\right)=0$$

或者

$$\frac{\varepsilon_{\mu\nu}}{2}\frac{\partial}{\partial x_\lambda}\left(x_\nu T_{\mu\lambda}-x_\mu T_{\nu\lambda}+\mathrm{i}\frac{\partial\mathscr{L}}{\partial\left(\dfrac{\partial\varphi_\sigma(x)}{\partial x_\lambda}\right)}\Sigma_{\mu\nu,\sigma\rho}\varphi_\rho(x)\right)=0$$

由于 $\varepsilon_{\mu\nu}$ 是彼此独立的任意参数,所以获得

$$\frac{\partial}{\partial x_\lambda}\left(x_\nu T_{\nu\lambda}-x_\nu T_{\mu\lambda}-\mathrm{i}\frac{\partial\mathscr{L}}{\partial\left(\dfrac{\partial\varphi_\sigma(x)}{\partial x_\lambda}\right)}\Sigma_{\mu\nu,\sigma\rho}\varphi_\rho(x)\right)=0 \tag{3.3.24}$$

定义正则角动量张量密度 $\mathscr{M}_{u\nu,\lambda}$

$$\mathscr{M}_{u\nu,\lambda}=x_\mu T_{\nu\lambda}-x_\nu T_{\mu\lambda}-\mathrm{i}\frac{\partial\mathscr{L}}{\partial\left(\dfrac{\partial\varphi_\sigma(x)}{\partial x_\lambda}\right)}\Sigma_{\mu\nu,\sigma\rho}\varphi_\rho(x) \tag{3.3.25}$$

则有

$$\frac{\partial\mathscr{M}_{u\nu,\lambda}}{\partial x_\lambda}=0 \tag{3.3.26}$$

展开为时间部分与空间部分得

$$\frac{\partial\mathscr{M}_{u\nu,k}}{\partial x_k}-\mathrm{i}\frac{\partial\mathscr{M}_{u\nu,4}}{\partial t}=0$$

乘以 $\int_V \mathrm{d}^3x$ 积分之得

$$\int_V \mathrm{d}^3x\left(\frac{\partial \mathscr{M}_{u\nu,1}}{\partial x_1}+\frac{\partial \mathscr{M}_{u\nu,2}}{\partial x_2}+\frac{\partial \mathscr{M}_{u\nu,3}}{\partial x_3}\right)-\mathrm{i}\frac{\mathrm{d}}{\mathrm{d}t}\int_V \mathrm{d}^3x\mathscr{M}_{u\nu,4}=0$$

由于场量满足周期性边界条件,所以 $\dfrac{\partial \mathscr{M}_{u\nu,1}}{\partial x_1},\dfrac{\partial \mathscr{M}_{u\nu,2}}{\partial x_2},\dfrac{\partial \mathscr{M}_{u\nu,3}}{\partial x_3}$ 的体积积分等于零,即

$$\int_V \mathrm{d}^3x\frac{\partial \mathscr{M}_{u\nu,k}}{\partial x_k}=0$$

从而导出

$$-\mathrm{i}\frac{\mathrm{d}}{\mathrm{d}t}\int_V \mathrm{d}^3x\mathscr{M}_{u\nu,4}=0 \tag{3.3.27}$$

定义

$$M_{\mu\nu}=-\mathrm{i}\int_{t=常数}\mathrm{d}^3x\mathscr{M}_{u\nu,4}=\int_a \mathrm{d}\sigma_A\mathscr{M}_{u\nu,\lambda} \tag{3.3.28}$$

则有

$$\frac{\mathrm{d}M_{\mu\nu}}{\mathrm{d}t}=0 \tag{3.3.29}$$

因此,$M_{\mu\nu}$ 是一个守恒量,由于它是反对称的,所以一共有 6 个守恒量,对应于 6 条守恒定律. 其中 M_{12},M_{23},M_{31} 代表角动量守恒定律,M_{14},M_{24},M_{34} 代表质量中心定理. 因此,利用守恒量 $M_{\mu\nu}$ 的反对称性可以将 $M_{\mu\nu}$ 约化为 6 个守恒量,即代表角动守恒定律的 3 个守恒量

$$\begin{cases}M_1=M_{23}=-M_{32}\\ M_2=M_{31}=-M_{13}\\ M_3=M_{12}=-M_{21}\end{cases} \tag{3.3.30}$$

或者

$$M_i=\varepsilon_{ijk}M_{jk},\quad M_{ij}=\varepsilon_{ijk}M_k \tag{3.3.31}$$

以及代表质量中心定理的 3 个守恒量

$$\begin{cases}N_1=M_{14}=-M_{41}\\ N_2=M_{24}=-M_{42}\\ N_3=M_{34}=-M_{43}\end{cases} \tag{3.3.32}$$

或者写为

$$N_\gamma=M_{\gamma4} \tag{3.3.33}$$

由于

$$\mathscr{M}_{\mu\nu,4}=x_\mu T_{\nu4}-x_\nu T_{\mu4}+\pi_\sigma(x)\Sigma_{\mu\nu,\sigma\rho}\varphi_\rho(x) \tag{3.3.34}$$

所以

$$M_{\mu\nu} = -\mathrm{i}\int \mathrm{d}^3x \mathscr{M}_{\mu\nu,4} = -\mathrm{i}\int \mathrm{d}^3x \left\{x_\mu T_{\nu 4} - x_\nu T_{\mu 4} + \pi_\sigma(x)\Sigma_{\mu\nu,\sigma\rho}\varphi_\rho(x)\right\} \tag{3.3.35}$$

其中

$$L_{\mu\nu} = -\mathrm{i}\int \mathrm{d}^3x \left(x_\mu T_{\nu 4} - x_\nu T_{\mu 4}\right) \tag{3.3.36}$$

代表轨道运动对 $M_{\mu\nu}$ 的贡献. 另外一部分

$$S_{\mu\nu} = -\mathrm{i}\int \mathrm{d}^3x \pi_\sigma(x)\Sigma_{\mu\nu,\sigma\rho}\varphi_\rho(x) \tag{3.3.37}$$

代表内禀运动对 $M_{\mu\nu}$ 的贡献.

可以进一步分析角动量张量

$$\begin{aligned}
\mathscr{M}_{u\nu,\lambda} &= x_\mu T_{\nu\lambda} - x_\nu T_{\mu\lambda} - \mathrm{i}\frac{\partial\mathscr{L}}{\partial\left(\dfrac{\partial\varphi_\sigma(x)}{\partial x_\lambda}\right)}\Sigma_{\mu\nu,\sigma\rho}\varphi_\rho(x) \\
&= x_\mu\left(\mathscr{L}\delta_{\nu\lambda} - \frac{\partial\mathscr{L}}{\partial\left(\dfrac{\partial\varphi_\sigma(x)}{\partial x_\lambda}\right)}\frac{\partial\varphi_\sigma(x)}{\partial x_\nu}\right) - x_\nu\left(\mathscr{L}\delta_{\mu\lambda} - \frac{\partial\mathscr{L}}{\partial\left(\dfrac{\partial\varphi_\sigma(x)}{\partial x_\lambda}\right)}\frac{\partial\varphi_\sigma(x)}{\partial x_\mu}\right) \\
&\quad - \mathrm{i}\frac{\partial\mathscr{L}}{\partial\left(\dfrac{\partial\varphi_\sigma(x)}{\partial x_\lambda}\right)}\sum_{\mu\nu,\sigma\rho}\varphi_\rho(x) \\
&= -\mathrm{i}\frac{\partial\mathscr{L}}{\partial\left(\dfrac{\partial\varphi_\sigma(x)}{\partial x_\lambda}\right)}\left\{-\mathrm{i}\left(x_\mu\frac{\partial}{\partial x_\nu} - x_\nu\frac{\partial}{\partial x_\mu}\right) + \Sigma_{\mu\nu}\right\}_{\sigma\rho}\varphi_\rho(x) + \left(x_\mu\delta_{\nu\lambda} - x_\nu\delta_{\mu\lambda}\right)\mathscr{L}
\end{aligned}$$

也就是

$$\mathscr{M}_{u\nu,\lambda} = -\mathrm{i}\frac{\partial\mathscr{L}}{\partial\left(\dfrac{\partial\varphi_\sigma(x)}{\partial x_\lambda}\right)}\left\{-\mathrm{i}\left(x_\mu\frac{\partial}{\partial x_\nu} - x_\nu\frac{\partial}{\partial x_\mu}\right) + \Sigma_{\mu\nu}\right\}_{\sigma\rho}\varphi_\rho(x) + \left(x_\mu\delta_{\nu\lambda} - x_\nu\delta_{\mu\lambda}\right)\mathscr{L} \tag{3.3.38}$$

引进算符

$$\mu_{\mu\nu} = -\mathrm{i}\left(x_\mu\frac{\partial}{\partial x_\nu} - x_\nu\frac{\partial}{\partial x_\mu}\right) + \Sigma_{\mu\nu} \tag{3.3.39}$$

则有

$$\mathscr{M}_{u\nu,\lambda} = -\mathrm{i}\frac{\partial\mathscr{L}}{\partial\left(\dfrac{\partial\varphi_\sigma(x)}{\partial x_\lambda}\right)}\mu_{\mu\nu,\sigma\rho}\varphi_\rho(x) + \left(x_\mu\delta_{\nu\lambda} - x_\nu\delta_{\mu\lambda}\right)\mathscr{L} \tag{3.3.40}$$

显然算符 $\mu_{\mu\nu}$ 是反对称的,即

$$\mu_{\mu\nu} = -\mu_{\nu\mu} \tag{3.3.41}$$

而且满足如下的对易关系：

$$\frac{[\mu_{\mu\nu},\mu_{\mu'\nu'}]}{\mathrm{i}}=\mu_{\mu\mu'}\delta_{\nu\nu'}+\mu_{\nu\nu'}\delta_{\mu\mu'}-\mu_{\mu\nu'}\delta_{\mu\nu}-\mu_{\nu\mu'}\delta_{\mu\nu'} \tag{3.3.42}$$

显然，这就是洛伦兹群的无穷小算符所满足的对易关系.

利用式 (3.3.40)可得

$$M_{u\nu,4}=\pi_\sigma(x)\mu_{\mu\nu,\sigma\rho}\varphi_\rho(x)+\left(x_\mu\delta_{\nu4}-x_\nu\delta_{\mu4}\right)\mathscr{L} \tag{3.3.43}$$

所以

$$M_{\mu\nu}=-\mathrm{i}\int\mathrm{d}^3x\left\{\pi_\sigma(x)\mu_{\mu\nu,\sigma\rho}\varphi_\rho(x)+\left(x_\mu\delta_{\nu4}-x_\nu\delta_{\mu4}\right)\mathscr{L}\right\} \tag{3.3.44}$$

从而导出

$$\begin{cases}M_{rs}=\varepsilon_{rst}M_t=-\mathrm{i}\displaystyle\int\mathrm{d}^3x\pi_\sigma(x)\mu_{rs,\sigma\rho}\varphi_\rho(x)\\ M_t=\dfrac{1}{2}\varepsilon_{rst}M_{rs}=-\dfrac{\mathrm{i}}{2}\varepsilon_{rst}\displaystyle\int\mathrm{d}^3x\pi_\sigma(x)\mu_{rs,\sigma\rho}\varphi_\rho(x)\end{cases} \tag{3.3.45}$$

或者

$$\begin{cases}M_1=M_{23}=-M_{32}=-\mathrm{i}\displaystyle\int\mathrm{d}^3x\pi_\sigma(x)\left\{-\mathrm{i}\left(x_2\frac{\partial}{\partial x_3}-x_3\frac{\partial}{\partial x_2}\right)+\Sigma_{23}\right\}_{\sigma\rho}\varphi_\rho(x)\\ M_2=M_{31}=-M_{13}=-\mathrm{i}\displaystyle\int\mathrm{d}^3x\pi_\sigma(x)\left\{-\mathrm{i}\left(x_3\frac{\partial}{\partial x_1}-x_1\frac{\partial}{\partial x_3}\right)+\Sigma_{31}\right\}_{\sigma\rho}\varphi_\rho(x)\\ M_3=M_{12}=-M_{21}=-\mathrm{i}\displaystyle\int\mathrm{d}^3x\pi_\sigma(x)\left\{-\mathrm{i}\left(x_1\frac{\partial}{\partial x_2}-x_2\frac{\partial}{\partial x_1}\right)+\Sigma_{12}\right\}_{\sigma\rho}\varphi_\rho(x)\end{cases} \tag{3.3.46}$$

引进轨道角动量

$$\begin{cases}L_1=L_{23}=-L_{32}=-\mathrm{i}\displaystyle\int\mathrm{d}^3x\pi_\sigma(x)\left(x_2\frac{\partial}{\partial x_3}-x_3\frac{\partial}{\partial x_2}\right)\varphi_\sigma(x)\\ L_2=L_{31}=-L_{13}=-\mathrm{i}\displaystyle\int\mathrm{d}^3x\pi_\sigma(x)\left(x_3\frac{\partial}{\partial x_1}-x_1\frac{\partial}{\partial x_3}\right)\varphi_\sigma(x)\\ L_3=L_{12}=-L_{21}=-\mathrm{i}\displaystyle\int\mathrm{d}^3x\pi_\sigma(x)\left(x_1\frac{\partial}{\partial x_2}-x_2\frac{\partial}{\partial x_1}\right)\varphi_\sigma(x)\end{cases} \tag{3.3.47}$$

或者

$$\begin{cases}L_{rs}=\varepsilon_{rst}L_t=-\mathrm{i}\displaystyle\int\mathrm{d}^3x\pi_\sigma(x)\left(x_r\frac{\partial}{\partial x_s}-x_s\frac{\partial}{\partial x_r}\right)\varphi_\sigma(x)\\ L_t=\dfrac{1}{2}\varepsilon_{rst}L_{rs}=-\mathrm{i}\displaystyle\int\mathrm{d}^3x\pi_\sigma(x)\left(x_r\frac{\partial}{\partial x_s}-x_s\frac{\partial}{\partial x_r}\right)\varphi_\sigma(x)\end{cases} \tag{3.3.48}$$

引进内禀角动量

$$\begin{cases} S_1 = S_{23} = -S_{32} = -\mathrm{i}\int \mathrm{d}^3x\pi_\sigma(x)\Sigma_{23,\sigma\rho}\varphi_\rho(x) \\ S_2 = S_{31} = -S_{13} = -\mathrm{i}\int \mathrm{d}^3x\pi_\sigma(x)\Sigma_{31,\sigma\rho}\varphi_\rho(x) \\ S_3 = S_{12} = -S_{21} = -\mathrm{i}\int \mathrm{d}^3x\pi_\sigma(x)\Sigma_{12,\sigma\rho}\varphi_\rho(x) \end{cases} \tag{3.3.49}$$

或者

$$\begin{cases} S_{rs} = \varepsilon_{rst}S_t = -\mathrm{i}\int \mathrm{d}^3x\pi_\sigma(x)\Sigma_{rs,\sigma\rho}\varphi_\rho(x) \\ S_t = \dfrac{1}{2}\varepsilon_{rst}S_{rs} = -\dfrac{\mathrm{i}}{2}\varepsilon_{rst}\int \mathrm{d}^3x\pi_\sigma(x)\Sigma_{rs,\sigma\rho}\varphi_\rho(x) \end{cases} \tag{3.3.50}$$

这时场的总角动量可以写为

$$M_r = L_r + S_r \tag{3.3.51}$$

或者

$$\begin{cases} M_1 = L_1 + S_1 \\ M_2 = L_2 + S_2 \\ M_3 = L_3 + S_3 \end{cases} \tag{3.3.52}$$

类似地有

$$N_r = M_{r4} = -M_{4r} = -\mathrm{i}\int \mathrm{d}^3x\left(\pi_\sigma(x)\mu_{r4,\sigma\rho}\varphi_\rho(x) + x_r\mathscr{L}\right) \tag{3.3.53}$$

展开得

$$\begin{aligned} N_r &= -\mathrm{i}\int \mathrm{d}^3x\left\{\pi_\sigma(x)\left[-\mathrm{i}\left(x_r\frac{\partial}{\partial x_4} - x_r\frac{\partial}{\partial x_4}\right) + \Sigma_{r4}\right]_{\sigma\rho}\varphi_\rho(x) + x_r\mathscr{L}\right\} \\ &= \mathrm{i}\int \mathrm{d}^3x x_r\left[\pi_\sigma(x)\dot{\varphi}_\sigma(x) - \mathscr{L}\right] + \mathrm{i}t\int \mathrm{d}^3x\pi_\sigma(x)\frac{\partial\varphi_\sigma(x)}{\partial x_r} - \mathrm{i}\int \mathrm{d}^3x\pi_\sigma(x)\Sigma_{rst} \\ &= \mathrm{i}\int \mathrm{d}^3x x_r\mathscr{H} - \mathrm{i}tP_r - \mathrm{i}\int \mathrm{d}^3x\pi_\sigma(x)\Sigma_{r4,\sigma\rho}\varphi_\rho(x) \end{aligned}$$

也就是

$$N_r = \mathrm{i}\left\{\int \mathrm{d}^3x x_r\mathscr{H} - tP_r\right\} - \mathrm{i}\int \mathrm{d}^3x\pi_\sigma(x)\Sigma_{r4,\sigma p}\varphi_\rho(x) \tag{3.3.54}$$

展开得

$$\begin{cases} N_1 = \mathrm{i}\left\{\int \mathrm{d}^3x x_1\mathscr{H} - tP_1\right\} - \mathrm{i}\int \mathrm{d}^3x\pi_\sigma(x)\Sigma_{14,\sigma\rho}\varphi_\rho(x) \\ N_2 = \mathrm{i}\left\{\int \mathrm{d}^3x x_2\mathscr{H} - tP_2\right\} - \mathrm{i}\int \mathrm{d}^3x\pi_\sigma(x)\Sigma_{24,\sigma\rho}\varphi_\rho(x) \\ N_3 = \mathrm{i}\left\{\int \mathrm{d}^3x x_3\mathscr{H} - tP_3\right\} - \mathrm{i}\int \mathrm{d}^3x\pi_\sigma(x)\Sigma_{34,\sigma\rho}\varphi_\rho(x) \end{cases} \tag{3.3.55}$$

引进

$$K_r = \int \mathrm{d}^3 x x_r \mathscr{H} \tag{3.3.56}$$

或

$$\begin{cases} K_1 = \int \mathrm{d}^3 x x_1 \mathscr{H} \\ K_2 = \int \mathrm{d}^3 x x_2 \mathscr{H} \\ K_3 = \int \mathrm{d}^3 x x_3 \mathscr{H} \end{cases} \tag{3.3.57}$$

则有

$$T_r = S_{r4} = -S_{4r} = -\mathrm{i} \int \mathrm{d}^3 x \pi_\sigma(x) \Sigma_{r4,\ \sigma\rho} \varphi_\rho(x) \tag{3.3.58}$$

也就是

$$\begin{cases} T_1 = S_{14} = -S_{41} = -\mathrm{i} \int \mathrm{d}^3 x \pi_\sigma(x) \Sigma_{14,\ \sigma\rho} \varphi_\rho(x) \\ T_2 = S_{24} = -S_{42} = -\mathrm{i} \int \mathrm{d}^3 x \pi_\sigma(x) \Sigma_{24,\ \sigma\rho} \varphi_\rho(x) \\ T_3 = S_{34} = -S_{43} = -\mathrm{i} \int \mathrm{d}^3 x \pi_\sigma(x) \Sigma_{34,\ \sigma\rho} \varphi_\rho(x) \end{cases} \tag{3.3.59}$$

引进

$$T_r = S_{r4} = -S_{4r} = -\mathrm{i} \int \mathrm{d}^3 x \pi_\sigma(x) \Sigma_{r4,\ \sigma\rho} \varphi_\rho(x) \tag{3.3.60}$$

或者

$$\begin{cases} T_1 = S_{14} = -S_{41} = -\mathrm{i} \int \mathrm{d}^3 x \pi_\sigma(x) \Sigma_{14,\ \sigma\rho} \varphi_\rho(x) \\ T_2 = S_{24} = -S_{42} = -\mathrm{i} \int \mathrm{d}^3 x \pi_\sigma(x) \Sigma_{24,\ \sigma\rho} \varphi_\rho(x) \\ T_3 = S_{34} = -S_{43} = -\mathrm{i} \int \mathrm{d}^3 x \pi_\sigma(x) \Sigma_{34,\ \sigma\rho} \varphi_\rho(x) \end{cases} \tag{3.3.61}$$

这时，与质量中心定理相连系的守恒量可以写为

$$\begin{cases} N_1 = M_{14} = -M_{41} = \mathrm{i}\,(K_1 - tP_1) + T_1 \\ N_2 = M_{24} = -M_{42} = \mathrm{i}\,(K_2 - tP_2) + T_2 \\ N_3 = M_{34} = -M_{43} = \mathrm{i}\,(K_3 - tP_3) + T_3 \end{cases} \tag{3.3.62}$$

上面三式可合写为

$$N_r = M_{r4} = -M_{4r} = \mathrm{i}\,(K_r - tP_r) + T_r \tag{3.3.63}$$

显然，利用泛函数微商的定义可以导出

$$\begin{cases} \dfrac{\delta P_r}{\delta \varphi_\sigma(x)} = \dfrac{\partial \pi_\sigma(x)}{\partial x_r} \\ \dfrac{\delta P_r}{\delta \pi_\sigma(x)} = \dfrac{\partial \varphi_\sigma(x)}{\partial x_r} \end{cases} \tag{3.3.64}$$

$$\begin{cases}\dfrac{\delta H}{\delta\varphi_\sigma(x)}=-\dot{\pi}_\sigma(x)\\ \dfrac{\delta H}{\delta\pi_\sigma(x)}=\dot{\varphi}_\sigma(x)\end{cases} \tag{3.3.65}$$

$$\begin{cases}\dfrac{\delta L_t}{\delta\varphi_\sigma(x)}=\dfrac{1}{2}\varepsilon_{rst}\left(x_r\dfrac{\partial}{\partial x_s}-x_s\dfrac{\partial}{\partial x_r}\right)\pi_\sigma(x)=\varepsilon_{rst}x_r\dfrac{\partial}{\partial x_s}\pi_\sigma(x)\\ \dfrac{\delta L_t}{\delta\pi_\sigma(x)}=-\dfrac{1}{2}\varepsilon_{rst}\left(x_r\dfrac{\partial}{\partial x_s}-x_s\dfrac{\partial}{\partial x_r}\right)\pi_\sigma(x)=-\varepsilon_{rst}x_r\dfrac{\partial}{\partial x_s}\pi_\sigma(x)\end{cases} \tag{3.3.66}$$

$$\begin{cases}\dfrac{\delta K_r}{\delta\varphi_\sigma(x)}=-x_r\dot{\pi}_\sigma(x)+\dfrac{\partial\mathscr{L}}{\partial\left(\dfrac{\partial\varphi_\sigma(x)}{\partial x_r}\right)}\\ \dfrac{\delta K_r}{\delta\pi_\sigma(x)}=x_r\dot{\varphi}_\sigma(x)\end{cases} \tag{3.3.67}$$

$$\begin{cases}\dfrac{\delta S_t}{\delta\varphi_\rho(x)}=-\dfrac{\mathrm{i}}{2}\varepsilon_{rst}\pi_\sigma(x)\Sigma_{rs,\sigma\rho}\\ \dfrac{\delta S_t}{\delta\pi_\rho(x)}=-\dfrac{\mathrm{i}}{2}\varepsilon_{rst}\Sigma_{rs,\sigma\rho}\varphi_\rho(x)\end{cases} \tag{3.3.68}$$

$$\begin{cases}\dfrac{\delta T_r}{\delta\varphi_\rho(x)}=-\mathrm{i}\varphi_\sigma(x)\Sigma_{r4,\sigma\rho}\\ \dfrac{\delta T_r}{\delta\pi_\rho(x)}=-\mathrm{i}\Sigma_{r4,\sigma\rho}\varphi_\rho(x)\end{cases} \tag{3.3.69}$$

$$\begin{cases}\dfrac{\delta S_{\mu\nu}}{\delta\varphi_\rho(x)}=-\mathrm{i}\pi_\sigma(x)\Sigma_{\mu\nu,\sigma\rho}\\ \dfrac{\delta S_{\mu\nu}}{\delta\pi_\rho(x)}=-\mathrm{i}\Sigma_{\mu\nu,\sigma\rho}\varphi_\rho(x)\end{cases} \tag{3.3.70}$$

从而可以导出

$$\frac{\delta M_{\mu\nu}}{\delta\pi_\sigma(x)}=-\mathrm{i}\mu_{\mu\nu,\sigma\rho}\varphi_\rho(x) \tag{3.3.71}$$

现在,我们开始求它们之间的泊松括号.$S_{\mu\nu}$ 间的泊松括号是

$$\begin{aligned}(S_{\mu\nu},S_{\mu'\nu'})&=\int\mathrm{d}^3x\left(\frac{\delta S_{\mu\nu}}{\delta\varphi_\sigma(x)}\frac{\delta S_{\mu'\nu'}}{\delta\pi_\sigma(x)}-\frac{\delta S_{\mu\nu}}{\delta\pi_\sigma(x)}\frac{\delta S_{\mu'\nu'}}{\delta\varphi_\sigma(x)}\right)\\ &=\int\mathrm{d}^3x\left\{-\pi_\rho(x)\Sigma_{\mu\nu,\rho\sigma}\Sigma_{\mu'\nu',\sigma\tau}\varphi_\tau(x)+\Sigma_{\mu\nu,\sigma\rho}\varphi_\rho(x)\pi_\tau(x)\Sigma_{\mu'\nu',\tau\sigma}\right\}\\ &=\int\mathrm{d}^3x\pi_\sigma(x)\left\{-\Sigma_{\rho\nu}\Sigma_{\mu'\nu'}+\Sigma_{\mu'\nu'}\Sigma_{\mu\nu}\right\}_{\sigma\rho}\varphi_\rho(x)\\ &=-\int\mathrm{d}^3x\pi_\sigma(x)\left[\Sigma_{\mu\nu},\Sigma_{\mu'\nu'}\right]_{\sigma p}\varphi_\rho(x)\\ &=-\mathrm{i}\int\mathrm{d}^3x\pi_\sigma(x)\left\{\Sigma_{\mu\mu'}\delta_{\nu\nu'}+\Sigma_{\nu\nu'}\delta_{\mu\mu'}-\Sigma_{\mu\nu'}\delta_{\mu'\nu}-\Sigma_{\nu\mu'}\delta_{\mu\nu'}\right\}_{\sigma\rho}\varphi_\rho(x)\end{aligned}$$

$$= S_{\mu\mu'}\delta_{\nu\nu'} + S_{\nu\nu'}\delta_{\mu\mu'} - S_{\mu\nu'}\delta_{\mu'\pi} - S_{\nu\mu'}\delta_{\mu\nu'}$$

也就是

$$(S_{\mu\nu}, S_{\mu'\nu'}) = S_{\mu\mu'}\delta_{\nu\nu'} + S_{\nu\nu'}\delta_{\mu\mu'} - S_{\mu\nu'}\delta_{\mu'\pi} - S_{\nu\mu'}\delta_{\mu\nu'} \tag{3.3.72}$$

从而导出

$$\begin{cases} (S_r, S_s) = \varepsilon_{rst} S_t \\ (T_r, T_s) = \varepsilon_{rst} S_t \\ (S_r, T_s) = \varepsilon_{rst} T_t \end{cases} \tag{3.3.73}$$

$S_{\mu\nu}$ 与动量 P_r 间的泊松括号是

$$\begin{aligned} (S_{\mu\nu}, P_r) &= \int \mathrm{d}^3x \left(\frac{\delta S_{\mu\nu}}{\delta\varphi_\rho(x)} \frac{\delta P_r}{\delta\pi_\rho(x)} - \frac{\delta S_{\mu\nu}}{\delta\pi_\sigma(x)} \frac{\delta P_r}{\delta\varphi_\sigma(x)} \right) \\ &= -\mathrm{i} \int \mathrm{d}^3x \left\{ (\pi_\sigma(x)\Sigma_{\mu\nu,\sigma\rho}) \left(-\frac{\partial\varphi_\rho(x)}{\partial x_r} \right) - (\Sigma_{\mu\nu,\sigma\rho}\varphi_\rho(x)) \left(\frac{\partial\pi_\sigma(x)}{\partial x_r} \right) \right\} \\ &= -\mathrm{i} \int \mathrm{d}^3x \Sigma_{\mu\nu,\sigma\rho} \left(-\frac{\partial}{\partial x_r} + \frac{\partial}{\partial x_r} \right) \varphi_\rho(x) = 0 \end{aligned}$$

也就是

$$(S_{\mu\nu}, P_r) = 0 \tag{3.3.74}$$

$S_{\mu\nu}$ 与能量 H 间的泊松括号是

$$\begin{aligned} (S_{\mu\nu}, H) &= \int \mathrm{d}^3x \left(\frac{\delta S_{\mu\nu}}{\delta\varphi_\rho(x)} \frac{\delta H}{\delta\pi_\rho(x)} - \frac{\delta S_{\mu\nu}}{\delta\pi_\sigma(x)} \frac{\delta H}{\delta\varphi_\sigma(x)} \right) \\ &= -\mathrm{i} \int \mathrm{d}^3x \left(\pi_\sigma(x)\Sigma_{\mu\nu,\sigma\rho}\dot{\varphi}_\rho(x) + \dot{\pi}_\sigma(x)\Sigma_{\mu\nu,\sigma\rho}\varphi_\rho(x) \right) \\ &= -\mathrm{i}\frac{\mathrm{d}}{\mathrm{d}t} \int \mathrm{d}^3x \pi_\sigma(x)\Sigma_{\mu\nu,\sigma\rho}\varphi_\rho(x) = \frac{\mathrm{d}S_{\mu\nu}}{\mathrm{d}t} \end{aligned}$$

或者

$$(S_{\mu\nu}, H) = \frac{\mathrm{d}S_{\mu\nu}}{\mathrm{d}t} \tag{3.3.75}$$

轨道角动量 L_r 之间的泊松括号是

$$\begin{aligned} (L_r, L_s) &= \int \mathrm{d}^3x \left(\frac{\delta L_r}{\delta\varphi_\sigma(x)} \frac{\delta L_s}{\delta\pi_\sigma(x)} - \frac{\delta L_r}{\delta\pi_\sigma(x)} \frac{\delta L_s}{\delta\varphi_\sigma(x)} \right) \\ &= \int \mathrm{d}^3x \left\{ -\varepsilon_{rjk} x_j \frac{\partial\pi_\sigma(x)}{\partial x_k} \varepsilon_{sj'k'} x_{j'} \frac{\partial\varphi_\sigma(x)}{\partial x'_k} + \varepsilon_{rjk} x_j \frac{\partial\varphi_\sigma(x)}{\partial x_k} \varepsilon_{sj'k'} x_{j'} \frac{\partial\pi_\sigma(x)}{\partial x_{k'}} \right\} \\ &= \varepsilon_{rjk}\varepsilon_{sj'k'} \int_V \mathrm{d}^3x \pi_\sigma(x) \left(x_j \frac{\partial}{\partial x_k} x_{j'} \frac{\partial}{\partial x_{k'}} - x_{j'} \frac{\partial}{\partial x_{k'}} x_j \frac{\partial}{\partial x_k} \right) \varphi_\sigma(x) \\ &= \varepsilon_{rjk}\varepsilon_{sj'k'} \int_V \mathrm{d}^3x \pi_\sigma(x) \left(\delta_k^{j'} x_j \frac{\partial}{\partial x_{k'}} - \delta_j^{k'} x_{j'} \frac{\partial}{\partial x_k} \right) \varphi_\sigma(x) \end{aligned}$$

$$
\begin{aligned}
&= \int \mathrm{d}^3x\pi_\sigma(x)\left\{\varepsilon_{rjk}\varepsilon_{skk'}x_j\frac{\partial}{\partial x_{k'}} - \varepsilon_{rjk}\varepsilon_{s'j}x_{j'}\frac{\partial}{\partial x_k}\right\}\varphi_\sigma(x) \\
&= \int \mathrm{d}^3x\pi_\sigma(x)\left\{\left(-\delta_r^s\delta_j^{k'} + \delta_r^{k'}\delta_j^s\right)x_j\frac{\partial}{\partial x_{k'}} - \left(-\delta_r^s\delta_k^{j'} + \delta_r^{j'}\delta_k^s\right)x_{j'}\frac{\partial}{\partial x_k}\right\}\varphi_\sigma(x) \\
&= \int \mathrm{d}^3x\pi_\sigma(x)\left\{-\delta_r^s x_t\frac{\partial}{\partial x_t} + x_s\frac{\partial}{\partial x_r} + \delta_r^s x_t\frac{\partial}{\partial x_t} - x_r\frac{\partial}{\partial x_s}\right\}\varphi_\sigma(x) \\
&= -\int \mathrm{d}^3x\pi_\sigma(x)\left(x_r\frac{\partial}{\partial x_s} - x_s\frac{\partial}{\partial x_r}\right)\varphi_\sigma(x) \\
&= \varepsilon_{rst}L_t
\end{aligned}
$$

或者

$$
(L_r, L_s) = \varepsilon_{rst}L_t \tag{3.3.76}
$$

也就是

$$
\begin{cases}
(L_1, L_2) = L_3 \\
(L_2, L_3) = L_1 \\
(L_3, L_1) = L_2
\end{cases} \tag{3.3.77}
$$

轨道角动量与动量间的泊松括号是

$$
\begin{aligned}
(L_r, P_s) &= \int \mathrm{d}^3x\left(\frac{\delta L_r}{\delta\varphi_\sigma(x)}\frac{\delta P_s}{\delta\pi_\sigma(x)} - \frac{\delta L_r}{\delta\pi_\sigma(x)}\frac{\delta P_s}{\delta\varphi_\sigma(x)}\right) \\
&= \int \mathrm{d}^3x\left\{-\varepsilon_{rjk}x_j\frac{\partial\pi_\sigma(x)}{\partial x_k}\frac{\partial\varphi_\sigma(x)}{\partial x_s} + \varepsilon_{rjk}x_j\frac{\partial\varphi_\sigma(x)}{\partial x_k}\frac{\partial\pi_\sigma(x)}{\partial x_s}\right\} \\
&= \int_V \mathrm{d}^3x\pi_\sigma(x)\varepsilon_{rjk}\left(x_j\frac{\partial}{\partial x_k}x_s - \frac{\partial}{\partial x_s}x_j\frac{\partial}{\partial x_k}\right)\varphi_\sigma(x) \\
&= \int_V \mathrm{d}^3x\pi_\sigma(x)\varepsilon_{rjk}\left(x_j\frac{\partial}{\partial x_k}x_s - x_j\frac{\partial}{\partial x_s}x_k - \delta_s^j\frac{\partial}{\partial x_k}\right)\varphi_\sigma(x) \\
&= -\varepsilon_{rst}\int \mathrm{d}^3x\pi_\sigma(x)\frac{\partial\varphi_\sigma(x)}{\partial x_t} = \varepsilon_{rst}P_t
\end{aligned}
$$

也就是

$$
(L_r, P_s) = \varepsilon_{rst}P_t \tag{3.3.78}
$$

轨道角动量与能量间的泊松括号是

$$
\begin{aligned}
(L_r, H) &= \int \mathrm{d}^3x\left(\frac{\delta L_r}{\delta\varphi_\sigma(x)}\frac{\delta H}{\delta\pi_\sigma(x)} - \frac{\delta L_r}{\delta\pi_\sigma(x)}\frac{\delta H}{\delta\varphi_\sigma(x)}\right) \\
&= \int \mathrm{d}^3x\left\{\varepsilon_{rjk}x_j\frac{\partial\pi_\sigma(x)}{\partial x_k}\dot{\varphi}_\sigma(x) - \varepsilon_{rjk}x_j\frac{\partial\varphi_\sigma(x)}{\partial x_k}\dot{\pi}_\sigma(x)\right\} \\
&= -\varepsilon_{rjk}\int_V \mathrm{d}^3x\left(\pi_\sigma(x)x_j\frac{\partial\dot{\varphi}_\sigma(x)}{\partial x_k} + \dot{\pi}_\sigma(x)x_j\frac{\partial\varphi_\sigma(x)}{\partial x_k}\right) \\
&= -\varepsilon_{rjk}\frac{\mathrm{d}}{\mathrm{d}t}\int_V \mathrm{d}^3x\pi_\sigma(x)\left(x_j\frac{\partial}{\partial x_k} - x_k\frac{\partial}{\partial x_j}\right)\varphi_\sigma(x)
\end{aligned}
$$

$$= \frac{1}{2}\varepsilon_{rjk}\frac{\mathrm{d}L_{jk}}{\mathrm{d}t} = \frac{\mathrm{d}L_r}{\mathrm{d}t}$$

也就是

$$(L_r, H) = \frac{\mathrm{d}L_r}{\mathrm{d}t} \tag{3.3.79}$$

轨道角动量与 $S_{\mu\nu}$ 间的泊松括号是

$$\begin{aligned}(L_r, S_{\mu\nu}) &= \int \mathrm{d}^3x\left(\frac{\delta L_r}{\delta\varphi_\sigma(x)}\frac{\delta S_{\mu\nu}}{\delta\pi_\sigma(x)} - \frac{\delta L_r}{\delta\pi_\rho(x)}\frac{\delta S_{\mu\nu}}{\delta\varphi_\rho(x)}\right)\\ &= -\mathrm{i}\int \mathrm{d}^3x\left\{\varepsilon_{rjk}x_j\frac{\partial\pi_\sigma(x)}{\partial x_k}\Sigma_{\mu\nu,\sigma\rho}\varphi_\sigma(x) + \varepsilon_{rjk}x_j\frac{\partial\varphi_\rho(x)}{\partial x_k}\pi_\sigma(x)\Sigma_{\mu\nu,\sigma\rho}\right\}\\ &= -\mathrm{i}\varepsilon_{rjk}\int_V \mathrm{d}^3x\pi_\sigma(x)\Sigma_{\mu\nu,\sigma\rho}\left(-x_j\frac{\partial}{\partial x_k} + x_j\frac{\partial}{\partial x_k}\right)\varphi_\rho(x) = 0\end{aligned}$$

可见

$$(L_r, S_{\mu\nu}) = 0 \tag{3.3.80}$$

再来看 K_r 间的泊松括号

$$\begin{aligned}(K_r, K_s) &= \int \mathrm{d}^3x\left(\frac{\delta K_r}{\delta\varphi_\sigma(x)}\frac{\delta K_s}{\delta\pi_\sigma(x)} - \frac{\delta K_r}{\delta\pi_\sigma(x)}\frac{\delta K_s}{\delta\varphi_\sigma(x)}\right)\\ &= \int \mathrm{d}^3x\left\{\left(-x_r\dot{\pi}_\sigma(x) + \frac{\partial\mathscr{L}}{\partial\left(\dfrac{\partial\varphi_\sigma(x)}{\partial x_r}\right)}\right)x_s\dot{\varphi}_\sigma(x)\right.\\ &\qquad \left. - x_r\dot{\varphi}_\sigma(x)\left(-x_r\dot{\pi}_\sigma(x) + \frac{\partial\mathscr{L}}{\partial\left(\dfrac{\partial\varphi_\sigma(x)}{\partial x_s}\right)}\right)\right\}\\ &= \int_V \mathrm{d}^3x\left(-x_r\frac{\partial\mathscr{L}}{\partial\left(\dfrac{\partial\varphi_\sigma(x)}{\partial x_r}\right)} + x_s\frac{\partial\mathscr{L}}{\partial\left(\dfrac{\partial\varphi_\sigma(x)}{\partial x_s}\right)}\dot{\varphi}_\sigma(x)\right)\end{aligned}$$

由于

$$T_{4r} = \mathrm{i}\frac{\partial\mathscr{L}}{\partial\left(\dfrac{\partial\varphi_\sigma(x)}{\partial x_r}\right)}\dot{\varphi}_\sigma(x) \tag{3.3.81}$$

所以

$$(K_r, K_s) = \mathrm{i}\int \mathrm{d}^3x\,(x_rT_{4s} - x_sT_{4r})$$

由于角动量守恒定律

$$T_{\nu\mu}=T_{\mu\nu}+\mathrm{i}\frac{\partial}{\partial x_\lambda}\left(\frac{\partial\mathscr{L}}{\partial\left(\dfrac{\partial\varphi_\sigma(x)}{\partial x_\lambda}\right)}\Sigma_{\mu\nu,\sigma\rho}\varphi_\sigma(x)\right)\tag{3.3.82}$$

所以

$$T_{4k}=T_{k4}+\mathrm{i}\frac{\partial}{\partial x_\mu}\left(\frac{\partial\mathscr{L}}{\partial\left(\dfrac{\partial\varphi_\sigma(x)}{\partial x_\mu}\right)}\Sigma_{k4,\sigma\rho}\varphi_\rho(x)\right)\tag{3.3.83}$$

代入得

$$\begin{aligned}(K_r,K_s)\ =\ &\mathrm{i}\int\mathrm{d}^3x\,(x_rT_{s4}-x_sT_{r4})-\int\mathrm{d}^3xx_r\frac{\partial}{\partial x_\mu}\left(\frac{\partial\mathscr{L}}{\partial\left(\dfrac{\partial\varphi_\sigma(x)}{\partial x_\mu}\right)}\Sigma_{s4,\sigma\rho}\varphi_\rho(x)\right)\\&+\int\mathrm{d}^3xx_s\frac{\partial}{\partial x_\mu}\left(\frac{\partial\mathscr{L}}{\partial\left(\dfrac{\partial\varphi_\sigma(x)}{\partial x_\mu}\right)}\Sigma_{r4,\sigma\rho}\varphi_\rho(x)\right)\\=\ &-L_{rs}-\int\mathrm{d}^3xx_r\frac{\partial}{\partial x_k}\left(\frac{\partial\mathscr{L}}{\partial\left(\dfrac{\partial\varphi_\sigma(x)}{\partial x_k}\right)}\Sigma_{s4,\sigma\rho}\varphi_\rho(x)\right)\\&-\int\mathrm{d}^3xx_r\frac{\partial}{\partial t}\left(\pi_\sigma(x)\Sigma_{s4,\sigma\rho}\varphi_\rho(x)\right)\\&+\int\mathrm{d}^3xx_s\frac{\partial}{\partial x_k}\left(\frac{\partial\mathscr{L}}{\partial\left(\dfrac{\partial\varphi_\sigma(x)}{\partial x_k}\right)}\Sigma_{r4,\sigma\rho}\varphi_\rho(x)\right)\\&+\int\mathrm{d}^3xx_s\frac{\partial}{\partial t}\left(\pi_\sigma(x)\Sigma_{r4,\sigma p}\varphi_\rho(x)\right)\\=\ &-\varepsilon_{rst}L_t+\int\mathrm{d}^3x\frac{\partial\mathscr{L}}{\partial\left(\dfrac{\partial\varphi_\sigma(x)}{\partial x_r}\right)}\Sigma_{s4,\sigma p}\varphi_\rho(x)\\&-\int\mathrm{d}^3x\frac{\partial\mathscr{L}}{\partial\left(\dfrac{\partial\varphi_\sigma(x)}{\partial x_s}\right)}\Sigma_{r4,\sigma\rho}\varphi_\rho(x)\\&-\frac{\mathrm{d}}{\mathrm{d}t}\int\mathrm{d}^3xx_r\pi_\sigma(x)\Sigma_{s4,\sigma\rho}\varphi_\rho(x)+\frac{\mathrm{d}}{\mathrm{d}t}\int\mathrm{d}^3xx_s\pi_\sigma(x)\Sigma_{r4,\sigma\rho}\varphi_\rho(x)\end{aligned}$$

这样

$$(K_r, K_s) = -\varepsilon_{rst}L_t + \int \mathrm{d}^3x \frac{\partial \mathscr{L}}{\partial\left(\dfrac{\partial\varphi_\sigma(x)}{\partial x_r}\right)}\Sigma_{s4,\sigma\rho}\varphi_\rho(x) - \int \mathrm{d}^3x \frac{\partial \mathscr{L}}{\partial\left(\dfrac{\partial\varphi_\sigma(x)}{\partial x_s}\right)}\Sigma_{r4,\sigma\rho}\varphi_\rho(x)$$
$$- \frac{\mathrm{d}}{\mathrm{d}t}\int \mathrm{d}^3x x_r \pi_\sigma(x)\Sigma_{s4,\sigma\rho}\varphi_\rho(x) + \frac{\mathrm{d}}{\mathrm{d}t}\int \mathrm{d}^3x x_s \pi_\sigma(x)\Sigma_{r4,\sigma\rho}\varphi_\rho(x) \quad (3.3.84)$$

K_r 与动量间的泊松括号是

$$\begin{aligned}
(K_r, P_s) &= \int \mathrm{d}^3x \left(\frac{\delta K_r}{\delta\varphi_\sigma(x)}\frac{\delta P_s}{\delta\pi_\sigma(x)} - \frac{\delta K_r}{\delta\pi_\sigma(x)}\frac{\delta P_s}{\delta\varphi_\sigma(x)}\right) \\
&= \int \mathrm{d}^3x \left\{\left(-x_r\dot{\pi}_\sigma(x) + \frac{\partial \mathscr{L}}{\partial\left(\dfrac{\partial\varphi_\sigma(x)}{\partial x_r}\right)}\right)\left(-\frac{\partial\varphi_\sigma(x)}{\partial x_s}\right) - x_r\dot{\varphi}_\sigma(x)\frac{\partial\pi_\sigma(x)}{\partial x_s}\right\} \\
&= \int \mathrm{d}^3x \left\{x_4\left(\dot{\pi}_\sigma(x)\frac{\partial\varphi_\sigma(x)}{\partial x_s} + \pi_\sigma(x)\frac{\partial\dot{\varphi}_\sigma(x)}{\partial x_s}\right) + \delta_{rs}\pi_\sigma(x)\dot{\varphi}_\sigma(x)\right. \\
&\quad \left. - \frac{\partial \mathscr{L}}{\partial\left(\dfrac{\partial\varphi_\sigma(x)}{\partial x_r}\right)}\frac{\partial\varphi_\sigma(x)}{\partial x_s}\right\} \\
&= \delta_{rs}\int \mathrm{d}^3x \pi_\sigma(x)\dot{\varphi}_\sigma(x) + \frac{\mathrm{d}}{\mathrm{d}t}\int \mathrm{d}^3x x_r\pi_\sigma(x)\frac{\partial\varphi_\sigma(x)}{\partial x_s} \\
&\quad - \int \mathrm{d}^3x \frac{\partial \mathscr{L}}{\partial\left(\dfrac{\partial\varphi_\sigma(x)}{\partial x_r}\right)}\frac{\partial\varphi_\sigma(x)}{\partial x_s} \\
&= \delta_{rs}\int \mathrm{d}^3x(\mathscr{H} + \mathscr{L}) - \int \mathrm{d}^3x \frac{\partial \mathscr{L}}{\partial\left(\dfrac{\partial\varphi_\sigma(x)}{\partial x_r}\right)}\frac{\partial\varphi_\sigma(x)}{\partial x_s} \\
&\quad + \frac{\mathrm{d}}{\mathrm{d}t}\int \mathrm{d}^3x x_r\pi_\sigma(x)\frac{\partial\varphi_\sigma(x)}{\partial x_s} \\
&= \delta_{rs}H + \int \mathrm{d}^3x \left(\mathscr{L}\delta_{rs} - \frac{\partial \mathscr{L}}{\partial\left(\dfrac{\partial\varphi_\sigma(x)}{\partial x_r}\right)}\frac{\partial\varphi_\sigma(x)}{\partial x_s}\right) \\
&\quad + \frac{\mathrm{d}}{\mathrm{d}t}\int \mathrm{d}^3x x_r\pi_\sigma(x)\frac{\partial\varphi_\sigma(x)}{\partial x_s} \\
&= \delta^3 x T_{sr} + \frac{\mathrm{d}}{\mathrm{d}t}\int \mathrm{d}^3x x_r\pi_\sigma(x)\frac{\partial\varphi_\sigma(x)}{\partial x_s}
\end{aligned}$$

由于

$$T_{s4} = -\mathrm{i}\pi_\sigma(x)\frac{\partial\varphi_\sigma(x)}{\partial x_s}$$

所以

$$\begin{aligned}
(K_r,P_s) &= \delta_{rs}H + \int \mathrm{d}^3x T_{sr} + \mathrm{i}\frac{\mathrm{d}}{\mathrm{d}t}\int \mathrm{d}^3x x_r T_{s4} \\
&= \delta_{rs}H + \int \mathrm{d}^3x \left(\delta_{rk}T_{sk} - x_r\frac{\partial T_{s4}}{\partial x_4}\right) \\
&= \delta_{rs}H + \int \mathrm{d}^3x \left(\frac{\partial x_r}{\partial x_k}T_{sk} - x_r\frac{\partial T_{s4}}{\partial x_4}\right) \\
&= \delta_{rs}H - \int \mathrm{d}^3x x_r \left(\frac{\partial T_{sk}}{\partial x_k} + \frac{\partial T_{s4}}{\partial x_r}\right) \\
&= \delta_{rs}H - \int \mathrm{d}^3x x_r \frac{\partial T_{s\mu}}{\partial x_\mu} \\
&= \delta_{rs}H - 0 = \delta_{rs}H
\end{aligned}$$

也就有

$$(K_r,P_s) = \delta_{rs}H \tag{3.3.85}$$

K_r 与哈密顿量 H 间的泊松括号是

$$\begin{aligned}
(K_r,H) &= \int \mathrm{d}^3x \left(\frac{\delta K_r}{\delta\varphi_\sigma(x)}\frac{\delta H}{\delta\pi_\sigma(x)} - \frac{\delta K_r}{\delta\pi_\sigma(x)}\frac{\delta H}{\delta\varphi_\sigma(x)}\right) \\
&= \int \mathrm{d}^3x \left\{\left(-x_r\dot{\pi}_\sigma(x) + \frac{\partial\mathscr{L}}{\partial\left(\frac{\partial\varphi_\sigma(x)}{\partial x_r}\right)}\right)\dot{\varphi}_\sigma(x) + x_r\dot{\varphi}_\sigma(x)\dot{\pi}_\sigma(x)\right\} \\
&= \int \mathrm{d}^3x \frac{\partial\mathscr{L}}{\partial\left(\frac{\partial\varphi_\sigma(x)}{\partial x_r}\right)}\dot{\varphi}_\sigma(x) = -\mathrm{i}\int \mathrm{d}^3x T_{4r} = -\mathrm{i}\int \mathrm{d}^3x \delta_{kr}T_{4k} \\
&= -\mathrm{i}\int \mathrm{d}^3x \frac{\partial x_r}{\partial x_k}T_{4k} = \mathrm{i}\int \mathrm{d}^3x x_r\frac{\partial T_{4k}}{\partial x_k} = -\mathrm{i}\int \mathrm{d}^3x x_r\frac{\partial T_{44}}{\partial x_4} \\
&= \int \mathrm{d}^3x x_r\frac{\partial\mathscr{H}}{\partial t} = \frac{\mathrm{d}}{\mathrm{d}t}\int \mathrm{d}^3x x_r\mathscr{H} = \frac{\mathrm{d}K_r}{\mathrm{d}t}
\end{aligned}$$

或者

$$(K_r,H) = \frac{\mathrm{d}K_r}{\mathrm{d}t} \tag{3.3.86}$$

K_r 与 $S_{\mu\nu}$ 间的泊松括号是

$$\begin{aligned}
(K_r,S_{\mu\nu}) &= \int \mathrm{d}^3x \left(\frac{\delta K_r}{\delta\varphi_\sigma(x)}\frac{\delta S_{\mu\nu}}{\delta\pi_\sigma(x)} - \frac{\delta K_r}{\delta\pi_\rho(x)}\frac{\delta S_{\mu\nu}}{\delta\varphi_\rho(x)}\right) \\
&= -\mathrm{i}\int \mathrm{d}^3x \left\{\left(-x\dot{\pi}_\sigma(x) + \frac{\partial\mathscr{L}}{\partial\left(\frac{\partial\varphi_\rho(x)}{\partial x_r}\right)}\right)\Sigma_{\mu\nu,\sigma\rho}\varphi_\rho(x)\right.
\end{aligned}$$

$$
\left. -x_r\dot{\varphi}_\rho(x)\pi_\sigma(x)\Sigma_{\mu\nu,\sigma\rho} \right\}
$$

$$
\begin{aligned}
&= \mathrm{i}\int \mathrm{d}^3x\left(\dot{\pi}_\sigma(x)\Sigma_{\mu\nu,\sigma\rho}\varphi_\rho(x)+\pi_\sigma(x)\Sigma_{\mu\nu,\sigma\rho}\dot{\varphi}_\rho(x)\right)\\
&\quad -\mathrm{i}\int \mathrm{d}^3x\frac{\partial \mathscr{L}}{\partial\left(\dfrac{\partial\varphi_\rho(x)}{\partial x_r}\right)}\Sigma_{\mu\nu,\sigma\rho}\varphi_\rho(x)\\
&= \mathrm{i}\frac{\mathrm{d}}{\mathrm{d}t}\int \mathrm{d}^3x x_r\pi_\sigma(x)\Sigma_{\mu\nu,\sigma\rho}\varphi_\rho(x)-\mathrm{i}\int \mathrm{d}^3x\frac{\partial \mathscr{L}}{\partial\left(\dfrac{\partial\varphi_\rho(x)}{\partial x_r}\right)}\Sigma_{\mu\nu,\sigma\rho}\varphi_\rho(x)
\end{aligned}
$$

于是

$$
(K_r,S_{\mu\nu})=\mathrm{i}\frac{\mathrm{d}}{\mathrm{d}t}\int \mathrm{d}^3x x_r\pi_\sigma(x)\Sigma_{\mu\nu,\sigma\rho}\varphi_\rho(x)-\mathrm{i}\int \mathrm{d}^3x\frac{\partial \mathscr{L}}{\partial\left(\dfrac{\partial\varphi_\rho(x)}{\partial x_r}\right)}\Sigma_{\mu\nu,\sigma\rho}\varphi_\rho(x) \tag{3.3.87}
$$

从而导出

$$
\begin{cases}
(K_r,S_s)=\dfrac{\mathrm{i}}{2}\varepsilon_{sjk}\dfrac{\mathrm{d}}{\mathrm{d}t}\displaystyle\int \mathrm{d}^3x x_r\pi_\sigma(x)\Sigma_{jk,\sigma\rho}\varphi_\rho(x)\\
\qquad\qquad -\dfrac{\mathrm{i}}{2}\varepsilon_{sjk}\displaystyle\int \mathrm{d}^3x\frac{\partial \mathscr{L}}{\partial\left(\dfrac{\partial\varphi_\sigma(x)}{\partial x_r}\right)}\Sigma_{jk,\sigma\rho}\varphi_\rho(x)\\
(K_r,T_s)=\mathrm{i}\dfrac{\mathrm{d}}{\mathrm{d}t}\displaystyle\int \mathrm{d}^3x x_r\pi_\sigma(x)\Sigma_{s4,\sigma\rho}\varphi_\rho(x)-\mathrm{i}\int \mathrm{d}^3x\frac{\partial \mathscr{L}}{\partial\left(\dfrac{\partial\varphi_\sigma(x)}{\partial x_r}\right)}\Sigma_{s4,\sigma\rho}\varphi_\rho(x)
\end{cases} \tag{3.3.88}
$$

因此,从式 (3.3.84)、式 (3.3.88)导出

$$
-(K_r,K_s)+\mathrm{i}(K_r,T_s)+\mathrm{i}(T_r,K_s)=\varepsilon_{rst}L_t \tag{3.3.89}
$$

K_r 与轨道角动量间的泊松括号是

$$
\begin{aligned}
(K_r,L_s) &= \int \mathrm{d}^3x\left(\frac{\delta K_r}{\delta\varphi_\sigma(x)}\frac{\delta L_s}{\delta\pi_\sigma(x)}-\frac{\delta K_r}{\delta\pi_\sigma(x)}\frac{\delta L_s}{\delta\varphi_\sigma(x)}\right)\\
&= \int \mathrm{d}^3x\left\{\left(-x_r\dot{\pi}_\sigma(x)+\frac{\partial \mathscr{L}}{\partial\left(\dfrac{\partial\varphi_\sigma(x)}{\partial x_r}\right)}\right)\left(-\varepsilon_{sjk}x_j\frac{\partial\varphi_\sigma(x)}{\partial x_k}\right)\right.\\
&\qquad \left. -x_r\dot{\varphi}_\sigma(x)\varepsilon_{sjk}x_j\frac{\partial\pi_\sigma(x)}{\partial x_k}\right\}\\
&= \varepsilon_{sjk}\int \mathrm{d}^3x\left\{x_r\dot{\pi}_\sigma(x)x_j\frac{\partial\varphi_\sigma(x)}{\partial x_k}+\pi_\sigma(x)x_j\frac{\partial}{\partial x_k}x_r\dot{\varphi}_\sigma(x)\right.
\end{aligned}
$$

$$
\begin{aligned}
&-\frac{\partial \mathscr{L}}{\partial\left(\dfrac{\partial \varphi_\sigma(x)}{\partial x_r}\right)} x_j \frac{\partial \varphi_\sigma(x)}{\partial x_k}\Bigg\} \\
=\; & \varepsilon_{sjk} \int \mathrm{d}^3 x\Bigg\{x_r\left(\dot{\pi}_\sigma(x) x_j \frac{\partial \varphi_\sigma(x)}{\partial x_k}+\pi_\sigma(x) x_j \frac{\partial \dot{\varphi}_\sigma(x)}{\partial x_k}\right) \\
&+\delta_r^k x_j \varphi_\sigma^{(r)}(t) \dot{\varphi}_\sigma(x)-\frac{\partial \mathscr{L}}{\partial\left(\dfrac{\partial \varphi_\sigma(x)}{\partial x_r}\right)} x_j \frac{\partial \varphi_\sigma(x)}{\partial x_k}\Bigg\} \\
=\; & \varepsilon_{rst} \int \mathrm{d}^3 x x_t(\mathscr{H}+\mathscr{L})+\varepsilon_{sjk} \frac{\mathrm{d}}{\mathrm{d} t} \int \mathrm{d}^3 x x_r \pi_\sigma(x) x_j \frac{\partial \varphi_\sigma(x)}{\partial x_k} \\
&-\varepsilon_{sjk} \int \mathrm{d}^3 x \frac{\partial \mathscr{L}}{\partial\left(\dfrac{\partial \varphi_\sigma(x)}{\partial x_r}\right)} x_j \frac{\partial \varphi_\sigma(x)}{\partial x_k} \\
=\; & \varepsilon_{rst} K_t+\varepsilon_{rst} \int \mathrm{d}^3 x x_t \mathscr{L} \\
&+\frac{1}{2} \varepsilon_{sjk} \frac{\mathrm{d}}{\mathrm{d} t} \int \mathrm{d}^3 x x_r \pi_\sigma(x)\left(x_j \frac{\partial}{\partial x_k}-x_k \frac{\partial}{\partial x_j}\right) \varphi_\sigma(x) \\
&-\frac{1}{2} \varepsilon_{sjk} \int \mathrm{d}^3 x \frac{\partial \mathscr{L}}{\partial\left(\dfrac{\partial \varphi_\sigma(x)}{\partial x_4}\right)}\left(x_j \frac{\partial}{\partial x_k}-x_k \frac{\partial}{\partial x_j}\right) \varphi_\sigma(x)
\end{aligned}
$$

从而

$$
\begin{aligned}
\left(K_r, L_s\right)=\; & \varepsilon_{rst} K_t+\varepsilon_{rst} \int \mathrm{d}^3 x x_t \mathscr{L} \\
&+\frac{1}{2} \varepsilon_{sjk} \frac{\mathrm{d}}{\mathrm{d} t} \int \mathrm{d}^3 x x_r \pi_\sigma(x)\left(x_j \frac{\partial}{\partial x_k}-x_k \frac{\partial}{\partial x_j}\right) \varphi_\sigma(x) \\
&-\frac{1}{2} \varepsilon_{sjk} \int \mathrm{d}^3 x \frac{\partial \mathscr{L}}{\partial\left(\dfrac{\partial \varphi_\sigma(x)}{\partial x_4}\right)}\left(x_j \frac{\partial}{\partial x_k}-x_k \frac{\partial}{\partial x_j}\right) \varphi_\sigma(x)
\end{aligned}
\tag{3.3.90}
$$

利用式 (3.3.88)、式 (3.3.90)可得 K_r 与 M_s 的泊松括号是

$$
\begin{aligned}
\left(K_r, M_s\right) =\; & \left(K_r L_s\right)+\left(K_r S_s\right) \\
=\; & \varepsilon_{rst} K_t+\varepsilon_{rst} \int \mathrm{d}^3 x x_t \mathscr{L}+\frac{\mathrm{i}}{2} \varepsilon_{sjk} \int \mathrm{d}^3 x x_r \pi_\sigma(x) \mu_{jk, \sigma\rho} \varphi_\rho(x) \\
&-\frac{\mathrm{i}}{2} \varepsilon_{sjk} \int \mathrm{d}^3 x \frac{\partial \mathscr{L}}{\partial\left(\dfrac{\partial \varphi_\sigma(x)}{\partial x_r}\right)} \mu_{jk, \sigma\rho} \varphi_\rho(x) \\
=\; & \varepsilon_{rst} K_t+\frac{1}{2} \varepsilon_{sjk} \int \mathrm{d}^3 x\left(x_j \delta_{kr}-x_k \delta_{jr}\right) \mathscr{L}-\frac{1}{2} \varepsilon_{ijk} \frac{\mathrm{d}}{\mathrm{d} x_4} \int \mathrm{d}^3 x x_r M_{jk, 4}
\end{aligned}
$$

$$
\begin{aligned}
&\quad -\frac{\mathrm{i}}{2}\varepsilon_{sjk}\int \mathrm{d}^3x \frac{\partial \mathscr{L}}{\partial\left(\dfrac{\partial \varphi_\sigma(x)}{\partial x_r}\right)}\mu_{jk,\sigma\rho}\varphi_\rho(x)\\
&= \varepsilon_{rst}K_t - \frac{1}{2}\varepsilon_{sjk}\int \mathrm{d}^3x x_r \frac{\partial M_{jk,4}}{\partial x_4}\\
&\quad +\frac{1}{2}\varepsilon_{sjk}\int \mathrm{d}^3x\left\{-\mathrm{i}\frac{\partial \mathscr{L}}{\partial\left(\dfrac{\partial \varphi_\sigma(x)}{\partial x_r}\right)}\mu_{jk,\sigma\rho}\varphi_\rho(x) + \left(x_j\delta_{kr} - x_k\delta_{jr}\right)\mathscr{L}\right\}\\
&= \varepsilon_{rst}K_t - \frac{1}{2}\varepsilon_{sjk}\int \mathrm{d}^3x x_{jk}\frac{\partial M_{jk,4}}{\partial x_{jk}} + \frac{1}{2}\varepsilon_{sjk}\int \mathrm{d}^3x \frac{\partial x_r}{\partial x_j}M_{jk,r}\\
&= \varepsilon_{rst}K_t - \frac{1}{2}\varepsilon_{sjk}\int \mathrm{d}^3x x_r \frac{\partial M_{jk,4}}{\partial x_4} - \frac{1}{2}\varepsilon_{sjk}\int \mathrm{d}^3x x_r \frac{\partial M_{jk,t}}{\partial x_t}\\
&= \varepsilon_{rst}K_t - \frac{1}{2}\varepsilon_{sjk}\int \mathrm{d}^3x x_r \frac{\partial M_{jk,\lambda}}{\partial x_\lambda} = \varepsilon_{rst}K_t
\end{aligned}
$$

或者

$$
(K_r, M_s) = \varepsilon_{rst}K_t \tag{3.3.91}
$$

利用以上结果可以求出,M_r 间的泊松括号是

$$
\begin{aligned}
(M_r, M_s) &= (L_r + S_s, L_s + S_s) = (L_rL_s) + (L_rS_s) + (S_rL_s) + (S_rS_s)\\
&= (L_rL_s) + (S_rS_s) = \varepsilon_{rst}L_t + \varepsilon_{rst}S_t\\
&= \varepsilon_{rst}M_t
\end{aligned}
$$

或者

$$
(M_r, M_s) = \varepsilon_{rst}M_t \tag{3.3.92}
$$

N_r 间的泊松括号是

$$
\begin{aligned}
(N_r, N_s) &= (\mathrm{i}(K_r - tP_r) + T_r, \mathrm{i}(K_s - tP_s) + T_s)\\
&= -(K_r - tP_r, K_s - tP_s) + \mathrm{i}(K_r - tP_r, T_s) + \mathrm{i}(T_r, K_s - tP_s) + (T_r, T_s)\\
&= -(K_rK_s) + \mathrm{i}(K_rT_s) + \mathrm{i}(T_rK_s) + t(K_rP_s) + t(P_rK_s) + (T_rT_s)\\
&= \varepsilon_{rst}L_t + t\delta_{rs}H - t\delta_{rs}H + \varepsilon_{rst}S_t = \varepsilon_{rst}M_t
\end{aligned}
$$

也就是

$$
(N_r, N_s) = \varepsilon_{rst}L_t + t\delta_{rs}H - t\delta_{rs}H + \varepsilon_{rst}S_t = \varepsilon_{rst}M_t \tag{3.3.93}
$$

M_r 和 N_s 间的泊松括号是

$$
(M_r, N_s) = (L_r + S_r, \mathrm{i}(K_s - tP_s) + T_s)
$$

$$
\begin{aligned}
&= \mathrm{i}\left(M_r, K_s\right) - \mathrm{i}t\left(L_r P_s\right) + \left(S_r T_S\right) \\
&= \mathrm{i}\varepsilon_{rst} K_t - \mathrm{i}t\varepsilon_{rst} P_t + \varepsilon_{rst} T_t \\
&= \varepsilon_{rst}\left\{\mathrm{i}\left(K_t - tP_s\right) + T_t\right\} \\
&= \varepsilon_{rst} N_t
\end{aligned}
$$

也就有

$$
\left(M_r, N_s\right) = \varepsilon_{rst} N_t \tag{3.3.94}
$$

这样我们获得 6 个守恒量间的泊松括号为

$$
\begin{cases}
\left(M_r, M_s\right) = \varepsilon_{rst} M_t \\
\left(N_r, N_s\right) = \varepsilon_{rst} M_t \\
\left(M_r, N_s\right) = \varepsilon_{rst} N_t
\end{cases}
$$

概括为

$$
\left(M_{\mu\nu}, M_{\mu'\nu'}\right) = M_{\mu\mu'}\delta_{\nu\nu'} + M_{\nu\nu'}\delta_{\mu\mu'} - M_{\mu\nu'}\delta_{\mu'\nu} - M_{\nu\mu'}\delta_{\mu\nu'} \tag{3.3.95}
$$

动量 P_r 与角动量间的泊松括号是

$$
\left(P_r, M_s\right) = \left(P_r, L_s + S_s\right) = \left(P_r, L_s\right) = \varepsilon_{rst} P_t
$$

也就是

$$
\left(P_r, M_s\right) = \varepsilon_{rst} P_t \tag{3.3.96}
$$

能量 H 与角动量 M_r 间的泊松括号是

$$
\left(H, M_r\right) = \left(H, L_r + S_r\right) = -\frac{\mathrm{d}L_r}{\mathrm{d}t} - \frac{\mathrm{d}S_r}{\mathrm{d}t} = -\frac{\mathrm{d}M_r}{\mathrm{d}t} = 0
$$

也就有

$$
\left(H, M_r\right) = 0 \tag{3.3.97}
$$

其中利用了 M_r 是一个守恒量,即 $\dfrac{\mathrm{d}M_r}{\mathrm{d}t} = 0$.

动量 P_r 与 N_s 间的泊松括号是

$$
\left(P_r, N_s\right) = \left(P_r, \mathrm{i}K_s - \mathrm{i}tP_s + T_s\right) = \mathrm{i}\left(P_r, K_s\right) = -\mathrm{i}\delta_{rs} H = -\delta_{rs} P_4
$$

也就有

$$
\left(P_r, N_s\right) = -\delta_{rs} P_4 \tag{3.3.98}
$$

能量 H 与 N_r 间的泊松括号是

$$\begin{aligned}(H,N_r) &= (H,\mathrm{i}K_r - \mathrm{i}tP_r + T_r) = \mathrm{i}(H,K_r) + (H,T_r) \\ &= -\mathrm{i}\frac{\mathrm{d}K_r}{\mathrm{d}t} - \frac{\mathrm{d}T_r}{\mathrm{d}t} = -\frac{\mathrm{d}}{\mathrm{d}t}(\mathrm{i}K_r + T_r) \\ &= -\frac{\mathrm{d}}{\mathrm{d}t}(\mathrm{i}K_r - \mathrm{i}tP_r + T_r + \mathrm{i}tP_r) \\ &= -\frac{\mathrm{d}}{\mathrm{d}t}(N_r + \mathrm{i}tP_r) = -\frac{\mathrm{d}N_r}{\mathrm{d}t} - \mathrm{i}P_r + \mathrm{i}t\frac{\mathrm{d}P_r}{\mathrm{d}t}\end{aligned}$$

由于 N_r、P_r 都是守恒量,即 $\frac{\mathrm{d}N_r}{\mathrm{d}t} = \frac{\mathrm{d}P_r}{\mathrm{d}t} = 0$,所以

$$(H,N_r) = -\mathrm{i}P_r$$

也就是

$$(P_4,N_r) = P_r \tag{3.3.99}$$

这样则有

$$\begin{cases}(P_r,M_s) = \varepsilon_{rst}P_t \\ (P_4,M_r) = 0 \\ (P_r,N_s) = -\delta_{rs}P_4 \\ (P_4,N_r) = P_r\end{cases} \tag{3.3.100}$$

概括为

$$(P_\lambda,M_{\mu\nu}) = P_\mu\delta_{\nu\lambda} - P_\nu\delta_{\mu\nu} \tag{3.3.101}$$

因此,我们获得能量、动量守恒定律、角动量守恒定律、质量中心定理的 10 个守恒量的泊松括号为

$$\begin{cases}(P_\mu,P_\nu) = 0 \\ (P_\lambda,M_{\mu\nu}) = P_\mu\delta_{\nu\lambda} - P_\nu\delta_{\mu\lambda} \\ (M_{\mu\nu},M_{\mu'\nu'}) = M_{\mu\mu'}\delta_{\nu\nu'} + M_{\nu\nu'}\delta_{\mu\mu'} - M_{\mu\nu'}\delta_{\mu'\nu} - M_{\nu\mu'}\delta_{\mu\nu'}\end{cases} \tag{3.3.102}$$

最后,我们求场量 $\varphi_\sigma(x)$ 与 $M_{\mu\nu}$ 的泊松括号:

$$\begin{aligned}(M_{\mu\nu},\varphi_\sigma(x)) &= \int \mathrm{d}^3x'\left(\frac{\delta M_{\mu\nu}}{\delta\varphi_\rho(x')}\frac{\delta\varphi_\sigma(x)}{\delta\pi_\rho(x')} - \frac{\delta M_{\mu\nu}}{\delta\pi_\rho(x')}\frac{\delta\varphi_\sigma(x)}{\delta\varphi_\rho(x')}\right) \\ &= \int \mathrm{d}^3x' - \frac{\delta M_{\mu\nu}}{\delta\pi_\rho(x')}\delta_{\sigma\rho}\delta^3(x-x') = -\frac{\delta M_{\mu\nu}}{\delta\pi_\sigma(x)}\end{aligned}$$

利用式 (3.3.71)得

$$(M_{\mu\nu},\varphi_\sigma(x)) = \mathrm{i}\mu_{\mu\nu,\sigma\rho}\varphi_\rho(x) \tag{3.3.103}$$

在无穷小洛伦兹变换的条件下有

$$\varphi_\sigma'(x')=\Lambda_{\sigma\rho}(A)\varphi_\rho(x)=\varphi_\sigma(x)+\frac{\mathrm{i}}{2}\varepsilon_{\mu\nu}\Sigma_{\mu\nu,\sigma\rho}\varphi_\rho(x)$$

将 $x=A^{-1}x'$ 代入得

$$\varphi_\sigma'(x')=\Lambda_{\sigma\rho}(A)\varphi_\rho\left(A^{-1}x'\right)=\varphi_\sigma\left(A^{-1}x'\right)+\frac{\mathrm{i}}{2}\varepsilon_{\mu\nu}\Sigma_{\mu\nu,\sigma\rho}\varphi_\rho\left(A^{-1}x'\right)$$

将 x' 写成 x 得

$$\varphi_\sigma'(x)=\Lambda_{\sigma\rho}(A)\varphi_\rho\left(A^{-1}x\right)=\varphi_\sigma\left(A^{-1}x\right)+\frac{\mathrm{i}}{2}\varepsilon_{\mu\nu}\Sigma_{\mu\nu,\sigma\rho}\varphi_\rho\left(A^{-1}x\right)$$

由于在无穷小变换的条件 $A=E+\varepsilon$,所以 $A^{-1}=E-\varepsilon$,因此可以获得

$$\begin{aligned}\varphi_\sigma\left(A^{-1}x\right)&=\varphi_\sigma(x-\varepsilon x)=\varphi_\sigma(x)-\frac{\partial\varphi_\sigma(x)}{\partial x_\mu}\varepsilon_{\mu\nu}x_\nu\\&=\varphi_\sigma(x)+\frac{\varepsilon_{\mu\nu}}{2}\left(x_\mu\frac{\partial}{\partial x_\nu}-x_\nu\frac{\partial}{\partial x_\mu}\right)\varphi_\sigma(x)\end{aligned}$$

也就有

$$\varphi_\sigma\left(A^{-1}x\right)=\varphi_\sigma(x)+\frac{1}{2}\varepsilon_{\mu\nu}\left(x_\mu\frac{\partial}{\partial x_\nu}-x_\nu\frac{\partial}{\partial x_\mu}\right)\varphi_\sigma(x)\tag{3.3.104}$$

将式 (3.3.104)代入得

$$\begin{aligned}\varphi_\sigma'(x)&=\Lambda_{\sigma\rho}(A)\varphi_\rho\left(A^{-1}x\right)\\&=\varphi_\sigma(x)+\frac{1}{2}\varepsilon_{\mu\nu}\left(x_\mu\frac{\partial}{\partial x_\nu}-x_\nu\frac{\partial}{\partial x_\mu}\right)\varphi_\sigma(x)+\frac{\mathrm{i}}{2}\varepsilon_{\mu\nu}\Sigma_{\mu\nu,\sigma\rho}\varphi_\rho(x)\\&=\varphi_\sigma(x)+\frac{\mathrm{i}}{2}\varepsilon_{\mu\nu}\left\{-\mathrm{i}\left(x_\mu\frac{\partial}{\partial x_\nu}-x_\nu\frac{\partial}{\partial x_\mu}\right)+\Sigma_{\mu\nu}\right\}_{\sigma\rho}\varphi_\rho(x)\\&=\varphi_\sigma(x)+\frac{\mathrm{i}}{2}\varepsilon_{\mu\nu}\mu_{\mu\nu,\sigma\rho}\varphi_\rho(x)\end{aligned}$$

再将式 (3.3.103)代入得

$$\varphi_\sigma'(x)=\Lambda_{\sigma\rho}(A)\varphi_\rho\left(A^{-1}x\right)=\varphi_\sigma(x)+\frac{1}{2}\varepsilon_{\mu\nu}\left(M_{\mu\nu},\varphi_\sigma(x)\right)\tag{3.3.105}$$

3.4 运动规律的幺正对称性质和粒子数守恒定律、电荷守恒定律、同位旋守恒定律、奇异数守恒定律

以上我们讨论了物理系统的本性与时空性质的关系，但是，物理系统的本性中还有一部分与时空性质无关，即当时空参考系变换时它不进行变换，物理系统的这种性质是与另外一个空间的性质密切相连的，这个空间称为幺旋空间.

实验证实，物理规律具有幺正对称性，因此幺旋空间是均匀的而且是各向同性的. 反之，如果幺旋空间是均匀的而且是各向同性的，那么在这个空间中进行一次幺正变换时，根据相对性原理，物理规律的形式是不变的，即物理规律具有幺正对称性. 因此，物理规律的幺正对称性与幺旋空间的均匀性和各向同性具有十分密切的关系. 这种对称性质引导到幺旋空间中的幺正变换，所有这种幺正变换的集合形成一个群，称为幺正变换群. 物理规律的幺正对称性表现为物理规律的形式在幺正变换下是不变的. 由于这种不变性，存在着一系列守恒定律，本节的目的就是讨论这一系列守恒定律.

物理系统的时空性质表现在场量 $\varphi_\sigma(x)$ 的指标 σ 的变换中，但是物理系统的时空性质只涉及指标 σ 的一部分，还有另外一部分是与时空性质无关的幺旋部分. 为了讨论物理系统的幺正对称性，我们将与时空性质无关的指标从 σ 中抽出来写在场量的上方，即

$$\varphi_\sigma^\alpha(x)$$

这时指标 α 与时空性质无关，只与幺正对称性有关，而指标 σ 就仅与时空性质密切相关了. 为了简单，本节将 σ 略去，而集中讨论形式为

$$\varphi^\alpha(x)$$

的场量. 这时物理系统的拉格朗日函数密度可以写为

$$\mathscr{L}=\mathscr{L}\left(\varphi^\alpha(x),\varphi^{\alpha^*}(x),\frac{\partial\varphi^\alpha(x)}{\partial x_\mu},\frac{\partial\varphi^{\alpha*}(x)}{\partial x_\mu}\right) \tag{3.4.1}$$

的形式. 如果在幺旋空间中进行一次幺正变换，那么相应地引起场量的变换为

$$\varphi^\alpha(x)\to\varphi^{\alpha'}(x) \tag{3.4.2}$$

由于这种变换与时空性质无关，所以应该有

$$x_\mu\to x'_\mu=x_\mu \tag{3.4.3}$$

因此,时空的变分函数为

$$\delta x_\mu = 0 \tag{3.4.4}$$

在这种幺正变换下,物理系统的点 P 上的拉格朗日函数密度的数值不变,即

$$\begin{aligned}&\mathscr{L}'\left(\varphi'^{\alpha}(x),\varphi'^{\alpha*}(x),\frac{\partial\varphi'^{\alpha}(x)}{\partial x_\mu},\frac{\partial\varphi'^{\alpha*}(x)}{\partial x_\mu}\right)\mathrm{d}^4x'\\&=\mathscr{L}\left(\varphi^{\alpha}(x),\varphi^{\alpha^*}(x),\frac{\partial\varphi^{\alpha}(x)}{\partial x_\mu},\frac{\partial\varphi^{\alpha*}(x)}{\partial x_\mu}\right)\mathrm{d}^4x\end{aligned}$$

由于 $\mathrm{d}^4x=\mathrm{d}^4x'$,所以数值不变条件变成

$$\mathscr{L}'\left(\varphi'^{\alpha}(x),\varphi'^{\alpha*}(x),\frac{\partial\varphi'^{\alpha}(x)}{\partial x_\mu},\frac{\partial\varphi'^{\alpha*}(x)}{\partial x_\mu}\right)=\mathscr{L}\left(\varphi^{\alpha}(x),\varphi^{\alpha^*}(x),\frac{\partial\varphi^{\alpha}(x)}{\partial x_\mu},\frac{\partial\varphi^{\alpha*}(x)}{\partial x_\mu}\right) \tag{3.4.5}$$

由于物理规律的幺正对称性,即在幺正变换下运动方程的形式不变,这时又由于一般地我们所选取的拉格朗日函数密度的形式是明显幺正对称的,即在幺正变换下明显是形式不变的,所以运动方程形式不变的条件是

$$\mathscr{L}'\left(\varphi'^{\alpha}(x),\varphi'^{\alpha*}(x),\frac{\partial\varphi'^{\alpha}(x)}{\partial x_\mu},\frac{\partial\varphi'^{\alpha*}(x)}{\partial x_\mu}\right)=\mathscr{L}\left(\varphi'^{\alpha}(x),\varphi'^{\alpha*}(x),\frac{\partial\varphi'^{\alpha}(x)}{\partial x_\mu},\frac{\partial\varphi'^{\alpha*}(x)}{\partial x_\mu}\right) \tag{3.4.6}$$

这样,散度函数满足条件

$$\frac{\partial\Omega_\mu}{\partial x_\mu}=0 \tag{3.4.7}$$

在这种条件下,诺特定理取如下形式:

$$\frac{\partial}{\partial x_\mu}\left\{\frac{\partial\mathscr{L}}{\partial\left(\dfrac{\partial\varphi^{\alpha}(x)}{\partial x_\mu}\right)}\delta\varphi^{\alpha}(x)+\frac{\partial\mathscr{L}}{\partial\left(\dfrac{\partial\varphi^{\alpha*}(x)}{\partial x_\mu}\right)}\delta\varphi^{\alpha^*}(x)\right\}=0 \tag{3.4.8}$$

为了求取 $\delta\varphi^{\alpha}(x)$、$\delta\varphi^{\alpha*}(x)$,我们来考虑幺旋空间中的幺正变换. 设幺旋空间中的基矢为 $\phi_i(i=1,2,\cdots,m)$,在幺正变换 $u\in U_m$ 下,引起一个基底变换

$$\phi_i\to\phi'_i=u\phi_i=\phi_k a_i^k \tag{3.4.9}$$

其中,a_i^k 满足幺正性条件

$$\begin{cases}a_i^k a_{i'}^{k^*}=\delta_i^{i'}\\a_i^k a_{i'}^{k'^*}=\delta_{k'}^k\end{cases} \tag{3.4.10}$$

或

$$uu^\dagger=u^\dagger u=1 \tag{3.4.11}$$

由于 u 是幺正的,所以它可以写成

$$u = \mathrm{e}^{\mathrm{i}\Theta} \tag{3.4.12}$$

的形式,其中 Θ 是一个厄米矩阵,即

$$\Theta^{\dagger} = \Theta \tag{3.4.13}$$

因此,如果有

$$\Theta = \varepsilon_i^k \theta_k^i \tag{3.4.14}$$

其中,ε_i^k 是矩阵的基底,它满足条件

$$\varepsilon_i^{k^*} = \varepsilon_k^i \tag{3.4.15}$$

那么,从厄米条件式 (3.4.13)直接导出

$$\theta_i^{k^*} = \theta_k^i \tag{3.4.16}$$

将式 (3.4.14)代入式 (3.4.12)获得

$$u = \mathrm{e}^{\mathrm{i}\varepsilon_j^k \theta_k^j} \tag{3.4.17}$$

这时 ε_i^k 称为幺正变换群 U_m 的无穷小算符,它满足如下的对易关系

$$\left[\varepsilon_i^k, \varepsilon_{i'}^{k'}\right] = \varepsilon_i^{k'} \delta_{i'}^k - \varepsilon_{i'}^k \delta_i^{k'} \tag{3.4.18}$$

为了将幺正变换群 U_m 中包含的阿贝尔不变子群 (这个群代表粒子数守恒定律) 分出来,可以将无穷小算符 ε_i^k 分解为零迹算符与迹算符之积,即

$$\varepsilon_i^k = \lambda_i^k + \delta_i^k b \tag{3.4.19}$$

其中

$$b = \frac{1}{m}\varepsilon \tag{3.4.20}$$

因此,λ_i^k 满足零迹条件

$$\lambda_i^i = 0 \tag{3.4.21}$$

显然,由于

$$\left[b, \varepsilon_i^k\right] = 0 \tag{3.4.22}$$

所以从式 (3.4.18)可以导出 λ_i^k 满足如下对易关系:

$$\left[\lambda_i^k, \lambda_{i'}^{k'}\right] = \lambda_i^{k'} \delta_{i'}^k - \lambda_{i'}^k \delta_i^{k'} \tag{3.4.23}$$

相应于无穷小算符 ε_i^k 的分解式 (3.4.19)群参数可以做如下分解

$$\theta_k^i = \varphi_k^i + \frac{1}{m}\delta_k^i\varphi \tag{3.4.24}$$

其中

$$\varphi = \theta_i^i \tag{3.4.25}$$

因此,φ_k^i 满足零迹条件

$$\varphi_i^i = 0 \tag{3.4.26}$$

这样则有

$$\Theta = \varepsilon_i^k\theta_k^i = \lambda_i^k\varphi_k^i + b\varphi \tag{3.4.27}$$

代入 u 之中得

$$u = \mathrm{e}^{\mathrm{i}\Theta} = \mathrm{e}^{\mathrm{i}\varepsilon_j^k\theta_k^j} = \mathrm{e}^{\mathrm{i}\left(b\varphi+\lambda_i^k\varphi_k^i\right)} \tag{3.4.28}$$

相应于基底变换式 (3.4.9), 幺旋空间中的矢量 $\xi = \phi_i\xi^i$ 的分量 ξ^i 在幺正变换 u 下的变换为

$$\xi^i \to \xi^{i'} = v_k^i\xi^k \tag{3.4.29}$$

其中

$$v = u^{-1} = \mathrm{e}^{-\mathrm{i}\Theta} = \mathrm{e}^{-\mathrm{i}\varepsilon_j^k\theta_k^j} = \mathrm{e}^{-\mathrm{i}\left(b\varphi+\lambda_i^k\varphi_k^i\right)} \tag{3.4.30}$$

在幺旋空间中进行的分量的幺正变换 v 映射为场量的幺正变换 R,即

$$v \to R(v) \quad v \in U_m \tag{3.4.31}$$

或者

$$\varphi^\alpha(x) \to \varphi'^\alpha(x) = R_\beta^\alpha(v)\varphi^\beta(x) \tag{3.4.32}$$

根据表示的定义,如果幺正变换 v 可以表达为式 (3.4.30)的形式,那么它的表示 $R(v)$ 则可以表达为

$$R(v) = \mathrm{e}^{-\mathrm{i}E_j^k\theta_k^j} = \mathrm{e}^{-\mathrm{i}\left(B\varphi+\Lambda_i^k\varphi_k^i\right)} \tag{3.4.33}$$

的形式. 其中,E_i^k 是表示 R 的无穷小算符,它满足如下的对易关系:

$$\left[E_i^k, E_{i'}^{k'}\right] = E_i^{k'}\delta_{i'}^k - E_{i'}^k\delta_i^{k'} \tag{3.4.34}$$

同时,由于 $E_i^k\theta_k^i$ 是厄米的,即

$$\left(E_i^k\theta_k^i\right)^\dagger = E_i^k\theta_k^i \tag{3.4.35}$$

所以利用式 (3.4.16)得

$$E_i^{k^*} = E_k^i \tag{3.4.36}$$

将 E_i^k 分解为

$$E_i^k = \Lambda_i^k + \delta_i^k B \tag{3.4.37}$$

就获得 Λ_i^k, B,其中

$$B = \frac{1}{m} E_i^i \tag{3.4.38}$$

因此,Λ_i^k 满足零迹条件

$$\Lambda_i^i = 0 \tag{3.4.39}$$

从厄米条件式 (3.4.36)还可以导出它具有如下性质:

$$\begin{cases} \Lambda_i^{k^\dagger} = \Lambda_k^i \\ B^\dagger = B \end{cases} \tag{3.4.40}$$

从对易关系式 (3.4.34)可以导出

$$\left[B, E_i^k\right] = 0 \tag{3.4.41}$$

所以 Λ_i^k 满足如下的对易关系:

$$\left[\Lambda_i^k, \Lambda_{i'}^{k'}\right] = \Lambda_i^{k'} \delta_{i'}^k - \Lambda_{i'}^k \delta_i^{k'} \tag{3.4.42}$$

因此,显然关系式

$$E_i^k \theta_k^i = B\varphi + \Lambda_i^k \varphi_k^i \tag{3.4.43}$$

是成立的.

在无穷小变换的条件下,有

$$R(v) = 1 - \mathrm{i} E_j^k \theta_k^j \tag{3.4.44}$$

因此,场量的变换为

$$\varphi^\alpha(x) \to \varphi'^\alpha(x) = R_\beta^\alpha(v) \varphi^\beta(x) = \varphi^\alpha(x) - \mathrm{i}\theta_k^j \left(E_j^k\right)_\beta^\alpha \varphi^\beta(x) \tag{3.4.45}$$

由于

$$R_\beta^{\alpha^*}(v) = \left(R^\dagger(v)\right)_\alpha^\beta = R_\alpha^\beta(u)$$

或者

$$R_\beta^{\alpha^*}(v) = R_\alpha^\beta(u)$$

所以求式 (3.4.45)的复数共轭得

$$\varphi^{\alpha^*}(x) \to \varphi'^{\alpha *}(x) = R_\alpha^\beta(u)\varphi^{\beta^*}(x) = \varphi^{\alpha^*}(x) + i\theta_k^j \left(E_j^k\right)_\alpha^\beta \varphi^{\beta^*}(x) \tag{3.4.46}$$

其中利用了厄米条件式 (3.4.16)和式 (3.4.36). 因此,求得场量的变分函数为

$$\begin{cases} \delta\varphi^\alpha(x) = -\mathrm{i}\theta_k^j \left(E_j^k\right)_\beta^\alpha \varphi^\beta(x) \\ \delta\varphi^{\alpha^*}(x) = \mathrm{i}\theta_k^j \left(E_j^k\right)_\alpha^\beta \varphi^{\beta^*}(x) \end{cases} \tag{3.4.47}$$

代入诺特定理式 (3.4.8)中,得

$$\frac{\partial}{\partial x_\mu}\left(\frac{\partial \mathscr{L}}{\partial\left(\dfrac{\partial\varphi^\alpha(x)}{\partial x_\mu}\right)}\left(-\mathrm{i}\theta_k^j\right)\left(E_j^k\right)_\beta^\alpha \varphi^\beta(x) + \frac{\partial \mathscr{L}}{\partial\left(\dfrac{\partial\varphi^{\alpha *}(x)}{\partial x_\mu}\right)}\left(\mathrm{i}\theta_k^j\right)\left(E_j^k\right)_\alpha^\beta \varphi^{\beta^*}(x)\right) = 0$$

也就是

$$\theta_k^j \frac{\partial}{\partial x_\mu}(-\mathrm{i})\left(E_j^k\right)_\beta^\alpha \left(\frac{\partial \mathscr{L}}{\partial\left(\dfrac{\partial\varphi^\alpha(x)}{\partial x_\mu}\right)}\varphi^\beta(x) - \frac{\partial \mathscr{L}}{\partial\left(\dfrac{\partial\varphi^{\beta^*}(x)}{\partial x_\mu}\right)}\varphi^{\alpha^*}(x)\right) = 0$$

由于 θ_k^j 是彼此独立的任意参数,所以从上式获得

$$\frac{\partial}{\partial x_\mu}(-\mathrm{i})\left(E_j^k\right)_\beta^\alpha \left(\frac{\partial \mathscr{L}}{\partial\left(\dfrac{\partial\varphi^\alpha(x)}{\partial x_\mu}\right)}\varphi^\beta(x) - \frac{\partial \mathscr{L}}{\partial\left(\dfrac{\partial\varphi^{\beta^*}(x)}{\partial x_\mu}\right)}\varphi^{\alpha^*}(x)\right) = 0 \tag{3.4.48}$$

令

$$E_{j\mu}^k = -\mathrm{i}\left(E_j^k\right)_\beta^\alpha \left(\frac{\partial \mathscr{L}}{\partial\left(\dfrac{\partial\varphi^\alpha(x)}{\partial x_\mu}\right)}\varphi^\beta(x) - \frac{\partial \mathscr{L}}{\partial\left(\dfrac{\partial\varphi^{\beta^*}(x)}{\partial x_\mu}\right)}\varphi^{\alpha^*}(x)\right) \tag{3.4.49}$$

则有

$$\frac{\partial E_{i\mu}^k}{\partial x_\mu} = 0 \tag{3.4.50}$$

一共是 m^2 条守恒定律. 根据无穷小算符 E_i^k 的分解,可以将 $E_{i\mu}^k$ 分解为

$$E_{i\mu}^k = \Lambda_{i\mu}^k + \delta_i^k B_\mu \tag{3.4.51}$$

其中

$$B_\mu = \frac{1}{m}E_{i\mu}^i \tag{3.4.52}$$

而 $\Lambda_{i\mu}^k$ 满足零迹条件

$$\Lambda_{i\mu}^i = 0 \tag{3.4.53}$$

利用式 (3.4.49)可以将 B_μ、$\Lambda_{i\mu}^k$ 写成

$$B_\mu = -\mathrm{i}B_\beta^\alpha \left(\frac{\partial \mathscr{L}}{\partial\left(\dfrac{\partial\varphi^\alpha(x)}{\partial x_\mu}\right)}\varphi^\beta(x) - \frac{\partial \mathscr{L}}{\partial\left(\dfrac{\partial\varphi^{\beta^*}(x)}{\partial x_\mu}\right)}\varphi^{\alpha^*}(x) \right) \tag{3.4.54}$$

$$\Lambda_{j\mu}^k = -\mathrm{i}\left(\Lambda_j^k\right)_\beta^\alpha \left(\frac{\partial \mathscr{L}}{\partial\left(\dfrac{\partial\varphi^\alpha(x)}{\partial x_\mu}\right)}\varphi^\beta(x) - \frac{\partial \mathscr{L}}{\partial\left(\dfrac{\partial\varphi^{\beta^*}(x)}{\partial x_\mu}\right)}\varphi^{\alpha^*}(x) \right) \tag{3.4.55}$$

的形式. 守恒定律式 (3.4.50)可以写成

$$\nabla\cdot\boldsymbol{E}_j^k - \mathrm{i}\frac{\partial E_{j4}^k}{\partial t} = 0 \tag{3.4.56}$$

的形式,乘以 $\int_V \mathrm{d}^3x$ 积分之,获得

$$\int_{S_V}\mathrm{d}\boldsymbol{S}\cdot\boldsymbol{E}_j^k + \frac{\mathrm{d}}{\mathrm{d}t}(-\mathrm{i})\int_V \mathrm{d}^3x E_{j4}^k = 0$$

由于在边界上,场量满足周期性边界条件,所以上式变为

$$\frac{\mathrm{d}}{\mathrm{d}t}(-\mathrm{i})\int_V \mathrm{d}^3x E_{j4}^k = 0 \tag{3.4.57}$$

令

$$\mathbb{E} = -\mathrm{i}\int_V \mathrm{d}^3x E_{j4}^k = \int_{\sigma_{面}}\mathrm{d}\sigma_\mu E_{j\mu}^k \tag{3.4.58}$$

则有

$$\frac{\mathrm{d}\mathbb{E}_i^k}{\mathrm{d}t} = 0 \tag{3.4.59}$$

因此 $\mathbb{E}_i^k$ 是一个守恒量,当指标 i、k 跑遍所有取值时,$\mathbb{E}_i^k$ 一共是 m^2 个守恒量. 将 E_{i4}^k 代入 $\mathbb{E}_i^k$ 之中获得

$$\mathbb{E}_j^k = -\mathrm{i}\left(E_j^k\right)_\beta^\alpha \int_V \mathrm{d}^3x \left\{\pi_\sigma(x)\varphi^\beta(x) - \varphi^{\alpha^*}(x)\varphi_\beta^*(x)\right\} \tag{3.4.60}$$

从而导出 $\mathbb{E}_i^k$ 具有厄米性质

$$\mathbb{E}_i^{k^*} = \mathbb{E}_k^i \tag{3.4.61}$$

根据分解式 (3.4.51),有分解

$$\mathbb{E}_i^k = \boldsymbol{\Lambda}_i^k + \delta_i^k\mathbb{B} \tag{3.4.62}$$

其中

$$\mathbb{B}=\frac{1}{m}\mathbb{E}_i^i \tag{3.4.63}$$

所以 $\boldsymbol{\Lambda}_i^k$ 满足零迹条件

$$\boldsymbol{\Lambda}_i^i=0 \tag{3.4.64}$$

事实上,

$$\mathbb{B}=-\mathrm{i}\int \mathrm{d}^3xB_4=-\mathrm{i}B_\beta^\alpha\int \mathrm{d}^3x\left(\pi_\alpha(x)\varphi^\beta(x)-\varphi^{\alpha^*}(x)\pi_\beta^*(x)\right) \tag{3.4.65}$$

$$\boldsymbol{\Lambda}_j^k=-\mathrm{i}\int \mathrm{d}^3x\Lambda_{j4}^k=-\mathrm{i}\left(\Lambda_j^k\right)_\beta^\alpha\int \mathrm{d}^3x\left(\pi_\alpha(x)\varphi^\beta(x)-\varphi^{\alpha^*}(x)\pi_\beta^*(x)\right) \tag{3.4.66}$$

其中,守恒量 $\mathbb{B}$ 代表粒子数守恒定律,守恒量 $\boldsymbol{\Lambda}_j^k$ 代表同位旋守恒定律、奇异量守恒定律.

根据泛函微商的定义,可以导出

$$\begin{cases}\dfrac{\delta\mathbb{E}_j^k}{\delta\varphi^\gamma(x)}=-\mathrm{i}\left(E_j^k\right)_\gamma^\alpha\pi_\alpha(x)\\ \dfrac{\delta\mathbb{E}_j^k}{\delta\pi_\gamma(x)}=-\mathrm{i}\left(E_j^k\right)_\beta^\gamma\varphi^\beta(x)\\ \dfrac{\delta\mathbb{E}_j^k}{\delta\varphi^{\gamma^*}(x)}=\mathrm{i}\left(E_j^k\right)_\beta^\gamma\pi_\beta^*(x)\\ \dfrac{\delta\mathbb{E}_j^k}{\delta\pi_\gamma^*(x)}=\mathrm{i}\left(E_j^k\right)_\gamma^\alpha\varphi^{\alpha^*}(x)\end{cases} \tag{3.4.67}$$

类似地有

$$\begin{cases}\dfrac{\delta\mathbb{B}}{\delta\varphi^\gamma(x)}=-\mathrm{i}B_\gamma^\alpha\pi_\alpha(x)\\ \dfrac{\delta\mathbb{B}}{\delta\pi_\gamma(x)}=-\mathrm{i}B_\beta^\gamma\varphi^\beta(x)\\ \dfrac{\delta\mathbb{B}}{\delta\varphi^\gamma(x)}=\mathrm{i}B_\beta^\gamma\pi_\beta^*(x)\\ \dfrac{\delta\mathbb{B}}{\delta\pi_\gamma^*(x)}=\mathrm{i}B_\gamma^\alpha\varphi^{\alpha^*}(x)\end{cases} \tag{3.4.68}$$

$$\begin{cases}\dfrac{\delta\boldsymbol{\Lambda}_j^k}{\delta\varphi^\gamma(x)}=-\mathrm{i}\left(\boldsymbol{\Lambda}_j^k\right)_\gamma^\alpha\pi_\alpha(x)\\ \dfrac{\delta\boldsymbol{\Lambda}_j^k}{\delta\pi_\gamma(x)}=-\mathrm{i}\left(\boldsymbol{\Lambda}_j^k\right)_\beta^\gamma\varphi^\beta(x)\\ \dfrac{\delta\boldsymbol{\Lambda}_j^k}{\delta\varphi^{\gamma^*}(x)}=\mathrm{i}\left(\boldsymbol{\Lambda}_j^k\right)_\beta^\gamma\pi_\beta^*(x)\\ \dfrac{\delta\boldsymbol{\Lambda}_j^k}{\delta\pi_\gamma^*(x)}=\mathrm{i}\left(\boldsymbol{\Lambda}_j^k\right)_\gamma^\alpha\varphi^{\alpha^*}(x)\end{cases} \tag{3.4.69}$$

从而导出 $\mathbb{E}_i^k$ 间的泊松括号是

$$\begin{aligned}
\left(\mathbb{E}_{i'}^k,\mathbb{E}_{i'}^{k'}\right) &= \int \mathrm{d}^3x \left\{\frac{\delta\mathbb{E}_i^k}{\delta\varphi^\gamma(x)}\frac{\delta\mathbb{E}_{i'}^{k'}}{\delta\pi_\gamma(x)} - \frac{\delta\mathbb{E}_i^k}{\delta\pi_\gamma(x)}\frac{\delta\mathbb{E}_{i'}^{k'}}{\delta\varphi^\gamma(x)}\right.\\
&\quad \left. + \frac{\delta\mathbb{E}_i^k}{\delta\varphi^{\gamma^*}(x)}\frac{\delta\mathbb{E}_{i'}^{k'}}{\delta\pi_\gamma^*(x)} - \frac{\delta\mathbb{E}_i^k}{\delta\pi_\gamma^*(x)}\frac{\delta\mathbb{E}_{i'}^{k'}}{\delta\varphi^{\alpha^*}(x)}\right\}\\
&= \int \mathrm{d}^3x \left\{-\left(E_i^k\right)_\gamma^\alpha \pi_\alpha(x)\left(E_{i'}^{k'}\right)_\beta^\gamma \varphi^\beta(x) + \left(E_i^k\right)_\beta^\gamma \varphi^\beta(x)\left(E_{i'}^{k'}\right)_\gamma^\alpha \pi_\alpha(x)\right.\\
&\quad \left. - \left(E_i^k\right)_\beta^\gamma \pi_\beta^*(x)\left(E_{i'}^{k'}\right)_\gamma^\alpha \varphi^{\alpha^*}(x) + \left(E_i^k\right)_\gamma^\alpha \varphi^{\alpha^*}(x)\left(E_{i'}^{k'}\right)_\beta^\gamma \pi_\beta^*(x)\right\}\\
&= -\left[E_i^k E_{i'}^{k'}\right]_\beta^\alpha \int \mathrm{d}^3x \left(\pi_\alpha(x)\varphi^\beta(x) - \varphi^{\alpha^*}(x)\pi_\beta^*(x)\right)\\
&= -\left(E_i^{k'}\delta_{i'}^k - E_{i'}^k\delta_i^{k'}\right)_\beta^\alpha \int \mathrm{d}^3x \left(\pi_\alpha(x)\varphi^\beta(x) - \varphi^{\alpha^*}(x)\pi_\beta^*(x)\right)\\
&= \frac{\mathbb{E}_i^{k'}\delta_{i'}^k - \mathbb{E}_{i'}^k\delta_i^{k'}}{\mathrm{i}}
\end{aligned}$$

也就是

$$\left(\mathbb{E}_{i'}^k,\mathbb{E}_{i'}^{k'}\right) = \frac{\mathbb{E}_i^{k'}\delta_{i'}^k - \mathbb{E}_{i'}^k\delta_i^{k'}}{\mathrm{i}} \tag{3.4.70}$$

极易导出

$$\left(\mathbb{B},\mathbb{E}_i^k\right) = 0 \tag{3.4.71}$$

所以又得

$$\left(\mathbf{\Lambda}_i^k,\mathbf{\Lambda}_{i'}^{k'}\right) = \frac{\mathbf{\Lambda}_i^{k'}\delta_{i'}^k - \mathbf{\Lambda}_{i'}^k\delta_i^{k'}}{\mathrm{i}} \tag{3.4.72}$$

最后求取如下泊松括号,由于

$$\begin{cases}
\left(\mathbb{E}_j^k,\varphi^\alpha(x)\right) = -\dfrac{\delta\mathbb{E}_j^k}{\delta\pi_\alpha(x)} = \mathrm{i}\left(E_j^k\right)_\beta^\alpha \varphi^\beta(x)\\
\left(\mathbb{E}_j^k,\varphi^{\alpha^*}(x)\right) = -\dfrac{\delta\mathbb{E}_j^k}{\delta\pi_\alpha^*(x)} = -\mathrm{i}\left(E_j^k\right)_\alpha^\beta \varphi^{\beta^*}(x)
\end{cases} \tag{3.4.73}$$

$$\begin{cases}
\left(\mathbb{E}_j^k,\pi_\alpha(x)\right) = \dfrac{\delta\mathbb{E}_j^k}{\delta\varphi^\alpha(x)} = -\mathrm{i}\left(E_j^k\right)_\alpha^\beta \pi_\beta(x)\\
\left(\mathbb{E}_j^k,\pi_\alpha^*(x)\right) = \dfrac{\delta\mathbb{E}_j^k}{\delta\varphi^{\alpha^*}(x)} = \mathrm{i}\left(E_j^k\right)_\beta^\alpha \pi_\beta^*(x)
\end{cases} \tag{3.4.74}$$

所以从式 (3.4.45)、式 (3.4.46)获得

$$\varphi'^\alpha(x) = R_\beta^\alpha(u)\varphi^\beta(x) = \varphi^\alpha(x) - \theta_k^i\left(\mathbb{E}_i^k,\varphi^\alpha(x)\right) \tag{3.4.75}$$

$$\varphi^{\alpha^*}(x) = R_\alpha^\beta\varphi^{\beta^*}(x) = \varphi^{\alpha^*}(x) - \theta_i^k\left(\mathbb{E}_i^k,\varphi^{\alpha^*}(x)\right) \tag{3.4.76}$$

其中

$$\begin{cases} u = \mathrm{e}^{\mathrm{i}\varepsilon_j^k\theta_k^j} \approx 1 + \mathrm{i}\varepsilon_j^k\theta_k^j \\ v = \mathrm{e}^{-\mathrm{i}\varepsilon_j^k\theta_k^j} \approx 1 - \mathrm{i}\varepsilon_j^k\theta_k^j \end{cases} \tag{3.4.77}$$

显然,由于时空与幺旋空间是两个彼此独立的空间,它们代表场的不同自由度,所以我们可以获得如下的泊松括号:

$$\left(P_\mu, \mathbb{E}_i^k\right) = 0 \tag{3.4.78}$$

$$\left(M_{\mu\nu}, \mathbb{E}_i^k\right) = 0 \tag{3.4.79}$$

3.5 对称能量-动量张量

在广义相对论中,能量、动量张量是对称的,但是正则能量、动量张量 $T_{\mu\nu}$ 一般是不对称的. 例如,从角动量守恒定律

$$T_{\nu\mu} = T_{\mu\nu} + \mathrm{i}\frac{\partial S_{\mu\nu\lambda}}{\partial x_\lambda} \tag{3.5.1}$$

其中

$$S_{\mu\nu\lambda} = \frac{\partial \mathscr{L}}{\partial\left(\dfrac{\partial\varphi_\sigma(x)}{\partial x_\lambda}\right)}\Sigma_{\mu\nu,\,\sigma\rho}\varphi_\rho(x) \tag{3.5.2}$$

可以看出,仅仅在标量场的条件下,即在自旋算符

$$\Sigma_{\mu\nu} = 0 \tag{3.5.3}$$

的条件下,才可以得到

$$T_{\nu\mu} = T_{\mu\nu} \tag{3.5.4}$$

而在自旋不等于零的条件下,$T_{\mu\nu}$ 一般是不对称的.

为了获得对称的能量、动量张量,我们可以利用能量、动量张量的不唯一性. 这种不唯一性或不确定性表现为散度不变性,即由方程

$$\frac{\partial}{\partial x_\nu}\left(-T_{\mu\nu}\Delta_\mu + \delta\Omega_\nu\right) = 0 \tag{3.5.5}$$

决定. 在拉格朗日函数密度不显含时空坐标 x_μ 的条件下,$T_{\mu\nu}$ 满足守恒定律

$$\frac{\partial T_{\mu\nu}}{\partial x_\nu}=0 \tag{3.5.6}$$

而 $\delta\Omega_\nu$ 满足零散度方程

$$\frac{\partial\delta\Omega_\nu}{\partial x_\nu}=0 \tag{3.5.7}$$

因此,它的拉格朗日导数自动为零,即

$$\left[\frac{\partial\delta\Omega_\nu}{\partial x_\nu}\right]_\sigma=[0]_\sigma=0 \tag{3.5.8}$$

我们可以令

$$\delta\Omega_\nu=-\Delta_\mu\Omega_{\mu\nu} \tag{3.5.9}$$

这时,由于 Δ_μ 是彼此独立的任意参数,所以零散度方程式 (3.5.7)变成

$$\frac{\partial\Omega_{\mu\nu}}{\partial x_\nu}=0 \tag{3.5.10}$$

的形式. 将式 (3.5.9)代入式 (3.5.5),利用 Δ_μ 的独立性,得

$$\frac{\partial}{\partial x_\nu}\{T_{\mu\nu}+\Omega_{\mu\nu}\}=0 \tag{3.5.11}$$

令

$$\Theta_{\mu\nu}=T_{\mu\nu}+\Omega_{\mu\nu} \tag{3.5.12}$$

则得

$$\frac{\partial\Theta_{\mu\nu}}{\partial x_\nu}=0 \tag{3.5.13}$$

乘以 $\int\mathrm{d}^3x$ 积分之,得

$$-\mathrm{i}\frac{\mathrm{d}}{\mathrm{d}t}\int\mathrm{d}^3x\Theta_{\mu4}=0 \tag{3.5.14}$$

亦即 $-\mathrm{i}\int\mathrm{d}^3x\Theta_{\mu4}$ 是一个守恒量,由于它代表能量、动量守恒定律,因此应该有

$$-\mathrm{i}\int\mathrm{d}^3x\Theta_{\mu4}=P_\mu$$

或

$$P_\mu-i\int\mathrm{d}^3x\Omega_{\mu4}\equiv P_\mu$$

即有

$$\int\mathrm{d}^3x\Omega_{\mu4}\equiv0 \tag{3.5.15}$$

这是 $\Omega_{\mu\nu}$ 必须满足的第一个条件. 根据这个条件推测,可以令 $\Omega_{\mu 4}$ 是一个全微分,即

$$\Omega_{\mu 4}=\frac{\partial \Omega_{\mu 4 \lambda}}{\partial x_{\lambda}} \tag{3.5.16}$$

代入式 (3.5.15)得

$$\begin{aligned} 0 &= \int \mathrm{d}^3 x \Omega_{\mu 4}=\int \mathrm{d}^3 x \frac{\partial \Omega_{\mu 4 \lambda}}{\partial x_{\lambda}}=\int \mathrm{d}^3 x\left(\frac{\partial \Omega_{\mu 4 k}}{\partial x_k}-\mathrm{i} \frac{\partial \Omega_{\mu 44}}{\partial t}\right) \\ &= -\mathrm{i} \frac{\mathrm{d}}{\mathrm{d} t} \int \mathrm{d}^3 x \Omega_{\mu 44} \end{aligned}$$

或

$$\frac{\mathrm{d}}{\mathrm{d} t} \int \mathrm{d}^3 x \Omega_{\mu 44} \equiv 0 \tag{3.5.17}$$

可见当 $\Omega_{\mu 44} \equiv 0$ 时,条件式 (3.5.17)或式 (3.5.15)得到满足. 由于 $\Omega_{\mu 44} \equiv 0$,意味着 $\Omega_{\mu 4\lambda}$ 是反对称的,即

$$\Omega_{\mu 4 \lambda}=-\Omega_{\mu \lambda 4} \tag{3.5.18}$$

我们将这个条件扩充,得

$$\Omega_{\mu \nu \lambda}=-\Omega_{\mu \lambda \nu} \tag{3.5.19}$$

即 $\Omega_{\mu\nu\lambda} \equiv 0$ 对指标 $\nu\lambda$ 是对称的. 这是满足方程式 (3.5.15)的充分条件. 在这个条件下, $\Omega_{\mu\nu}$ 可以表述为

$$\left\{\begin{array}{l} \Omega_{\mu \nu}=\dfrac{\partial \Omega_{\mu \nu \lambda}}{\partial x_{\lambda}} \\ \Omega_{\mu \nu \lambda}=-\Omega_{\mu \lambda \nu} \end{array}\right. \tag{3.5.20}$$

这时,$\Theta_{\mu\nu}$ 与 $T_{\mu\nu}$ 给出同一个参量,动量 P_μ.

为了获得对称的能量、动量张量,设

$$\Theta_{\mu \nu}=\Theta_{\nu \mu} \tag{3.5.21}$$

根据 $\Theta_{\mu\nu}$ 的定义得

$$\Omega_{\mu \nu}-\Omega_{\nu \mu} \equiv T_{\nu \mu}-T_{\mu \nu} \tag{3.5.22}$$

将角动量守恒定律式 (3.5.1)代入得

$$\Omega_{\mu \nu}-\Omega_{\nu \mu} \equiv \mathrm{i} \frac{\partial S_{\mu \nu \lambda}}{\partial x_{\lambda}} \tag{3.5.23}$$

将式 (3.5.20)代入得

$$\frac{\partial}{\partial x_{\lambda}}\left\{\Omega_{\mu \nu \lambda}-\Omega_{\nu \mu \lambda}\right\} \equiv \mathrm{i} \frac{\partial S_{\mu \nu \lambda}}{\partial x_{\lambda}}$$

$$\frac{\partial}{\partial x_\lambda}\left\{\Omega_{\mu\nu\lambda}+\Omega_{\mu\lambda\nu}-\mathrm{i}S_{\mu\nu\lambda}\right\}\equiv 0 \tag{3.5.24}$$

因此,可以令

$$\Omega_{\mu\nu\lambda}+\Omega_{\nu\lambda\mu}=\mathrm{i}S_{\mu\nu\lambda} \tag{3.5.25}$$

将指标轮换之得

$$\begin{cases}\Omega_{\nu\lambda\mu}+\Omega_{\lambda\mu\nu}=\mathrm{i}S_{\nu\lambda\mu}\\ \Omega_{\lambda\mu\nu}+\Omega_{\mu\nu\lambda}=\mathrm{i}S_{\lambda\mu\nu}\end{cases} \tag{3.5.26}$$

相加之得

$$\Omega_{\mu\nu\lambda}+\Omega_{\nu\lambda\mu}+\Omega_{\lambda\mu\nu}=\frac{\mathrm{i}}{2}\left\{S_{\mu\nu\lambda}+S_{\nu\lambda\mu}+S_{\lambda\mu\nu}\right\} \tag{3.5.27}$$

减去式 (3.5.26)第一式得

$$\begin{aligned}\Omega_{\mu\nu\lambda}&=\frac{\mathrm{i}}{2}\left(S_{\mu\nu\lambda}+S_{\nu\lambda\mu}+S_{\lambda\mu\nu}\right)-\mathrm{i}S_{\nu\lambda\mu}\\&=\frac{\mathrm{i}}{2}\left(S_{\mu\nu\lambda}-S_{\nu\lambda\mu}+S_{\lambda\mu\nu}\right)\end{aligned}$$

或者

$$\Omega_{\mu\nu\lambda}=\frac{\mathrm{i}}{2}\left(S_{\mu\nu\lambda}-S_{\nu\lambda\mu}+S_{\lambda\mu\nu}\right) \tag{3.5.28}$$

代入式 (3.5.20)则得

$$\Omega_{\mu\nu}=\frac{\partial W_{\mu\nu\lambda}}{\partial x_\lambda}=\frac{i}{2}\frac{\partial}{\partial x_\lambda}\left(S_{\mu\nu\lambda}-S_{\nu\lambda\mu}+S_{\lambda\mu\nu}\right) \tag{3.5.29}$$

这就是根据:① $\Theta_{\mu\nu}$ 与 $T_{\mu\nu}$ 给出同一个能量-动量;② $\Theta_{\mu\nu}$ 是对称的,导出的 $\Omega_{\mu\nu}$,应该注意的是,条件式 (3.5.29)是一个充分条件.

将角动量守恒定律代入又得

$$\begin{aligned}\Omega_{\mu\nu}&=\frac{\mathrm{i}}{2}\frac{\partial S_{\mu\nu\lambda}}{\partial x_\lambda}+\frac{\mathrm{i}}{2}\frac{\partial}{\partial x_\lambda}\left(-S_{\nu\lambda\mu}+S_{\lambda\mu\nu}\right)\\&=\frac{T_{\nu\mu}-T_{\mu\nu}}{2}+\frac{\mathrm{i}}{2}\frac{\partial}{\partial x_\lambda}\left(S_{\lambda\nu\mu}+S_{\lambda\mu\nu}\right)\end{aligned}$$

或者

$$\Omega_{\mu\nu}=\frac{T_{\nu\mu}-T_{\mu\nu}}{2}+\frac{\mathrm{i}}{2}\frac{\partial}{\partial x_\lambda}\left(S_{\lambda\nu\mu}+S_{\lambda\mu\nu}\right) \tag{3.5.30}$$

从而导出对称能量、动量张量

$$\Theta_{\mu\nu}=T_{\mu\nu}+\Omega_{\mu\nu}=\frac{T_{\mu\nu}+T_{\nu\mu}}{2}+\frac{\mathrm{i}}{2}\frac{\partial}{\partial x_\lambda}\left(S_{\lambda\mu\nu}+S_{\lambda\nu\mu}\right) \tag{3.5.31}$$

它与正则能量、动量张量一样,都给出同一个能量动量 P_μ.

显然,在标量场的条件下,由于 $\Sigma_{\mu\nu}=0$,所以 $\Omega_{\mu\nu}=0$,从而导出

$$\Theta_{\mu\nu}=T_{\mu\nu} \tag{3.5.32}$$

亦即,$T_{\mu\nu}$ 本身就是对称能量、动量张量.

根据对称能量、动量张量,可以构造对称角动量张量

$$\phi_{\mu\nu,\lambda}=x_\mu\Theta_{\nu\lambda}-x_\nu\Theta_{\mu\lambda} \tag{3.5.33}$$

显然它具有性质

$$\begin{cases}\phi_{\mu\nu,\lambda}=-\phi_{\nu\mu,\lambda}\\ \phi_{\mu\nu,\lambda}+\phi_{\nu\lambda,\mu}+\phi_{\lambda\mu,\upsilon}=0\end{cases} \tag{3.5.34}$$

而且由于

$$\frac{\partial\phi_{\mu\nu\lambda}}{\partial x_\lambda}=\Theta_{\nu\mu}-\Theta_{\mu\nu}$$

所以对称角动量张量满足连续性方程

$$\frac{\partial\phi_{\mu\nu\lambda}}{\partial x_\lambda}=0 \tag{3.5.35}$$

将式 (3.5.13)代入 $\phi_{\mu\nu\lambda}$ 之中得

$$\phi_{\mu\nu\lambda}=\left(x_\mu T_{\nu\lambda}-x_\nu T_{\mu\lambda}\right)+\left(x_\mu\Omega_{\nu\lambda}-x_\nu\Omega_{\mu\lambda}\right) \tag{3.5.36}$$

同时正则角动量张量为

$$M_{\mu\nu\lambda}=\left(x_\mu T_{\nu\lambda}-x_\nu T_{\mu\lambda}\right)-\mathrm{i}S_{\mu\nu\lambda} \tag{3.5.37}$$

因此,对称角动量张量与正则角动量张量之差是

$$\omega_{\mu\nu\lambda}=\phi_{\mu\nu\lambda}-M_{\mu\nu\lambda}=x_\mu\Omega_{\nu\lambda}-x_\nu\Omega_{\mu\lambda}+\mathrm{i}S_{\mu\nu\lambda} \tag{3.5.38}$$

显然 $\omega_{\mu\nu\lambda}$ 是反对称的,即

$$\omega_{\mu\nu\lambda}=-\omega_{\nu\mu\lambda} \tag{3.5.39}$$

同时满足连续性方程

$$\frac{\partial\omega_{\mu\nu\lambda}}{\partial x_\lambda}=0 \tag{3.5.40}$$

将式 (3.5.20)、式 (3.5.25)代入式 (3.5.38)得

$$\omega_{\mu\nu\lambda}=x_\mu\frac{\partial\Omega_{\nu\lambda\sigma}}{\partial x_\sigma}-x_\nu\frac{\partial\Omega_{\mu\lambda\sigma}}{\partial x_\sigma}+\mathrm{i}S_{\mu\nu\lambda}$$

$$= \frac{\partial}{\partial x_\sigma}\left(x_\mu \Omega_{\nu\lambda\sigma} - x_\nu \Omega_{\mu\lambda\sigma}\right) - \Omega_{\nu\lambda\mu} + \Omega_{\mu\lambda\nu} + \mathrm{i}S_{\mu\nu\lambda}$$
$$= \frac{\partial}{\partial x_\sigma}\left(x_\mu \Omega_{\nu\lambda\sigma} - x_\nu \Omega_{\mu\lambda\sigma}\right)$$

也就有

$$\omega_{\mu\nu\lambda} = \frac{\partial}{\partial x_\sigma}\left(x_\mu \Omega_{\nu\lambda\sigma} - x_\nu \Omega_{\mu\lambda\sigma}\right) \tag{3.5.41}$$

由于

$$-\mathrm{i}\int \mathrm{d}^3x\left(\phi_{\mu\nu4} - M_{\mu\nu4}\right) = -\mathrm{i}\int \mathrm{d}^3x\omega_{\mu\nu4} = -\mathrm{i}\int \mathrm{d}^3x\frac{\partial}{\partial x_\sigma}\left(x_\mu \Omega_{\nu4\sigma} - x_\nu \Omega_{\mu4\sigma}\right)$$
$$= -\mathrm{i}\int \mathrm{d}^3x\frac{\partial}{\partial t}\left(x_\mu \Omega_{\nu44} - x_\nu \Omega_{\mu44}\right) = 0$$

或者

$$-\mathrm{i}\int \mathrm{d}^3x\left(\phi_{\mu\nu4} - M_{\mu\nu4}\right) = 0 \tag{3.5.42}$$

所以

$$M_{\mu\nu} = -\mathrm{i}\int \mathrm{d}^3x M_{\mu\nu4} = -\mathrm{i}\int \mathrm{d}^3x\phi_{\mu\nu4} \tag{3.5.43}$$

因此,对称角动量张量与正则角动量张量一样,都给出同一个角动量 $M_{\mu\nu}$.

我们可以将连续性方程 $\dfrac{\partial\phi_{\mu\nu\lambda}}{\partial x_\lambda} = 0$ 改写为

$$\frac{\partial}{\partial x_\lambda}\left(M_{\mu\nu\lambda} + \omega_{\mu\nu\lambda}\right) = 0$$

乘以 $-\dfrac{\varepsilon_{\mu\nu}}{2}$,得

$$\frac{\partial}{\partial x_\lambda}\left(-M_{\mu\nu\lambda}\frac{\varepsilon_{\mu\nu}}{2} - \frac{\varepsilon_{\mu\nu}}{2}\omega_{\mu\nu\lambda}\right) = 0$$

令

$$\delta\omega_\lambda = -\frac{\varepsilon_{\mu\nu}}{2}\omega_{\mu\nu\lambda} \tag{3.5.44}$$

则得

$$\frac{\partial}{\partial x_\lambda}\left(-M_{\mu\nu\lambda}\frac{\varepsilon_{\mu\nu}}{2} + \delta\omega_\lambda\right) = 0 \tag{3.5.45}$$

其中,$\delta\omega_\lambda$ 满足连续性方程

$$\frac{\partial\delta\omega_\lambda}{\partial x_\lambda} = 0 \tag{3.5.46}$$

所以它的拉格朗日导数自动为零,即

$$\left[\frac{\partial\delta\omega_\lambda}{\partial x_\lambda}\right]_\sigma = [0]_\sigma = 0 \tag{3.5.47}$$

因此,$\delta\omega_\lambda$ 恰好是代表正则角动量张量的不唯一性的散度变换. 我们通过对称化能量、动量张量,定义对称角动量张量把它确定下来了.

第 4 章

场的量子化

4.1 关于波动力学-薛定谔

整理者说明: 在阮先生的原始笔记里, 本小节全部是薛定谔[①]的“关于波动力学的四次演讲”的节选, 在 20 世纪 90 年代, 阮先生曾让我们复印那本小书, 并安排了几次组会讨论学习. 阮先生的笔记成型应该比我们当年的组会要早很多. 本小节篇幅不太长, 考虑到内容虽然都是摘录的, 但与其余各节有一定关系, 所以仍保留在这里, 阮先生笔记里对一些词加了着重号, 这里用黑体表示.

① 薛定谔. 关于波动力学的四次演讲 [M]. 代山, 译. 北京: 商务印书馆, 1965; 薛定谔. 薛定谔讲演录 [M]. 范岱年, 胡新和, 译. 北京: 北京大学出版社, 2007.

4.1.1 从通常的力学与几何光学间的哈密顿类比推导出波动力学的基本观念

当一**质点** m 在一以势能 $V(x,y,z)$ 描述的保守力场中运动时，假如你让它从定点 A 以已定的速度，即以已定的能量 E 开始运动，那么，只要适当地瞄准，即让它沿一个明确选定的**方向**开始运动，你就可以让它到达另一任意选定的点 B. 一般说来，**对应于一个已定的能量**，总有**一条**确定的从点 A 到点 B 的动力学轨道 (图 4.1). 这条轨道具有这样的特性：

$$\delta\int_A^B 2T\mathrm{d}t=0 \tag{4.1.1}$$

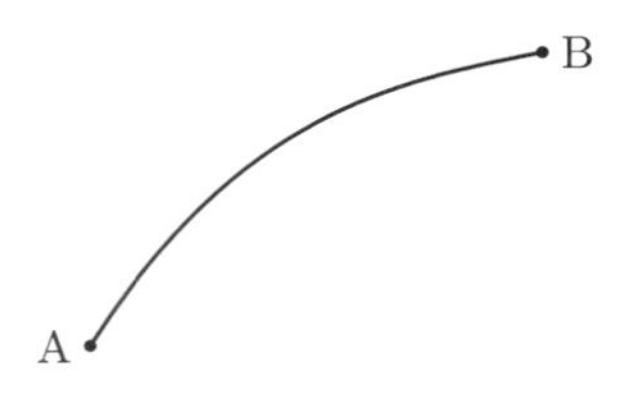

图 4.1　保守力场中运动的质点从定点 A 运动到点 B

并由这个特性 (莫培督形式下的哈密顿原理) 所规定. 这里 T 是质点的动能，而这个方程表示：考虑**所有**从 A 到 B 并服从能量守恒定律 $(T+V=E)$ 的轨道的簇. 其中实际的动力学轨道具有这样的特点：**对应于这条轨道**和簇中所有同它无限接近的轨道，$\int_A^B$ 基本上取**相同**的值，它们之间的差异为二阶无穷小 ("无限接近"一词是用来规定**一阶**无穷小的). 令 $v=\dfrac{\mathrm{d}S}{\mathrm{d}t}$ 为质点的速度，我们取

$$2T=mv^2=m\left(\frac{\mathrm{d}S}{\mathrm{d}t}\right)^2=2(E-V)=\frac{\mathrm{d}S}{\mathrm{d}t}\sqrt{2m(E-V)}$$

由此，方程 (4.1.1)可以变换为

$$\delta\int_A^B\sqrt{2m(E-V)}\mathrm{d}S=0 \tag{4.1.2}$$

这种形式的优点在于：变分原理是应用在一个纯粹几何积分上的，它不包含时间变数，而且还自动照顾到能量守恒的条件.

哈密顿发现，将方程 (4.1.1)同**费马原理**比较是有用的. 费马原理告诉我们，在一不均匀的光学媒质中，实际的光线，即能量传播的径迹，是由 (通常所称的) "最小时间[①]定律"

① 原文如此，实际上这里"最小时间"应称"时间取稳定值"更妥，参见第043页脚注.

决定的. 现在设同图 4.1 相关联的是一个任意不均匀的光学媒质, 例如地球的大气, 那么, 如果在点 A 有一盏探照灯, 射出一支轮廓分明的光束, 只要将探照灯适当地瞄准, 一般地就能够照亮任意选定的点 B. 有一条确定的光程从点 A 到点 B, 它服从如下定律:

$$\delta\int_A^B \frac{\mathrm{d}S}{u} = 0 \tag{4.1.3}$$

而这条定律也规定了这条光程. 这里, $\mathrm{d}S$ 同前面一样, 表示路程元, 而 u 是光速, 是坐标 x, y, z 的函数.

如果我们假设

$$u = \frac{c}{\sqrt{2m(E-V)}} \tag{4.1.4}$$

则方程 (4.1.2)、方程 (4.1.3)分别表示的两条定律就变为**等同**的了, 这里 c 必须不依赖于 (x, y, z), 但可以依赖于 E. 这样, 我们就做出了一幅关于光学媒质的假想图像. 在这幅图像里, 可能的光线簇和那个在 $V(x, y, z)$ 力场中以**一定能量** E 运动着的质点 m 的动力学轨道簇相重合. 光速 u 不仅依赖于坐标, 而且也依赖于质点的总能量 E, 这个事实是最最重要的.

这个事实使我们能够把上面的类比推进一步, 这只要将光速对 E 的依赖关系描述为色散, 即描述为对**频率**的依赖关系就行了. 为了达到这个目的, 必须给光线一个确定的频率, 它是取决于能量 E 的. 我们要 (任意地) 假设

$$E = \hbar\omega \tag{4.1.5}$$

($\hbar$ 是普朗克常数), 而不过多地去讨论这一对现代物理学家而言是非常有启示性的假设了. 这样, 这个不均匀的和色散的媒质就以它的光线提供出了一幅关于粒子的一切动力学轨道的图像. 现在我们可以再前进一步, 提出这样的问题: 我们能不能使一个小的"点状的"光信号完全像质点一样运动呢? (到此为止, 我们只注意到轨道的几何等同性, 完全忽略了时间变率问题.) 乍看起来, 这似乎是不可能的, 因为质点 (沿着路径, 即以不变的能量 E) 的速度

$$v = \frac{\sqrt{2m(E-V)}}{m} \tag{4.1.6}$$

是同光速 u 成**反比**的 (见方程 (4.1.3), c 只依赖于能量 E). 但我们必须记住, u 当然是通常的**相速度**, 而一个小的光信号却以所谓的**群速度**在运动, 令群速度为 g, 它可以用下式求得:

$$\frac{1}{g} = \frac{\mathrm{d}}{\mathrm{d}\omega}\left(\frac{\omega}{u}\right)$$

或者,在这里,根据方程 (4.1.5),可以从下式求得

$$\frac{1}{g}=\frac{\mathrm{d}}{\mathrm{d}E}\left(\frac{E}{u}\right) \tag{4.1.7}$$

我们要试着使 $g=v$. 要达到这个目的,我们可以使用的唯一办法是适当选择 c,这里的 c 是方程 (4.1.4)中出现的关于 E 的任意函数. 根据式 (4.1.4)、式 (4.1.6)和式 (4.1.7),$g=v$ 的假设变成

$$\frac{\mathrm{d}}{\mathrm{d}E}\left(\frac{E\sqrt{2m(E-V)}}{c}\right)=\frac{m}{\sqrt{2m(E-V)}}\equiv\frac{\mathrm{d}}{\mathrm{d}E}(\sqrt{2m(E-V)})$$

由此可知

$$\left(\frac{E}{c}-1\right)\sqrt{2m(E-V)}$$

对于 E 来说是常数. 既然 v 含有坐标,而 c 又必须只是 E 的函数,那么,显然只有使第一个因子等于零才能保证这个关系普遍成立. 因此

$$\frac{E}{c}-1=0 \quad 或 \quad c=E$$

由此,得出方程 (4.1.4)的一个特殊形式:

$$u=\frac{E}{\sqrt{2m(E-V)}} \tag{4.1.8}$$

关于相速度的这个假设是唯一能保证质点运动的动力学定律,与我们想假设的光传播中光信号运动的光学定律,绝对符合. 值得指出的是,按照式 (4.1.8),

$$u=\frac{能量}{动量} \tag{4.1.9}$$

在 u 的这个定义中,仍然还有**一种**任意性,这就是说,显然可以用任意加上一个常数的办法来改变 E,如果在 $V(x,y,z)$ 上加上一个同样的常数的话. 在非相对论性的处理中,这种任意性无法克服,现在我们不准备探讨相对论性的处理.

现在可以把波动力学的基本观念归纳如下:我们以为在经典力学中用供述一个质点运动的方法 (即令它的坐标 (x,y,z) 为时间变量 t 的函数) 做了适当描述的现象,必须用描述一种确定的波运动的方法来正确地——按照这种新观念——加以描述,这种波运动发生在前面考察过的那类波中,这类波所具有确定的频率和速度 (从而也具有确定的波长),也就是我们认为前面我们称为“光”的那种东西所应该具有的. 波运动的数学描述不能用一个变量 t 的有限几个函数来实现,而需要用比如这样一些函数的一个连续簇,即用一个 (或者几个) 和 t 的函数来实现,这些函数满足一个**偏微分方程**,即满足某种 **波动方程**.

用描述波运动的方法正确地描述了真实的现象，这种讲法并不一定是说：真实存在的就是波运动. 实际上，在推广到任意力学系统的时候，我们将用广义坐标空间 (q 空间) 中的波运动来描述这样一种系统中真实发生的事情. 虽然后者具有完全确定的物理意义，然而把它说成是“存在的”不太恰当；因此，即使是从通常的字面意义上来讲，也不能说这种空间中的波运动是“存在的”. 这只是对现象做适当的教学描述. 对于我们现在所探讨的单个质点的情况也是一样，波运动也不能过于死板地理解为真实“存在”的，尽管在这个特别简单的情况中，位形空间和普通空间正好完全一致.

4.1.2 经典力学只是一种近似，它对于非常微小的系统不再适用

在用波动力学描述来代替经典力学描述时，我们的目的是得到这样一种理论，它既能处理量子条件在其中不起显著作用的经典力学现象，也能处理典型的量子现象. 实现这个目的的希望就在下面的类比当中. 以前讨论的方法所建立的哈密顿波动图像包含某些对应于经典力学的**东西**，这就是，**光线**对应于力学**路径**，而**信号**就像**质点**一样地运动. 但是用**射线**来描述波运动只是一种近似 (在光波的情况下称为“几何光学”. 只有碰巧当我们所要处理的波动现象的结构与波长相比甚为粗略，而我们又只对它的“粗略结构”感兴趣时，这种近似才能成立. 波动现象的精细结构不能用射线 (“几何光学”) 的处理来揭示，而且总是存在着这样的波动现象，它们都是那么细微，以致射线方法毫无用处，而且不能指示任何知识. 因此，在用波动力学代替经典力学时，我们可以指望，一方面把经典力学作为一种近似保留下来，它只对粗略的“宏观力学”现象有效；另一方面，又对那些精细的“微观力学”现象 (原子中电子的运动) 作出解释，关于这种现象经典力学完全不能给出任何知识. 至少，如果不作非常人为的附加假设，是不能做到这一点的，这些假设实际上构成了理论中比力学处理更重要得多的部分.

从经典力学走向波动力学的一步，与光学中用惠更斯理论来代替牛顿理论所迈进的那一步类似. 我们可以构成这种象征性的比例式：

$$\frac{\text{经典力学}}{\text{波动力学}}=\frac{\text{几何光学}}{\text{波动光学}}$$

典型的量子现象就类似于衍射和进一步等典型的波动现象.

对于这种类比的观念来说，经典力学在处理非常细微的系统时遭到失败的事实是具

有重大意义的. 我们能够立即掌握到可预料经典力学遭到完全失败的那个数量级,并且将看到这个预料是分毫不差的. 参见方程 (4.1.5) 和方程 (4.1.8),这种波动的波长 λ 是

$$\lambda=\frac{\mu}{v}=\frac{h}{\sqrt{2m(E-V)}}=\frac{h}{mv} \tag{4.1.10}$$

即普朗克常数除以质点的动量. 现在,为简单起见,取氢原子模型的一个半径为 a 的圆形轨道(但不一定是"量子化"了的),从经典力学 (没有应用量子法则) 可得到

$$mva=n\frac{h}{2\pi}$$

这里 n 是任意正实数 (对于玻尔的量子化圆轨道,n 应该是 $1,2,3,\cdots$ 方程右边 π 的出现暂时只是一种表示数量级的便利方法). 上面两方程联立,得到

$$\frac{\lambda}{a}=\frac{2\pi}{n}$$

现在,为了能够可靠地应用经典力学,必须使这样计算出来的路径的大小总是比波长大得多. 可以看出,当"量子数"n 比 1 大得多时,就是这种情形. 当 n 变得愈来愈小时,λ 对于 a 的比率就变得愈来愈不利了. 可以预料经典力学将遭到完全失败的区域正是我们实际碰到这种情况的区域,即 n 具有 1 的数量级的区域,对于那些具有一个正常原子大小 (10^{-10} m) 的轨道,情况就是这样的.

4.1.3 玻尔的定态能级作为波动的本征振动频率推导出来

现在考察怎样用波动力学来处理一个经典力学无法处理的情况. 比如说,让我们专门来考察如何用波动力学来处理经典力学中称为氢原子中的电子运动的问题.

我们用什么方法来解决这个问题呢?

这同我们要解决那种求弹性体的可能运动 (振动) 的问题时所使用的方法十分相像. 只是,对于后者,问题因为存在着纵波和横波而复杂化了. 为了避免这种复杂化,让我们考虑一种装在一个已定的包壳中的弹性流体. 关于压力 p,我们得到一个波动方程:

$$\nabla^2 p-\frac{1}{u^2}\ddot{p}=0 \tag{4.1.11}$$

u 是纵波传播的**恒定**速度,纵波是在流体的情况下唯一可能发生的波. 我们必须尽力找到这个偏微分方程的满足容器表面一定边界条件的最普遍解. 求解的标准方法就是试用

$$p(x,y,z,t)=\psi(x,y,z)\mathrm{e}^{-\mathrm{i}\omega t}$$

代入方程,由此得出关于 ψ 的方程

$$\nabla^2\psi+\frac{\omega^2}{u^2}\psi=0 \tag{4.1.12}$$

ψ 和 p 服从同样的边界条件. 这里我们遇到一个众所周知的事实,那就是,对于 ψ 的系数的**一切**数值,即对于**一切**频率 ω 并不是都能得到一个满足这个方程和这个边界条件的正则解,而只有对于分立的频率 ω_1, ω_2, $\cdots$, ω_k 的无穷集合才能得到正则解,这些频率称为这个问题或者这个物体的特性频率或者本征频率. 我们称 ψ_k 为属于 ω_k 的解 (如不考虑相乘的常数,通常总是唯一的),那么——因为方程和边界条件都是齐次的——带有任意常数 c_k,θ_k 的

$$p=\sum_k c_k\psi_k\mathrm{e}^{-\mathrm{i}(\omega_k t+\theta_k)} \tag{4.1.13}$$

将是一个更普遍的解,而且如果量 (ψ_k,ω_k) 的集合是完备的话,它确实是**这个**普遍解.(说到物理的应用,我们当然只用式 (4.1.13)的实数部分.)

在用波来代替我们假设中的电子运动的情况下, 也必须有某个量 p, 它满足像方程 (4.1.12)那样的波动方程, 虽然我们还不能讲出 p 的物理意义. 让我们暂时抛开这个问题. 在方程 (4.1.12)中,我们必须取

$$u=\frac{E}{\sqrt{2m(E-V)}}$$

这不是一个常数,因为:① 它依赖于能量 E,即在本质上依赖于频率 $\omega\left(=\dfrac{E}{\hbar}\right)$;② 它依赖于坐标 x,y,z,这些坐标包含于势能 V 之中. 与前述振动流体的简单情形相比较,这就有双重的复杂化了. 但这两者都不严重. 从第一方面,从对能量 E 的依赖关系,我们受到这样的限制,就是我们只能把波动方程应用于这样的函数 p,它对时间的依赖关系如下:

$$p\sim\mathrm{e}^{-\mathrm{i}\frac{Et}{\hbar}}$$

因此,

$$\ddot{p}=-\frac{E^2}{\hbar^2}p \tag{4.1.14}$$

我们用不着担心这一点,因为在任何情况下,在求解的标准方法中也都要做这样的假定. 将式 (4.1.14)和式 (4.1.8)代入式 (4.1.11),并用 ψ 来代替 p(要注意的是,我们现在同以前一样只研究坐标的函数),我们得到

$$\nabla^2\psi+\frac{2m}{\hbar^2}(E-V)\psi=0 \tag{4.1.15}$$

现在我们看到,**第二种**复杂化 (u 对 v 的依赖关系,即对坐标的依赖关系) 只是产生了这样的结果,所得的方程 (4.1.15)同方程 (4.1.12)相比,多少具有更有意思的形式,这里 ψ

的系数不再是一个**常数**,而是同坐标有关的了. 这实在是可以预料到的,因为一个表达力学问题的方程不能不包含这个问题中的势能. 这种"力学的"波动问题的简化 (与流体问题相比) 在于不存在边界条件.

当我[①]最初接触这些问题时,我曾以为后一种简化是致命的. 由于数学造诣不深,我就不能想象在**没有**边界条件的情况下怎能出现本征振动频率. 后来,我认识到系数的更复杂形式 (即 $V(x,y,z)$ 的出现) 好像起了通常由边界条件所起的作用,即起了对 E 的确定值的选择作用.

这里我不能进一步做冗长的数学讨论,也不准备多讲求解的详细过程,虽然求解法实际上与通常的振动问题完全相同,即引入一组适当的坐标 (例如按照函数 V 的形式,可选用球面坐标或者椭圆坐标) 并令 ψ 等于几个函数的乘积,其中每个函数只包含一个坐标. 我要直接说出关于氢原子问题的结果. 这里我们必须令

$$V=-\frac{e^2}{r}+\text{恒量} \tag{4.1.16}$$

r 是电子与原子核的距离. 那么,可以看出,不是对于 E 的一切值,而只是对于 E 的下列值,才能够找到正则的、单值的和有限的解 ψ:

$$\begin{cases}E_n=\text{恒量}-\dfrac{me^4}{2\hbar^2m^2}\quad(n=1,2,3,4\cdots) & (4.1.17\text{a})\\ E>\text{恒量} & (4.1.17\text{b})\end{cases}$$

这个恒量同式 (4.1.16)中的相同,并且 (在非相对论性波动力学) 除了我们不能很妥当地令它取通常为简便起见所取的那个 (即 0) 之外,它是没有什么意义的. 因为,如取它为 0,(4.1.17a) 式中所有的 E 值都将成为负的. 而一个负频率,如果它终究还是意味着什么的话,它只能与绝对值相同的正频率意味着同样的东西. 那么,为什么一切正频率都是可允许的,而负频率却只能是一组分立的值? 这是不可思议的. 但是,这个恒量问题在这里是无关紧要的.

你们可以看到,微分方程 (4.1.17) 自动选择出来的允许的 E 值是:(4.1.17a) 按照玻尔理论量子化了的椭圆轨道的能级;(4.1.17b) 一切属于双曲线轨道的能级. 这是很值得注意的. 它表示,不管这种波动在物理上意味着什么,这个理论提供一种量子化的方法,这种方法绝对不需要任意假设这个或者那个分量必须是整数. 这里恰恰给出了整数**如何**发生的观念,例如,如果 ϕ 是一个方位角,而已知波幅总包含一个因子 $\cos m\phi$,m 是一个任意常数,那么,m **必定**应该取整数,否则波函数将不是**单值**的了.

你们将会对上述 E 值的波函数 ψ 的形式感兴趣,并追问是否可用它们来解释任何可观察的事实. 事情**正是**这样,但是问题却颇为复杂.

① 薛定谔,以下同.

4.1.4 含有时间的波动方程 (就其本来的意义而言) 的推导

我们用来研究氢原子的方程式 (4.1.15),仅仅提供振动振幅在空间中的分布,它对时间的依赖关系总是由下式表示：

$$\psi \sim \mathrm{e}^{-\mathrm{i}\frac{Et}{\hbar}} \tag{4.1.18}$$

频率的值 E 在方程中出现, 所以我们实际上处理的是一组方程, 其中每一个方程只对一个特殊的频率成立. 事情正如同在通常的振动问题中一样, 我们的方程对应于通常所谓的“振幅方程”式 (4.1.12), 而不对应于式 (4.1.11). 前面已经讲过从后一方程导出前一方程的方法 (即假设 p 是时间的正弦函数). 现在的问题是从相反的方向来进行类似的推算, 即要消去振幅方程中的参数 E, 而用时间导数来代替它. 这很容易做到. 取方程式 (4.1.15)中的**一个**特殊 E 值, 然后, 从式 (4.1.18)我们得到

$$\dot{\psi} = -\mathrm{i}\frac{E}{\hbar}\psi \quad 或 \quad E\psi = \mathrm{i}\hbar\dot{\psi} \tag{4.1.19}$$

利用这个关系, 我们从式 (4.1.15)得到

$$\nabla^2\psi + \frac{2m\mathrm{i}}{\hbar}\dot{\psi} - \frac{2mV}{\hbar^2}\psi = 0 \tag{4.1.20}$$

不论 E 取什么值, 都可以得到**同样**的方程 (因为 E 已消去). 因此, 方程式 (4.1.20)对任何本征振动的线性组合都将成立, 即对那种作为此问题的解的最一般的波运动, 这方程也是成立的.

我们可以进一步尝试在势能 V 明显地包含时间变数的情况下也利用这个方程. 这究竟是不是一个正确的推广, 并不是显而易见, 因不可能遗漏了那些包含 $\dot{V}$ 等的项——从我们得到这个方程的方法看来, 它们或许有可能进入方程式 (4.1.20)的. 但是结果会证明我们的做法是否正当. 当然, 要做出假定, 说方程式 (4.1.15)中的 V 明显地包含时间是荒谬的, 因为限制这个方程的条件式 (4.1.18)在一任意变化的 V 函数的情况下, 会使这个假定不可能满足式 (4.1.15).

波动方程式 (4.1.20)可以写为

$$\mathrm{i}\hbar\frac{\mathrm{d}\psi}{\mathrm{d}t} = \left(-\frac{\hbar^2}{2m}\nabla^2 + V\right)\psi \tag{4.1.21}$$

我们用 H 来代表**算符**

$$H = -\frac{\hbar^2}{2m}\nabla^2 + V \tag{4.1.22}$$

那么本征函数正是**那些**受算符 H 作用后**再现**的函数，即从式 (4.1.18)得

$$H\psi_k = E_k\psi_k \tag{4.1.23}$$

方程式 (4.1.21)可写成简单的形式

$$\mathrm{i}\hbar\frac{\mathrm{d}\psi}{\mathrm{d}t} = H\psi \tag{4.1.24}$$

4.2 对应原理和海森伯方程

从经典力学过渡到量子力学对应原理具有重大的意义. 这种意义是由如下事实决定的：

(1) 在量子力学中伴随测量而来的扰动一般是不可忽略的. 这是由于测量过程不外乎测量仪器和微观系统之间的量子的发射和吸收过程. 所以对于宏观仪器来说这种扰动可以忽略；但是对于微观系统来说，吸收或发射量子并不是一个微扰，而是一个相当大的扰动. 只有在微观系统的粒子质量足够大的条件下，伴随测量而来的扰动才可以忽略，而且经典力学可以对系统的运动给予正确的描述.

(2) 经典力学必定是量子力学的一个极限情况，而量子力学是比经典力学更普遍的力学. 因此，我们应当期望在经典力学中可以找到一些重要的概念，它们也是量子力学中的重要概念. 换言之，量子力学中这些重要概念存在着经典力学的对应. 特别是，经典力学中的各种力学量如能量、动量、角动量等物理观念的本质在过渡到量子力学后仍然保持，但是在形式上有所改变. 这是由于在宏观领域中力学是连续的，而过渡到微观领域中却出现了不连续的情况，形成了连续与不连续的对立统一. 根据微观领域力学量的这种连续与不连续的对立统一，就必须将力学量从数值扩充为算符，以概括连续与不连续这两种特性. 这样经典力学中具有连续数值形式的力学量，在量子力学中就以同时具有连续和不连续本征值算符形式的力学量出现. 亦即力学量的物理观念本身在从经典力学过渡到量子力学时并没有改变，但是它的表现形式却从数值过渡为算符. 这样就产生了一个问题，这种算符之间具有什么关系呢？我们将进一步根据经典力学与量子力学之间对应的普遍性质，将经典力学中的结果进行推广以获得量子力学中的结果，特别地期望获得量子化条件.

在经典力学中曾经引进一个重要的概念,就是泊松括号. 任意两个力学量 F,G 有一个泊松括号,我们用 (F,G) 来代表,它的定义是

$$(F,G)=\int_V \mathrm{d}^3x\left(\frac{\delta F}{\delta\varphi_\sigma(x)}\frac{\delta G}{\delta\pi_\sigma(x)}-\frac{\delta F}{\delta\pi_\sigma(x)}\frac{\delta G}{\delta\varphi_\sigma(x)}\right) \tag{4.2.1}$$

泊松括号的主要性质有:

$$(F,G)=-(G,F) \tag{4.2.2}$$

$$(F,c)=0 \tag{4.2.3}$$

其中,c 是常数

$$\begin{cases}(C_1F_1+C_2F_2,G)=C_1(F_1,G)+C_2(F_2,G)\\(F,C_1G_1+C_2G_2)=C_1(F,G_1)+C_2(F,G_2)\end{cases} \tag{4.2.4}$$

$$\begin{cases}(F_1F_2,G)=F_1(F_2,G)+(F_1,G)F_2\\(F,G_1G_2)=G_1(F,G_2)+(F,G_1)G_2\end{cases} \tag{4.2.5}$$

以及雅可比恒等式

$$(F_1,(F_2,F_3))+(F_2,(F_3,F_1))+(F_3,(F_1,F_2))=0 \tag{4.2.6}$$

式 (4.2.2)表示泊松括号的反对称性,式 (4.2.4)表示泊松括号的线性,而式 (4.2.5)是与乘积微分的一般规则相对应的.

对应于经典力学的泊松括号,我们试图引进量子力学的泊松括号,简称量子括号.

我们假定量子括号满足泊松括号的全部性质式 (4.2.2)、式 (4.2.6). 但是,与经典力学不同的是,由于在量子力学中力学量从数变成算符,所以要求方程式 (4.2.5)的第一式中因子 F_1 与 F_2 的先后次序应当在整个方程中不变,就像我们在方程式 (4.2.5)中写出来的一样,对方程式 (4.2.5)的第二式中的 G_1 与 G_2 也有同样的要求. 这样条件式 (4.2.2)、式 (4.2.6)已经足够唯一地决定量子括号的形式,这可以从如下的推导过程中看出.

我们可以用两种不同的方法算出泊松括号 (F_1F_2,G_1G_2), 这是由于可以先用方程式 (4.2.5)两式中的任一个,即

$$\begin{aligned}(F_1F_2,G_1G_2)&=(F_1,G_1G_2,F)_2+F_1(F_2,G_1G_2)\\&=[(F_1,G_1)G_2+G_1(F_1,G_2)]F_2+F_1[(F_2,G_1)G_2+G_1(F_2,G_2)]\\&=(F_1,G_1)G_2F_2+G_1(F_1,G_2)F_2+F_1(F_2,G_1)G_2+F_1G_1(F_2,G_2)\end{aligned}$$

以及

$$(F_1F_2,G_1G_2)=(F_1F_2,G_1)G_2+G_1(F_1F_2,G_2)$$

$$= [(F_1,G_1)F_2 + F_1(F_2,G_1)]G_2 + G_1[(F_1,G_2)F_2 + F_1(F_2,G_2)]$$
$$= (F_1,G_1)F_2G_2 + F_1(F_2,G_1)G_2 + G_1(F_1,G_2)F_2 + G_1F_1(F_2,G_2)$$

因此,由恒等式

$$(F_1F_2,G_1G_2) = (F_1F_2,G_1G_2)$$

获得如下条件:

$$(F_1,G_1)(F_2G_2 - G_2F_2) = (F_1G_1 - G_1F_1)(F_2,G_2) \tag{4.2.7}$$

由于这个条件对 F_1、G_1 永远成立与 F_2、G_2 无关,所以必然有

$$F_1G_1 - G_1F_1 = \mathrm{i}\gamma(F_1,G_1)$$
$$F_2G_2 - G_2F_2 = \mathrm{i}\gamma(F_2,G_2)$$

其中 γ 必然地与 F_1,G_1 无关,也与 F_2,G_2 无关,将它代入式 (4.2.7)得

$$(F_1,G_1)\gamma(F_2,G_2) \equiv \gamma(F_1,G_1)(F_2,G_2)$$

由于这个恒等式对于任意的 (F_2,G_2) 都成立,所以可以选取 F_2,G_2,使得 $(F_2,G_2)=1$,立得

$$(F_1,G_1)\gamma \equiv \gamma(F_1,G_1)$$

亦即 γ 与 (F_1,G_1) 对易. 由于 F_1,G_1 是任意选定的算符,(F_1,G_1) 也可以是任意算符,所以根据舒尔引理,γ 应是一个简单的数. 这样,一般地,我们有

$$FG - GF = \mathrm{i}\gamma(F,G) \tag{4.2.8}$$

由于在经典力学中两个实数力学量的泊松括号是实数,所以如果 F,G 是两个实数力学量,那么则有

$$(F,G)^\dagger = (F,G)$$

或

$$\left(\frac{FG-GF}{\mathrm{i}\gamma}\right)^\dagger = \frac{FG-GF}{\mathrm{i}\gamma}$$

于是

$$\frac{G^\dagger F^\dagger - F^\dagger G^\dagger}{-\mathrm{i}\gamma^*} = \frac{FG-GF}{\mathrm{i}\gamma}$$

也就是

$$\frac{F^\dagger G^\dagger - G^\dagger F^\dagger}{\mathrm{i}\gamma^*} = \frac{FG-GF}{\mathrm{i}\gamma}$$

由于实数力学量对应于厄米算符,所以得

$$\frac{FG-GF}{\mathrm{i}\gamma^*}=\frac{FG-GF}{\mathrm{i}\gamma}$$

或者

$$\gamma^*=\gamma \tag{4.2.9}$$

可见 γ 应为一实数,它是一个新的普适常量,它的量纲是作用量. 为了确定这个普适常量,我们考虑粒子的坐标和动量 x,p,得

$$xp-px=\mathrm{i}\,(x,p)$$

由于经典泊松括号 (x,p) 的数值为

$$(x,p)=\frac{\partial x}{\partial x}\frac{\partial p}{\partial p}-\frac{\partial x}{\partial p}\frac{\partial p}{\partial x}=1 \tag{4.2.10}$$

所以代入得

$$xp-px=\mathrm{i}\gamma \tag{4.2.11}$$

根据粒子的波粒二象性,一个自由粒子的运动由德布罗意波

$$\psi=\mathrm{e}^{\mathrm{i}\frac{px-Et}{\hbar}} \tag{4.2.12}$$

描述,因此有

$$p\mathrm{e}^{\mathrm{i}\frac{px-Et}{\hbar}}=-\mathrm{i}\hbar\frac{\partial}{\partial x}\mathrm{e}^{\mathrm{i}\frac{px-Et}{\hbar}}$$

或

$$p\psi=-\mathrm{i}\hbar\frac{\partial}{\partial x}\psi$$

换言之,当粒子具有波粒二象性时,它的动量过渡为算符 $-\mathrm{i}\hbar\dfrac{\partial}{\partial x}$,即

$$p=-\mathrm{i}\hbar\frac{\partial}{\partial x} \tag{4.2.13}$$

代入式 (4.2.11)得

$$\begin{aligned}\mathrm{i}\gamma&=xp-px=x\left(-\mathrm{i}\hbar\frac{\partial}{\partial x}\right)-\left(-\mathrm{i}\hbar\frac{\partial}{\partial x}\right)x\\&=-\mathrm{i}\hbar\left(x\frac{\partial}{\partial x}-\frac{\partial}{\partial x}x\right)=-\mathrm{i}\hbar\left(x\frac{\partial}{\partial x}-x\frac{\partial}{\partial x}-\frac{\partial x}{\partial x}\right)\\&=\mathrm{i}\hbar\end{aligned}$$

或者

$$\gamma = \hbar \tag{4.2.14}$$

这样，我们根据粒子的波粒二象性，确定了这个普适常数就是普朗克常数. 于是我们得出：任意两个力学量 F 和 G 的对易关系可以由泊松括号定义为

$$FG - GF = \mathrm{i}\hbar\,(F,G) \tag{4.2.15}$$

我们认为，按经典定义计算出来的泊松括号的结果 (一般是力学量)，从经典力学过渡到量子力学时并不改变 (根据对应原理). 亦即方程式 (4.2.15)中的泊松括号应按经典定义计出，这就完全定义了力学量 F 和 G 的对易关系. 这种对易关系就是我们寻求的量子括号，记为

$$FG - GF \equiv [F,G] \tag{4.2.16}$$

极易验证，量子括号满足泊松括号的全部性质式 (4.2.2)、式 (4.2.6). 将定义式 (4.2.16)代入式 (4.2.15)得

$$[F,G] = \mathrm{i}\hbar\,(F,G) \tag{4.2.17}$$

量子括号与泊松括号这种对应的强烈类似性，迫使我们做出如下的假定：从经典力学过渡到量子力学，泊松括号应过渡为量子括号，即

$$(F,G) = \frac{[F,G]}{\mathrm{i}\hbar} \tag{4.2.18}$$

这个方程为量子力学与经典力学之间的对应提供了基础. 它表明经典力学可以看成量子力学当 $\hbar$ 趋于零时的极限情况.

取自然单位制，$\hbar = c = 1$，方程式 (4.2.17)、式 (4.2.18)改写为

$$[F,G] = \mathrm{i}\,(F,G) \tag{4.2.19}$$

$$(F,G) = -\mathrm{i}\,[F,G] \tag{4.2.20}$$

式 (4.2.19) 表示量子括号的定义，式 (4.2.20) 表示泊松括号的量子化. 然而，经典力学量子化的完成，必须找出所谓“量子化条件”，这个条件规定了经典力学中的正则坐标与正则动量之间的量子关系. 由于泊松括号的反对称性规定了泊松括号只能过渡到对易关系而不是反对易关系，所以量子力学中的玻色统计法则可以根据对应原理从式 (4.2.17)导出，即根据对应原理得

$$[\varphi_\sigma(x), \pi_\sigma(x')]_{t=t'} = \mathrm{i}\,(\varphi_\sigma(x), \pi_\sigma(x'))_{t=t'} \tag{4.2.21}$$

由于

$$(\varphi_\sigma(x),\pi_\sigma(x'))=\delta_{\sigma\rho}\delta^3(x-x')\quad(t=t') \tag{4.2.22}$$

代入得

$$[\varphi_\sigma(x),\pi_\sigma(x')]=\mathrm{i}\delta_{\sigma\rho}\delta^3(x-x')\quad(t=t') \tag{4.2.23}$$

类似地,根据对应原理,从式 (4.2.19)可以导出

$$\begin{cases}[\varphi_\sigma(x),\varphi_\rho(x')]=0\quad(t=t')\\ [\pi_\sigma(x),\pi_\rho(x')]=0\quad(t=t')\end{cases} \tag{4.2.24}$$

方程式 (4.2.23)、式 (4.2.24)正好是量子力学中的玻色统计法则. 但是量子力学中的费米统计法则却不能根据对应原理从式 (4.2.19)导出. 可见量子力学与经典力学之间的对应并不是一一对应的,有些有对应,有些没有对应. 为了得到概括两种统计法则的量子化条件,我们认为经典力学中的泊松括号

$$(\varphi_\sigma(x),\pi_\rho(x')\varphi_\tau(x'))_{t=t'},\quad(\pi_\sigma(x),\pi_\rho(x')\varphi_\tau(x'))_{t=t'}$$

在量子力学中有对应,即有

$$\begin{cases}[\varphi_\sigma(x),\pi_\rho(x')\varphi_\tau(x')]=\mathrm{i}(\varphi_\sigma(x),\pi_\rho(x')\varphi_\tau(x'))\quad(t=t')\\ [\pi_\sigma(x),\pi_\rho(x')\varphi_\tau(x')]=\mathrm{i}(\pi_\sigma(x),\pi_\rho(x')\varphi_\tau(x'))\quad(t=t')\end{cases} \tag{4.2.25}$$

由于在经典力学中有

$$\begin{aligned}(\varphi_\sigma(x),\pi_\rho(x')\varphi_\tau(x'))_{t=t'}&=(\varphi_\sigma(x),\pi_\rho(x'))\varphi_\tau(x')|_{t=t'}+\pi_\rho(x')(\varphi_\sigma(x),\varphi_\tau(x'))|_{t=t'}\\&=\delta_{\sigma\rho}\delta^3(x-x')\varphi_\tau(x)\\(\pi_\sigma(x),\pi_\rho(x')\varphi_\tau(x'))_{t=t'}&=(\pi_\sigma(x),\pi_\rho(x'))\varphi_\tau(x')|_{t=t'}+\pi_\rho(x')(\pi_\sigma(x),\varphi_\tau(x'))|_{t=t'}\\&=-\delta_{\sigma\tau}\delta^3(x-x')\pi_\rho(x)\end{aligned}$$

或者

$$\begin{cases}(\varphi_\sigma(x),\pi_\rho(x')\varphi_\tau(x'))=\delta_{\sigma\rho}\delta^3(x-x')\varphi_\tau(x)\quad(t=t')\\ (\pi_\sigma(x),\pi_\rho(x')\varphi_\tau(x'))=-\delta_{\sigma\tau}\delta^3(x-x')\pi_\rho(x)\quad(t=t')\end{cases} \tag{4.2.26}$$

所以将式 (4.2.26)代入式 (4.2.25), 我们就获得如下的量子化条件:

$$\begin{cases}[\varphi_\sigma(x),\pi_\rho(x')\varphi_\tau(x')]=\mathrm{i}\delta_{\sigma\rho}\delta^3(x-x')\varphi_\tau(x)\quad(t=t')\\ [\pi_\sigma(x),\pi_\rho(x')\varphi_\tau(x')]=-\mathrm{i}\delta_{\sigma\tau}\delta^3(x-x')\pi_\rho(x)\quad(t=t')\end{cases} \tag{4.2.27}$$

显然,这个量子化条件概括了玻色统计与费米统计两种情形. 这是由于它可以按对易关系和反对易关系两种方式展开. 下面我们就分这两种情形讨论之.

(1) 玻色–爱因斯坦统计法则

我们将式 (4.2.27)的第一式按对易关系展开得

$$
\begin{aligned}
\mathrm{i}\delta_{\sigma\rho}\delta^3(x-x')\varphi_\tau(x) &= [\varphi_\sigma(x),\pi_\rho(x')\varphi_\tau(x')]_{t=t'} \\
&= [\varphi_\sigma(x),\pi_\rho(x')]\varphi_\tau(x')|_{t=t'} + \pi_\rho(x')[\varphi_\sigma(x),\varphi_\tau(x')]|_{t=t'}
\end{aligned}
$$

或者

$$
\{[\varphi_\sigma(x),\pi_\rho(x')] - \mathrm{i}\delta_{\sigma\rho}\delta^3(x-x')\}\varphi_\tau(x') + \pi_\rho(x')[\varphi_\sigma(x),\varphi_\tau(x')]_{t=t'} = 0 \tag{4.2.28}
$$

如果我们取

$$
[\varphi_\sigma(x),\varphi_\rho(x')] = 0 \quad (t=t') \tag{4.2.29}
$$

那么代入得

$$
\{[\varphi_\sigma(x),\pi_\rho(x')] - \mathrm{i}\delta_{\sigma\rho}\delta^3(x-x')\}\varphi_\tau(x') \overset{t=t'}{=} 0
$$

或者

$$
[\varphi_\sigma(x),\pi_\rho(x')] = \mathrm{i}\delta_{\sigma\rho}\delta^3(x-x') \quad (t=t') \tag{4.2.30}
$$

类似地,将式 (4.2.27)的第二式按对易关系展开得

$$
\begin{aligned}
-\mathrm{i}\delta_{\sigma\tau}\delta^3(x-x')\pi_\rho(x) &= [\pi_\sigma(x),\pi_\rho(x')\varphi_\tau(x')]_{t=t'} \\
&= [\pi_\sigma(x),\pi_\rho(x')]\varphi_\tau(x')|_{t=t'} + \pi_\rho(x')[\pi_\sigma(x),\varphi_\tau(x')]|_{t=t'}
\end{aligned}
$$

也就是

$$
\pi_\rho(x')\{[\pi_\sigma(x),\varphi_\tau(x')] + \mathrm{i}\delta_{\sigma\tau}\delta^3(x-x')\} + [\pi_\sigma(x),\pi_\rho(x')]\varphi_\tau(x')|_{t=t'} = 0 \tag{4.2.31}
$$

将式 (4.2.30)代入得

$$
[\pi_\sigma(x),\pi_\rho(x')]\varphi_\tau(x') \overset{t=t'}{=} 0
$$

或者

$$
[\pi_\sigma(x),\pi_\rho(x')] = 0 \quad (t=t') \tag{4.2.32}
$$

这样我们获得

$$
\begin{cases}
[\varphi_\sigma(x),\varphi_\rho(x')] = 0 & (t=t') \\
[\varphi_\sigma(x),\pi_\rho(x')] = \mathrm{i}\delta_{\sigma\rho}\delta^3(x-x') & (t=t') \\
[\pi_\sigma(x),\pi_\rho(x')] = 0 & (t=t')
\end{cases} \tag{4.2.33}
$$

这正是玻色–爱因斯坦统计法则.

(2) 费米–狄拉克统计法则

我们将式 (4.2.27)的第一式按反对易关系展开得

$$
\begin{aligned}
\mathrm{i}\delta_{\sigma\rho}\delta^3(x-x')\varphi_\tau(x) &= [\varphi_\sigma(x),\pi_\rho(x')\varphi_\tau(x')]_{t=t'} \\
&= \{\varphi_\sigma(x),\pi_\rho(x')\}\varphi_\tau(x')|_{t=t'} - \pi_\rho(x')\{\varphi_\sigma(x),\varphi_\tau(x')\}|_{t=t'}
\end{aligned}
$$

也就是

$$
\left[\{\varphi_\sigma(x),\pi_\rho(x')\} - \mathrm{i}\delta_{\sigma\rho}\delta^3(x-x')\right]\varphi_\tau(x') - \pi_\rho(x')\{\varphi_\sigma(x),\varphi_\tau(x')\} \overset{t=t'}{=} 0 \tag{4.2.34}
$$

如果我们取

$$
\{\varphi_\sigma(x),\varphi_\rho(x')\} = 0 \quad (t=t') \tag{4.2.35}
$$

那么代入得

$$
\left[\{\varphi_\sigma(x),\pi_\rho(x')\} - \mathrm{i}\delta_{\sigma\rho}\delta^3(x-x')\right]\varphi_\tau(x') \overset{t=t'}{=} 0
$$

也就是

$$
\{\varphi_\sigma(x),\pi_\rho(x')\} = \mathrm{i}\delta_{\sigma\rho}\delta^3(x-x') \quad (t=t') \tag{4.2.36}
$$

类似地,式 (4.2.27)第二式可以按反对易关系展开为

$$
\begin{aligned}
-\mathrm{i}\delta_{\sigma\tau}\delta^3(x-x')\pi_\rho(x) &= [\pi_\sigma(x),\pi_\rho(x')\varphi_\tau(x')]_{t=t'} \\
&= \{\pi_\sigma(x),\pi_\rho(x')\}\varphi_\tau(x')|_{t=t'} - \pi_\rho(x')\{\pi_\sigma(x),\varphi_\tau(x')\}|_{t=t'}
\end{aligned}
$$

或者

$$
\pi_\rho(x')\left[\{\pi_\sigma(x),\varphi_\rho(x')\} - \mathrm{i}\delta_{\sigma\tau}\delta^3(x-x')\right]_{t=t'} - \{\pi_\sigma(x),\pi_\rho(x')\}\varphi_\tau(x')|_{t=t'} = 0 \tag{4.2.37}
$$

将式 (4.2.36)代入得

$$
\{\pi_\sigma(x),\pi_\rho(x')\}\varphi_\tau(x')|_{t=t'} = 0
$$

也就是

$$
\{\pi_\sigma(x),\pi_\rho(x')\} = 0 \quad (t=t') \tag{4.2.38}
$$

这样我们获得

$$
\begin{cases}
\{\varphi_\sigma(x),\varphi_\rho(x')\} = 0 & (t=t') \\
\{\varphi_\sigma(x),\pi_\rho(x')\} = \mathrm{i}\delta_{\sigma\rho}\delta^3(x-x') & (t=t') \\
\{\pi_\sigma(x),\pi_\rho(x')\} = 0 & (t=t')
\end{cases} \tag{4.2.39}
$$

这正是费米–狄拉克统计法则.

因此，量子化条件式 (4.2.27)概括了两种统计法则. 由于第 3 章中的力学量都是 $\pi\varphi$ 型的，或玻色型的，所以它们的泊松括号有量子力学对应. 根据对应原理，利用式 (4.2.20),我们将泊松括号过渡为量子括号,就从经典力学过渡到量子力学. 例如,对于能量、动量守恒定律,我们有如下过渡：

$$0=(P_\mu P_\nu)=\frac{[P_\mu P_\nu]}{\mathrm{i}}$$

也就是

$$[P_\mu P_\nu]=0 \tag{4.2.40}$$

以及

$$\frac{\partial F}{\partial x_\mu}=([P_\mu,F])=\frac{[P_\mu,F]}{\mathrm{i}}$$

或者

$$\mathrm{i}\frac{\partial F}{\partial x_\mu}=[P_\mu,F] \tag{4.2.41}$$

场量的时空平移变换

$$\begin{aligned}\varphi'_\sigma(x)=\varphi_\sigma(x+\boldsymbol{\Delta})&=\varphi_\sigma(x)+\boldsymbol{\Delta}_\mu\left(P_\mu,\varphi_\sigma(x)\right)\\&=\varphi_\sigma(x)+\boldsymbol{\Delta}_\mu\frac{[P_\mu\varphi_\sigma(x)]}{\mathrm{i}}\end{aligned}$$

由于

$$\begin{aligned}\mathrm{e}^{-\mathrm{i}P_\mu\boldsymbol{\Delta}_\mu}\varphi_\sigma(x)\mathrm{e}^{\mathrm{i}P_\mu\boldsymbol{\Delta}_\mu}&=\left(1-\mathrm{i}P_\mu\boldsymbol{\Delta}_\mu\right)\varphi_\sigma(x)\left(1+\mathrm{i}P_\mu\boldsymbol{\Delta}_\mu\right)\\&=\varphi_\sigma(x)-\mathrm{i}\boldsymbol{\Delta}_\mu P_\mu\varphi_\sigma(x)+\mathrm{i}\varphi_\sigma(x)\boldsymbol{\Delta}_\mu P_\mu\\&=\varphi_\sigma(x)-\mathrm{i}\boldsymbol{\Delta}_\mu\left[P_\mu,\varphi_\sigma(x)\right]\end{aligned}$$

所以

$$\varphi'_\sigma(x)=\varphi_\sigma(x+\boldsymbol{\Delta})=\mathrm{e}^{-\mathrm{i}P_\mu\boldsymbol{\Delta}_\mu}\varphi_\sigma(x)\mathrm{e}^{\mathrm{i}P_\mu\boldsymbol{\Delta}_\mu} \tag{4.2.42}$$

也就是

$$\varphi_\sigma(x)=\varphi_\sigma(x+\boldsymbol{\Delta})=\mathrm{e}^{-\mathrm{i}Px}\varphi_\sigma(0)\mathrm{e}^{\mathrm{i}Px} \tag{4.2.43}$$

它决定场量在时空中的变化. 显然,场量随时间的变化由场的总能量决定,场量在空间中的变化由场的总动量决定.

对于角动量守恒定律、质量中心定理,我们有如下过渡：

$$P_\mu\delta_{\nu\lambda}-P_\nu\delta_{\mu\lambda}=(P_\lambda,M_{\mu\nu})=\frac{[P_\lambda,M_{\mu\nu}]}{\mathrm{i}}$$

也就是

$$\left[P_{\lambda}, M_{\mu\nu}\right] = \mathrm{i}\left(P_{\mu}\delta_{\nu\lambda} - P_{\nu}\delta_{\mu\lambda}\right) \tag{4.2.44}$$

以及

$$M_{\mu\mu'}\delta_{\nu\nu'} + M_{\nu\nu'}\delta_{\mu\mu'} - M_{\mu\nu'}\delta_{\mu'\nu} - M_{\nu\mu'}\delta_{\mu\nu'} = \left(M_{\mu\nu}, M_{\mu'\nu'}\right) = \frac{\left[M_{\mu\nu}, M_{\mu'\nu'}\right]}{\mathrm{i}}$$

也就是

$$\left[M_{\mu\nu}, M_{\mu'\nu'}\right] = \mathrm{i}\left\{M_{\mu\mu'}\delta_{\nu\nu'} + M_{\nu\nu'}\delta_{\mu\mu'} - M_{\mu\nu'}\delta_{\mu'\nu} - M_{\nu\mu'}\delta_{\mu\nu'}\right\} \tag{4.2.45}$$

场量的时空转动变换

$$\begin{aligned}\varphi'_{\sigma}(x) = \Lambda_{\sigma\rho}(A)\varphi_{\rho}\left(A^{-1}x\right) &= \varphi_{\sigma}(x) + \frac{1}{2}\varepsilon_{\mu\nu}\left(M_{\mu\nu}, \varphi_{\sigma}(x)\right) \\ &= \varphi_{\sigma}(x) + \frac{1}{2}\varepsilon_{\mu\nu}\frac{\left[M_{\mu\nu}, \varphi_{\sigma}(x)\right]}{\mathrm{i}}\end{aligned}$$

由于

$$\begin{aligned}\mathrm{e}^{-\frac{\mathrm{i}}{2}\varepsilon_{\mu\nu}M_{\mu\nu}}\varphi_{\sigma}(x)\mathrm{e}^{\frac{\mathrm{i}}{2}\varepsilon_{\mu\nu}M_{\mu\nu}} &= \left(1 - \frac{\mathrm{i}}{2}\varepsilon_{\mu\nu}M_{\mu\nu}\right)\varphi_{\sigma}(x)\left(1 + \frac{\mathrm{i}}{2}\varepsilon_{\mu\nu}M_{\mu\nu}\right) \\ &= \varphi_{\sigma}(x) - \frac{\mathrm{i}}{2}\varepsilon_{\mu\nu}\left[M_{\mu\nu}, \varphi_{\sigma}(x)\right]\end{aligned}$$

所以

$$\varphi'_{\sigma}(x) = \Lambda_{\sigma\rho}(A)\varphi_{\rho}\left(A^{-1}x\right) = \mathrm{e}^{-\frac{\mathrm{i}}{2}\varepsilon_{\mu\nu}M_{\mu\nu}}\varphi_{\sigma}(x)\mathrm{e}^{\frac{\mathrm{i}}{2}\varepsilon_{\mu\nu}M_{\mu\nu}} \tag{4.2.46}$$

其中

$$\begin{cases}A = \mathrm{e}^{\frac{\mathrm{i}}{2}\varepsilon_{\mu\nu}D_{\mu\nu}} \\ \Lambda(A) = \mathrm{e}^{\frac{\mathrm{i}}{2}\varepsilon_{\mu\nu}\Sigma_{\mu\nu}}\end{cases} \tag{4.2.47}$$

它决定从一个参考系过渡到另一个参考系时场量的变换,即决定在洛伦兹变换下场量的变换.

对于幺旋空间中的力学量我们有如下过渡:

$$\frac{\mathbb{E}_i^{k'}\delta_{i'}^{k} - \mathbb{E}_{i'}^{k}\delta_i^{k'}}{\mathrm{i}}\left(\mathbb{E}_i^{k}, \mathbb{E}_{i'}^{k'}\right) = \frac{\left[\mathbb{E}_i^{k}, \mathbb{E}_{i'}^{k'}\right]}{\mathrm{i}}$$

或者

$$\left[\mathbb{E}_i^{k}, \mathbb{E}_{i'}^{k'}\right] = \mathbb{E}_i^{k'}\delta_{i'}^{k} - \mathbb{E}_{i'}^{k}\delta_i^{k'} \tag{4.2.48}$$

以及

$$0 = \left(\mathbb{B}, \mathbb{E}_i^k\right) = \frac{\left[\mathbb{B}, \mathbb{E}_i^k\right]}{\mathrm{i}}$$

也就是

$$\left[\mathbb{B}, \mathbb{E}_i^k\right] = 0 \tag{4.2.49}$$

$$\frac{\boldsymbol{\Lambda}_{i'}^k \delta_{i'}^k - \boldsymbol{\Lambda}_{i'}^k \delta_i^{k'}}{\mathrm{i}} = \left(\boldsymbol{\Lambda}_i^k, \boldsymbol{\Lambda}_{i'}^{k'}\right) = \frac{\boldsymbol{\Lambda}_i^k, \boldsymbol{\Lambda}_{i'}^{k'}}{\mathrm{i}}$$

也就是

$$\left[\boldsymbol{\Lambda}_i^k, \boldsymbol{\Lambda}_{i'}^{k'}\right] = \boldsymbol{\Lambda}_i^{k'} \delta_{i'}^k - \boldsymbol{\Lambda}_{i'}^k \delta_i^{k'} \tag{4.2.50}$$

$$0 = \left(P_\mu, \mathbb{E}_i^k\right) = \frac{\left[P_\mu, \mathbb{E}_i^k\right]}{\mathrm{i}}$$

或者

$$\left[P_\lambda, \mathbb{E}_i^k\right] = 0 \tag{4.2.51}$$

$$0 = \left(M_{\mu\nu}, \mathbb{E}_i^k\right) = \frac{\left[M_{\mu\nu}, \mathbb{E}_i^k\right]}{\mathrm{i}}$$

也就是

$$\left[M_{\mu\nu}, \mathbb{E}_i^k\right] = 0 \tag{4.2.52}$$

以及

$$\varphi^{\alpha'}(x) = R_\beta^\alpha(u)\varphi^\beta(x) = \varphi^\alpha(x) + \theta_k^j\left(\mathbb{E}_k^j, \varphi^\alpha(x)\right) = \varphi^\alpha(x) + \theta_k^j \frac{\left[\mathbb{E}_k^j, \varphi^\alpha(x)\right]}{\mathrm{i}}$$

由于

$$\mathrm{e}^{-\mathrm{i}\theta_k^j \mathbb{E}_j^k} \varphi^\alpha(x) \mathrm{e}^{\mathrm{i}\theta_k^j \mathbb{E}_j^k} = \varphi^\alpha(x) - \mathrm{i}\theta_k^j\left[\mathbb{E}_j^k, \varphi^\alpha(x)\right]$$

所以

$$\varphi^{\alpha'}(x) = R_\beta^\alpha(u)\varphi^\beta(x) = \mathrm{e}^{-\mathrm{i}\theta_k^j E_j^k} \varphi^\alpha(x) \mathrm{e}^{\mathrm{i}\theta_k^j \mathbb{E}_j^k} \tag{4.2.53}$$

其中

$$u = \mathrm{e}^{\mathrm{i}\theta_k^j \varepsilon_j^k} \tag{4.2.54}$$

$$\mathbb{E}_i^{k\dagger} = \mathbb{E}_k^i \tag{4.2.55}$$

它决定了在幺旋空间中进行一次幺正变换时场量的变换. 这样我们获得物理系统的力学量满足如下的对易关系：

$$\begin{cases}\left[P_\mu,P_\nu\right]=0\\\left[P_\lambda,M_{\mu\nu}\right]=\mathrm{i}\left(P_\mu\delta_{\nu\lambda}-P_\nu\delta_{\mu\lambda}\right)\\\left[M_{\mu\nu},M_{\mu'\nu'}\right]=\mathrm{i}\left(M_{\mu\mu'}\delta_{\nu\nu'}+M_{\nu\nu'}\delta_{\mu\mu'}-M_{\mu\nu'}\delta_{\mu'\nu}-M_{\nu\mu'}\delta_{\mu'\nu}\right)\\\left[P_\lambda,\mathbb{E}_i^k\right]=0\\\left[M_{\mu\nu},\mathbb{E}_i^k\right]=0\\\left[\mathbb{E}_i^k,\mathbb{E}_{i'}^{k'}\right]=\mathbb{E}_i^{k'}\delta_{i'}^k-\mathbb{E}_{i'}^k\delta_i^{k'}\end{cases}\tag{4.2.56}$$

场量满足的运动方程是

$$\begin{cases}\varphi'_\sigma(x)=\varphi_\sigma(x+A)=\mathrm{e}^{-\mathrm{i}P\Delta}\pi_\sigma(x)\mathrm{e}^{\mathrm{i}P\Delta}\\\varphi'_\sigma(x)=\Lambda_{\sigma\rho}(A)\varphi_\rho\left(A^{-1}X\right)=\mathrm{e}^{-\frac{\mathrm{i}}{2}\varepsilon_{\mu\nu}M_{\mu\nu}}\varphi_\sigma(x)\mathrm{e}^{\frac{\mathrm{i}}{2}\varepsilon_{\mu\nu}M_{\mu\nu}}\\\varphi^{\alpha'}(x)=R_\beta^\alpha(u)\varphi^\beta(x)=\mathrm{e}^{-\mathrm{i}\theta_k^j\mathbb{E}_j^k}\varphi^\alpha(x)\mathrm{e}^{\mathrm{i}\theta_k^j\mathbb{E}_j^k}\end{cases}\tag{4.2.57}$$

其中

$$\begin{cases}A=\mathrm{e}^{\frac{\mathrm{i}}{2}\varepsilon_{\mu\nu}D_{\mu\nu}}\\\Lambda(A)=\mathrm{e}^{\frac{\mathrm{i}}{2}\varepsilon_{\mu\nu}\Sigma_{\mu\nu}}\\u=\mathrm{e}^{\mathrm{i}\theta_k^j\varepsilon_j^k}\end{cases}\tag{4.2.58}$$

在这个表象中,系统的作用量是

$$S=\int_\Omega \mathrm{d}^4x\mathscr{L}\tag{4.2.59}$$

其中,积分遍及于物理系统运动过程的整个时空连续区,因此有

$$\mathrm{i}\frac{\partial S}{\partial t}=0\tag{4.2.60}$$

做代换

$$\Psi=\mathrm{e}^{\mathrm{i}S}\tag{4.2.61}$$

则有

$$\mathrm{i}\frac{\partial\Psi}{\partial t}=0\tag{4.2.62}$$

这样我们获得物理系统的运动方程

$$\begin{cases}\mathrm{i}\dfrac{\partial\Psi}{\partial t}=0\\\mathrm{i}\dfrac{\partial\varphi_\sigma(x)}{\partial t}=[\varphi_\sigma(x),H]\\\mathrm{i}\dfrac{\partial\pi_\sigma(x)}{\partial t}=[\pi_\sigma(x),H]\end{cases}\tag{4.2.63}$$

以及量子化条件

$$\begin{cases}[\varphi_\sigma(x),\pi_\rho(x')\varphi_\tau(x')]=\mathrm{i}\delta_{\sigma\rho}\delta^3(x-x')\varphi_\tau(x) & (t=t')\\ [\pi_\sigma(x),\pi_\rho(x')\varphi_\tau(x')]=-\mathrm{i}\delta_{\sigma\tau}\delta^3(x-x')\pi_\rho(x) & (t=t')\end{cases} \tag{4.2.64}$$

这就是量子场论的基本方程，物理系统的性质就由这一套基本方程决定. 这组基本方程正是海森伯，提出的量子化的原始方式，所以称为海森伯方程.

4.3 波粒二象性和 Schrödinger 方程

经典力学中的哈密顿–雅可比方程是

$$\frac{\partial S}{\partial x_\mu}=P_\mu \tag{4.3.1}$$

但是必须将作用量 S 中的广义动量 $\pi_\sigma(x)$ 换为

$$\pi_\sigma(x)=\frac{\delta S}{\delta\varphi_\sigma(x)} \tag{4.3.2}$$

方程式 (4.3.1)又可以写开为

$$\frac{\partial S}{\partial t}+H=0,\quad \nabla S=\boldsymbol{P} \tag{4.3.3}$$

其中

$$\begin{cases}H=\int \mathrm{d}^3x\mathscr{H}\left(x,\varphi_\sigma(x),\dfrac{\partial\varphi_\sigma(x)}{\partial x_i},\dfrac{\delta S}{\delta\varphi_\sigma(x)}\right)\\ \boldsymbol{P}=-\int \mathrm{d}^3x\dfrac{\delta S}{\delta\varphi_\sigma(x)}\nabla\varphi_\sigma(x)\end{cases} \tag{4.3.4}$$

这种作用量称为“作为时空函数的作用量”，它的显示表式为

$$S=\int_0^x P_\mu \mathrm{d}x_\mu \tag{4.3.5}$$

其中，积分是从坐标原点开始沿着四维时空连续区中某条路径到达 x 点的，如图 4.2 所示. 如果拉格朗日函数密度不明显地依赖于时空坐标 x，那么根据能量、动量守恒得

$$S=P_\mu\int_0^x \mathrm{d}x_\mu \tag{4.3.6}$$

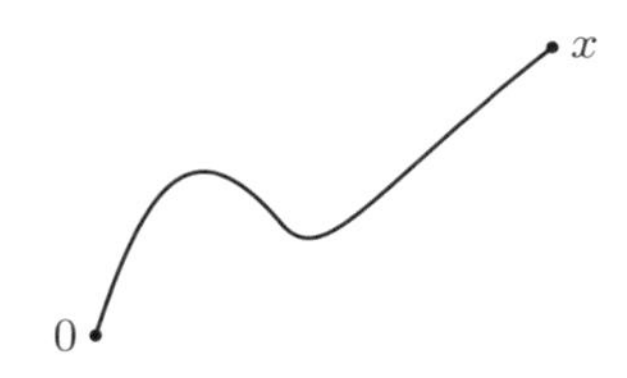

图 4.2　四维时空中从坐标原点 0 到 x 点的一条积分路径

其中路径积分正好是 x,即

$$\int_0^x \mathrm{d}x_\mu = x_\mu \tag{4.3.7}$$

代入得

$$S = P_\mu x_\mu = \boldsymbol{P} \cdot \boldsymbol{x} - Ht \tag{4.3.8}$$

根据粒子的波粒二象性,自由粒子的运动可以用德布罗意波

$$\mathrm{e}^{\frac{\mathrm{i}}{\hbar}(\boldsymbol{P}\boldsymbol{x} - Et)}$$

来描述. 因此,物理系统的作用量正好等于描述系统运动的德布罗意波的波相. 这样,根据物理系统的波粒二象性,我们可以令描写系统运动的波函数为

$$\Psi = \mathrm{e}^{\frac{\mathrm{i}}{\hbar} P_\mu x_\mu} = \mathrm{e}^{\frac{\mathrm{i}}{\hbar} S} \tag{4.3.9}$$

这就是我们的根本假定. 取自然单位制,$\hbar = c = 1$,方程式 (4.3.9)可以写为

$$\Psi = \mathrm{e}^{\mathrm{i}S}$$

于是

$$S = -\mathrm{i} \ln \psi \tag{4.3.10}$$

这时,哈密顿–雅可比方程可以改写为

$$0 = \frac{\partial S}{\partial t} + H = -\mathrm{i} \frac{1}{\Psi} \frac{\partial \Psi}{\partial t} + H$$

或者

$$\frac{\mathrm{i}}{\Psi} \frac{\partial \Psi}{\partial t} = H \tag{4.3.11}$$

由于

$$\pi_\sigma(x) = \frac{\delta S}{\delta \varphi_\sigma(x)} = -\frac{\mathrm{i}}{\Psi} \frac{\delta \Psi}{\delta \varphi_\sigma(x)} \tag{4.3.12}$$

所以哈密顿量 H 可以改写为

$$H=\int \mathrm{d}^3x\mathscr{H}\left(x,\varphi_\sigma(x),\frac{\partial\varphi_\sigma(x)}{\partial x_i},\frac{-\mathrm{i}}{\Psi}\frac{\partial\Psi}{\partial\varphi_\sigma(x)}\right) \tag{4.3.13}$$

如果 $\mathscr{H}$ 依赖于 $\pi_\sigma(x)$ 是线性的,那么则有

$$H=\frac{1}{\Psi}\int \mathrm{d}^3x\mathscr{H}\left(x,\varphi_\sigma(x),\frac{\partial\varphi_\sigma(x)}{\partial x_i},-\mathrm{i}\frac{\delta}{\delta\varphi_\sigma(x)}\right)\Psi \tag{4.3.14}$$

代入式 (4.3.10)得

$$\mathrm{i}\frac{\partial\Psi}{\partial t}=\int \mathrm{d}^3x\mathscr{H}\left(x,\varphi_\sigma(x),\frac{\partial\varphi_\sigma(x)}{\partial x_i},-\mathrm{i}\frac{\delta}{\delta\varphi_\sigma(x)}\right)\Psi \tag{4.3.15}$$

如果引进哈密顿算符

$$\hat{H}=\int \mathrm{d}^3xH\left(x,\varphi_\sigma(x),\frac{\partial\varphi_\sigma(x)}{\partial x_i},-\mathrm{i}\frac{\delta}{\delta\varphi_\sigma(x)}\right) \tag{4.3.16}$$

那么从式 (4.3.15)获得如下的薛定谔方程

$$\mathrm{i}\frac{\partial\Psi}{\partial t}=\hat{H}\Psi \tag{4.3.17}$$

这就是薛定谔提出的量子化的最原始的方式.

类似地,有

$$-\mathrm{i}\frac{1}{\Psi}\Delta\Psi=\boldsymbol{P}$$

其中

$$\begin{aligned}\boldsymbol{P}&=-\int \mathrm{d}^3x\pi_\sigma(x)\nabla\varphi_\sigma(x)=-\int \mathrm{d}^3x\frac{-\mathrm{i}}{\Psi}\frac{\delta\Psi}{\delta\varphi_\sigma(x)}\nabla\varphi_\sigma(x)\\&=\frac{\mathrm{i}}{\Psi}\int \mathrm{d}^3x\frac{\delta}{\delta\varphi_\sigma(x)}\nabla\varphi_\sigma(x)\Psi\end{aligned}$$

也就是

$$\boldsymbol{P}=\frac{\mathrm{i}}{\Psi}\int \mathrm{d}^3x\frac{\delta}{\delta\varphi_\sigma(x)}\nabla\varphi_\sigma(x)\Psi \tag{4.3.18}$$

代入得

$$-\mathrm{i}\nabla\Psi=\mathrm{i}\int \mathrm{d}^3x\frac{\delta}{\delta\varphi_\sigma(x)}\nabla\varphi_\sigma(x)\Psi \tag{4.3.19}$$

引进动量算符

$$\hat{\boldsymbol{P}}=\mathrm{i}\int \mathrm{d}^3x\frac{\delta}{\delta\varphi_\sigma(x)}\nabla\varphi_\sigma(x) \tag{4.3.20}$$

则有

$$-\mathrm{i}\nabla\Psi=\hat{\boldsymbol{P}}\Psi \tag{4.3.21}$$

可见这个量子化的主要效果是把经典的能量、动量 P_μ 通过下面的代换

$$\pi_\sigma(x)=-\mathrm{i}\frac{\delta}{\delta\varphi_\sigma(x)} \tag{4.3.22}$$

变成一个作用于 Ψ 上的算符 $\hat{P}_\mu$. 这种量子化方式,可以导出如下的对易关系:

$$\begin{aligned}
[\varphi_\sigma(x),\pi_\rho(x')]_{t=t'}&=\{\varphi_\sigma(x)\pi_\rho(x')-\pi_\rho(x')\varphi_\sigma(x)\}_{t=t'}\\
&=\left\{\varphi_\sigma(x)\left(-\mathrm{i}\frac{\delta}{\delta\varphi_\rho(x')}\right)-\left(-\mathrm{i}\frac{\delta}{\delta\varphi_\rho(x')}\right)\varphi_\sigma(x)\right\}_{t=t'}\\
&=\mathrm{i}\frac{\partial\varphi_\sigma(x)}{\partial\varphi_\rho(x')}\bigg|_{t=t'}=\mathrm{i}\delta_{\sigma\rho}\delta^3(x-x')
\end{aligned}$$

或者

$$[\varphi_\sigma(x),\pi_\rho(x')]=\mathrm{i}\delta_{\sigma\rho}\delta^3(x-x'),\quad (t=t') \tag{4.3.23}$$

同时有

$$\begin{cases}[\varphi_\sigma(x),\varphi_\rho(x')]=0 & (t=t')\\ [\pi_\sigma(x),\pi_\rho(x')]=0 & (t=t')\end{cases} \tag{4.3.24}$$

因此,按照薛定谔原来的方式进行量子化,所得的结果将自然地满足玻色统计法则. 为了将费米统计法则纳入理论之中,我们考虑当 $\varphi_\sigma(x)$ 独立改变时

$$\varphi_\sigma(x)\to\varphi_\sigma(x)+\delta\varphi_\sigma(x)$$

作用量的变分 δS

$$\delta S=\int_V\mathrm{d}^3x\pi_\sigma(x)\delta\varphi_\sigma(x)=\int_V\mathrm{d}^3x\frac{\delta S}{\delta\varphi_\sigma(x)}\delta\varphi_\sigma(x) \tag{4.3.25}$$

由波粒二象性 $\Psi=\mathrm{e}^{\mathrm{i}S}$ 可以导出

$$\delta\Psi=i\delta S\psi \tag{4.3.26}$$

将式 (4.3.12)、式 (4.3.26)代入式 (4.3.25)得

$$-\frac{\mathrm{i}}{\Psi}\delta\Psi=\int\mathrm{d}^3x-\frac{\mathrm{i}}{\Psi}\frac{\delta\Psi}{\delta\varphi_\sigma(x)}\delta\varphi_\sigma(x)$$

从而

$$\delta\Psi=\int\mathrm{d}^3x\delta\varphi_\sigma(x)\frac{\delta\Psi}{\delta\varphi_\sigma(x)} \tag{4.3.27}$$

这相当于将 $\pi_\sigma(x)\delta\varphi_\sigma(x)$ 换成通常的微分算符 $-\mathrm{i}\delta\varphi_\sigma(x)\frac{\delta}{\delta\varphi_\sigma(x)}$,即

$$\pi_\sigma(x)\delta\varphi_\sigma(x)=-\mathrm{i}\delta\varphi_\sigma(x)\frac{\delta}{\delta\varphi_\sigma(x)} \tag{4.3.28}$$

因此,一般地我们将量子化条件写为

$$\begin{aligned}
[\varphi_\sigma(x),\pi_\rho(x')\,\delta\varphi_\rho(x')]_{t=t'} &= -\mathrm{i}\left\{\varphi_\sigma(x)\left(\delta\varphi_\rho(x')\frac{\delta}{\delta\varphi_\rho(x')}\right)\right.\\
&\qquad\left.-\left(\delta\varphi_\rho(x')\frac{\delta}{\delta\varphi_\rho(x')}\right)\varphi_\sigma(x)\right\}_{t=t'}\\
&= \mathrm{i}\delta\varphi_\rho(x')\left.\frac{\delta\varphi_\sigma(x)}{\delta\varphi_\rho(x')}\right|_{t=t'} = \mathrm{i}\delta\varphi_\rho(x')\,\delta_{\sigma\rho}\delta^3(x-x')\big|_{t=t'}\\
&= \mathrm{i}\delta_{\sigma\rho}\delta^3(x-x')\,\delta\varphi_\rho(x) = \mathrm{i}\delta^3(x-x')\,\delta\varphi_\sigma(x)
\end{aligned}$$

也就有

$$[\varphi_\sigma(x),\pi_\rho(x')\,\delta\varphi_\rho(x')]_{t=t'} = \mathrm{i}\delta\varphi_\sigma(x)\delta^3(x-x') \quad (t=t') \tag{4.3.29}$$

显然,这个量子化条件概括了玻色统计和费米统计两种情形.

首先,按对易关系展开式 (4.3.29)得

$$\mathrm{i}\delta\varphi_\sigma(x)\delta^3(x-x') = [\varphi_\sigma(x),\pi_\rho(x')]\,\delta\varphi_\rho(x')\big|_{t=t'} + \pi_\rho(x')\,[\varphi_\sigma(x),\delta\varphi_\rho(x')]_{t=t'}\,|$$

如果 $\delta\varphi_\sigma(x)$ 的性质和 $\varphi_\sigma(x)$ 的性质相同,即有

$$[\varphi_\sigma(x),\delta\varphi_\rho(x')] = 0 \quad (t=t') \tag{4.3.30}$$

那么则有

$$[\varphi_\sigma(x),\pi_\rho(x')]\,\delta\varphi_\rho(x')\big|_{t=t'} = \mathrm{i}\delta\varphi_\sigma(x)\delta^3(x-x')$$

也就是

$$\mathrm{i}\delta\varphi_\sigma(x)\delta^3(x-x') = \{\varphi_\sigma(x),\pi_\rho(x')\}\,\delta\pi_\rho(x')\big|_{t=t'} - \pi_\rho(x')\,\{\varphi_\sigma(x),\delta\varphi_\rho(x')\}\big|_{t=t'} \tag{4.3.31}$$

这正是玻色统计情形.

其次,按反对易关系展开式 (4.3.29)得

$$\mathrm{i}\delta\varphi_\sigma(x)\delta^3(x-x') = \{\varphi_\sigma(x),\pi_\rho(x')\}\,\delta\pi_\rho(x')\big|_{t=t'} - \pi_\rho(x')\,\{\varphi_\sigma(x),\delta\varphi_\rho(x')\}\big|_{t=t'}$$

如果 $\delta\varphi_\sigma(x)$ 的性质和 $\varphi_\sigma(x)$ 的性质相同,即

$$\{\varphi_\sigma(x),\delta\varphi_\rho(x')\} = 0 \quad (t=t') \tag{4.3.32}$$

那么则有

$$\{\varphi_\sigma(x),\pi_\rho(x')\}\,\delta\varphi_\rho(x')\big|_{t=t'} = \mathrm{i}\delta\varphi_\sigma(x)\delta^3(x-x')$$

或者

$$\{\varphi_\sigma(x),\pi_\rho(x')\}=\mathrm{i}\delta_{\sigma\rho}\delta^3(x-x') \tag{4.3.33}$$

这正是费米统计情形. 因此量子化条件式 (4.3.29)概括了两种统计. 这样我们约定,在薛定谔方程

$$\mathrm{i}\frac{\partial\Psi}{\partial t}=\int \mathrm{d}^3x\mathscr{H}\left(x,\varphi_\sigma(x),\frac{\partial\varphi_\sigma(x)}{\partial x_i},\pi_\sigma(x)\right)\Psi \tag{4.3.34}$$

中的场量按量子化条件式 (4.3.29)量子化,就获得既包括玻色统计又包括费米统计的薛定谔方程. 运动方程

$$\begin{cases}\mathrm{i}\dfrac{\partial\Psi}{\partial t}=H\Psi\\ \mathrm{i}\dfrac{\partial\varphi_\sigma(\boldsymbol{x})}{\partial t}=0\\ \mathrm{i}\dfrac{\partial\pi_\sigma(\boldsymbol{x})}{\partial t}=0\end{cases} \tag{4.3.35}$$

和对易关系

$$[\varphi_\sigma(x),\pi_\rho(x')\,\delta\varphi_\rho(x')]=\mathrm{i}\delta\varphi_\sigma(x)\delta^3(x-x')\quad(t=t') \tag{4.3.36}$$

是量子场论的基本方程,系统的物理性质就由这组方程决定,被称为薛定谔方程.

可以找出薛定谔绘景与海森伯绘景之间的变换. 在海森伯绘景中,波函数不随时间变化,场量随时间的变化由总哈密顿量决定. 在薛定谔绘景中,场量不随时间变化,波函数随时间的变化由总哈密顿量决定. 在拉格朗日函数密度不显含时空坐标的条件下,在海森伯绘景中场的总哈密顿量代表能量,而且有能量守恒定律

$$\frac{\mathrm{d}H}{\mathrm{d}t}=0$$

而在,薛定谔绘景中的哈密顿量也不随时间变化. 亦即场的总哈密顿量 H 在这两个表象中都不随时间改变. 因此是相同的, 因此, 在薛定谔绘景和海森伯绘景之间可以建立下列联系

$$\begin{cases}\Psi(t)=\mathrm{e}^{-\mathrm{i}Ht}\Psi\\ F(\boldsymbol{x})=\mathrm{e}^{-\mathrm{i}Ht}F(x)\mathrm{e}^{\mathrm{i}Ht}\end{cases} \tag{4.3.37}$$

其中,$\Psi(t)$、$F(\boldsymbol{x})$ 分别是薛定谔绘景中的波函数和力学量,而 Ψ、$F(x)$ 则分别是海森伯绘景中的波函数和力学量. 可以看出,当 $t=0$ 时这两个表象的波函数和力学量是相同的. 然而,由于它们各具有不同的随时间而变化的规律,所以当 t 不等于零时,这两个表象中的波函数和力学量就不相同.

应该指出,我们也可以选择另一种联系方式,使薛定谔绘景和海森伯绘景中的波函数和力学量不在 $t=0$ 时相重合,而在 $t=t_0$ 时相重合.

4.4 微观因果律和量子化条件

在薛定谔绘景和海森伯绘景中我们都获得了量子化条件

$$[\varphi_\sigma(x), \pi_\rho(x')\delta\varphi_\rho(x')]_{t=t'} = \mathrm{i}\delta\varphi_\sigma(x)\delta^3(x-x') \quad (t=t') \tag{4.4.1}$$

极易看出，这个量子化条件是微观因果律的体现. 显然，在式 (4.4.1)中，当 $\boldsymbol{x} \neq \boldsymbol{x}'$ 时，我们有

$$(x-x')^2 = (\boldsymbol{x}-\boldsymbol{x}')^2 - (t-t')^2 = (\boldsymbol{x}-\boldsymbol{x}')^2 > 0$$

也就是

$$(x-x')^2 > 0 \tag{4.4.2}$$

亦即 x 和 x' 是类空间隔的两点，这时从 x 点发射的信号只能超光速传播才能到达 x' 点，因此，x 点的能量发射不可能扰动 x' 点，这正是宏观因果律的体现. 在 x 和 x' 点是类空间隔两点的条件下，量子化条件式 (4.4.1)是

$$[\varphi_\sigma(x), \pi_\rho(x')\delta\varphi_\rho(x')] = 0 \quad ((x-x')^2 > 0) \tag{4.4.3}$$

这时，在玻色统计情形中我们有

$$[\varphi_\sigma(x), \pi_\rho(x')] = 0 \quad ((x-x')^2 > 0) \tag{4.4.4}$$

在费米统计情形中我们有

$$\{\varphi_\sigma(x), \pi_\rho(x')\} = 0 \quad ((x-x')^2 > 0) \tag{4.4.5}$$

在数学上这表示，如果 x、x' 是类空间隔的两点，那么力学量 $\varphi_\sigma(x)$ 和 $\delta\varphi_\rho(x')$ 可以同时对角化. 因此，在物理上意味着，在 x、x' 是类空间隔的条件下，力学量 $\varphi_\sigma(x)$ 和 $\delta\varphi_\rho(x')$ 可以同时测量；换言之，在 x 点测量 $\varphi_\sigma(x)$ 不会影响在 x' 点测量 $\delta\varphi_\rho(x')$. 在这个意义上，我们说条件式 (4.4.3)体现了微观因果律，亦即量子化条件式 (4.4.1)是遵从微观因果律的.

将宏观因果律的基本观念推广到微观领域中去，就获得了微观因果律. 这只是一个外推的结果，它的正确性需要经过实验的检验. 这是由于狭义相对论及其因果律都是在宏观领域中建立起来的理论，它在微观领域中是否适用还有待研究. 微观因果律的基本

观念是：在微观领域中，描写一个物理系统的运动状态是通过所谓完全堆集力学量来完成的. 我们令 $\xi(x)$ 代表在 x 点的某一可观察量，$\eta(x')$ 代表在 x' 点的某一可观察量，根据宏观因果律的基本观念.

(1) 如果 x、x' 是类时间隔的两点，即

$$(x-x')<0$$

那么在 x 点测量 ξ 所引起的扰动 (带有能量的扰动) 可以用小于光速 c 的传播程度达到 x' 点，从而干扰了在 x' 点测量 η，因此，$\xi(x)$，$\eta(x')$ 不可同时测量，亦即不可同时对角化，表述为

$$[\xi(x),\eta\left(x'\right)]\neq 0\quad \left((x-x')^2<0\right) \tag{4.4.6}$$

(2) 如果 x，x' 是类空间隔的两点，即

$$(x-x')>0$$

那么在 x 点测量 ξ 所引起的扰动，只能用大于光速 c 的传播速度达到 x' 点，所以这是违反宏观因果律的. 因此，在 x 点测量 ξ 不会影响在 x' 点测量 η. 反之亦然，在这个意义上，我们说这两点的力学量可以同时测量，根据量子力学中“可以同时测量的力学量必定是可对易的，而可对易的力学量才可以同时测量”的基本事实，导出力学量 $\xi(x)$ 和 $\eta(x')$ 必定是可对易的，即

$$[\xi(x),\eta\left(x'\right)]=0\quad \left((x-x')^2>0\right) \tag{4.4.7}$$

这就是微观因果律的量子力学表述. 在量子场中微观因果律的表述方式为：

(1) 自旋为整数的粒子遵守玻色–爱因斯坦统计法则，所以微观因果律表述为

$$[B(x),B\left(x'\right)]=0\quad \left((x-x')^2>0\right)$$

(2) 自旋为半整数的粒子遵守费米–狄拉克统计法则，所以微观因果律表述为

$$\{F(x),F\left(x'\right)\}=0\quad \left((x-x')^2>0\right)$$

后　记

一日，张鹏飞来信，说道："在中国科大出版社的大力支持下，阮图南老师遗留的《量子场论导引》与《幺正对称性和介子、重子波函数》讲义都计划出版，并列入'十四五'国家重点出版物出版规划重大项目'量子科学出版工程'. 阮老师遗留下来的大量讲义、手写稿是一个宝库，还有更多有待于整理出版."

我很高兴老师的书能问世. 在阮图南老师指导下多年，我以为他在理论物理上的功底应该是全国数一数二的. 他擅长于处理冗长和繁复的推算，而这些东西别人都不敢触及. 他的推导形式工整，如艺术品. 他备课，不看教材，自己从头推导起，边推导，边想出往往与众不同的新方法. 他可以几个小时端坐在条凳上，可谓正襟危坐. 他的特点如下：

一是听说别人的论文中有一个数学物理结果，他并不看任何文献，回家自己琢磨推导，而且往往都能推导成功.

二是善于将别人的结果向更广义的情形推广，任凭推导如何复杂，他都能梳理出结果来. 例如，他在路径积分方面，以独有的方法给出新的广义的拉格朗日量.

三是善于将数学物理的各种方法融为一炉，升华为新方法. 四是他的推导既全面又细腻，可谓事无巨细. 越是难的推导，他越有兴趣. 五是他的推导书法工整，却有飘逸之风.

七九四同学

锦绣前程

阮图南

一九八四.六.廿七.

阮老师送给学生的祝福语

他经常一边与人交谈,一边在黑板上连续推导满满一整板,看了让人叹服. 他的推导能力,完全出于用功. 阮图南先生心胸坦荡,自己写的论文愿意跟人分享,也不争名前后. 对于学生的成就也不妒忌,没有他的推荐,我不可能被列为中国第一批 18 名博士之一.

阮老师在强子结构的层子模型、陪集空间纯规范场理论、相对论等时方程、复合粒子量子场论等研究中, 成果卓著. 他还给出了路径积分量子化等效拉格朗日函数的一般形式以及超弦 B-S 方程,并在费米子的玻色化结构、约束动力学、Bargmann-Wigner 方程的严格解、螺旋振幅分析方法等领域均有重要的建树.

读阮先生的书, 可体会他推导理论物理一丝不苟, 却又旷达洒落, 自成理路, 如其为人. 故其麾下,求学者众多也!

范洪义

2022 年 2 月